"矿物加工工程卓越工程师培养·应用型本科规划教材"编委会

主　任：张　覃
副主任：何东升　李富平
编　委（按姓氏拼音排序）：

高惠民　何东升　李凤久　李富平　李龙江
卯　松　邱跃琴　王营茹　肖庆飞　姚　金
张汉泉　张锦瑞　张　覃　张　翼　张泽强
章晓林　赵礼兵

矿物加工工程卓越工程师培养 · 应用型本科规划教材

选矿环境保护

王营茹 主编　　周 旋　张汉泉 副主编

XUANKUANG
HUANJING
BAOHU

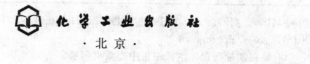

化学工业出版社
·北京·

《选矿环境保护》为矿物加工工程卓越工程师培养·应用型本科规划系列教材之一，是适应新形势下工矿企业环保要求，加强矿物加工工程专业学生环保知识能力需求而编写的应用型教材。内容包括典型选矿污染物类型及主要特征，选矿污染控制与治理，矿山复垦，矿山清洁生产及矿业环境管理等，部分内容还结合相关法律法规和实际矿山进行了案例分析。

《选矿环境保护》涉及选矿学、环境学、管理学等多个学科，力求在内容和结构上将选矿学与环境学有机结合，使内容更加系统有条理，易于理解。本书可供高等院校相关专业师生、选矿技术人员、生态环境专业技术人员参考。

图书在版编目（CIP）数据

选矿环境保护/王营茹主编. —北京：化学工业出版社，2018.1

矿物加工工程卓越工程师培养·应用型本科规划教材

ISBN 978-7-122-31112-2

Ⅰ.①选…　Ⅱ.①王…　Ⅲ.①选矿-环境保护-高等学校-教材　Ⅳ.①X751

中国版本图书馆 CIP 数据核字（2017）第 297987 号

责任编辑：袁海燕　　　　　　　　　文字编辑：汲永臻
责任校对：王　静　　　　　　　　　装帧设计：王晓宇

出版发行：化学工业出版社（北京市东城区青年湖南街 13 号　邮政编码 100011）
印　　刷：三河市航远印刷有限公司
装　　订：三河市瞰发装订厂
787mm×1092mm　1/16　印张 13　字数 337 千字　2018 年 5 月北京第 1 版第 1 次印刷

购书咨询：010-64518888（传真：010-64519686）　售后服务：010-64518899
网　　址：http://www.cip.com.cn
凡购买本书，如有缺损质量问题，本社销售中心负责调换。

定　　价：49.00 元

前　言
FOREWORD

　　矿物加工工程专业是实践性非常强的工科专业，国家教育部大力提倡应用型人才培养，各高校积极开展卓越工程师培养计划、专业综合改革等本科教学工程建设，在此背景下，化学工业出版社会同贵州大学、武汉理工大学、华北理工大学、武汉科技大学、武汉工程大学、东北大学、昆明理工大学的专家教授，规划出版一套"应用型本科规划教材"。

　　矿业作为国家经济发展的重要支柱产业，也是一个污染较高的行业。 选矿是矿业污染物产生的重要源头，如何通过改进选矿技术，确保资源开发和环境保护协调发展，是矿业发展的关键之一。 选矿过程中产生的废渣、废水、废气（简称"三废"）都会对水源、江河和大气造成污染，挤占大量土地、农田，破坏景观和植被，给人类生产和生活带来严重影响，近年来不断发生的相关的环境污染事件显示选矿过程中的环境保护工作任重而道远。 随着选矿技术、"三废"处理技术不断提高，选矿中的环境问题得到明显改善，同时选矿技术也逐渐广泛应用于其他领域中，发挥了其技术的功能，造福人类。 选矿环境保护也将是未来的一门重要课题，具有非常深远的意义。 选矿工作者不仅应根据中国《矿产资源法》《环境保护法》《土地管理法》等法律、法规要求采取必要的环境保护措施，减少选矿作业对环境的污染和破坏，对造成的环境污染和破坏及时采取措施进行治理，还应该充分发挥自身的专业技术优势，在其他领域的环境保护工作中做出贡献。

　　《选矿环境保护》立足应用型人才培养，以工程实践能力、工程设计能力与工程创新能力培养为核心，主要介绍矿山生产特点、主要环境污染源、选矿"三废"污染及防治、选矿噪声污染及防治、矿山清洁生产与循环经济、尾矿库生态恢复、我国矿山环境经济政策等内容。

　　本书第 1 章~第 3 章由王营茹副教授编写，第 4 章、第 5 章由张汉泉教授编写，第 6 章、第 7 章由周旋副教授编写。 王丹、祝亚平、何军良、周海涛、沈瑶等 5 名研究生参与了部分章节的资料收集、整理工作。 编写过程中，编者参考了兄弟院校、科研单位和厂矿企业的工作成果，得到了武汉工程大学教务处的大力支持，在此一并致以最诚挚的谢意。

　　本书可作为普通大专院校矿业工程本科生的教材，也可作为环境类、冶金类、化工类和材料类等专业本科生的参考书和各类矿山企业工程技术人员、管理人员的培训教材。 由于编者水平有限，书中难免有疏漏和不当之处，敬请各位读者批评指正。

编者

2018 年 1 月

目 录
CONTENTS

附　录

参 考 文 献

第 **1** 章

绪 论

1.1 矿业概述

众所周知，地壳是由岩石组成的，而岩石是矿物的集合体。矿物就是在地壳中由于自然的物理化学作用或生物作用所生成的具有固定化学成分和物理性质的天然化合物或自然元素。自然界蕴藏着极为丰富的矿产资源。改革开放近 40 年来，矿产资源高强度开发利用在支撑国民经济持续快速发展的同时，也带来了前所未有的资源和环境双重压力。

1.1.1 基本概念

1.1.1.1 矿产资源

矿产资源是自然资源的组成部分，属于非再生自然资源。矿产资源俗称矿产，常简称"矿"。它是指在一定的技术、经济条件下，一切分布于陆地和海洋，可供人类开发利用的天然矿物、矿石资源。

从地球化学角度来看，矿产资源是在地球演化过程中，地球上分散的化学元素富集起来形成的有利用开发价值的矿物和矿石资源。

从矿床学角度来看，自然界凡是含具有工业价值矿物的岩石就称为矿石。矿石自然组合叫矿层（矿体），矿层（矿体）与围岩自然分布、排列的组合称为矿床。

1.1.1.2 矿山、矿山环境学

（1）矿山 已开采的矿床统称矿山，它是从祖先时代至现代化时代矿产开发利用演化形成的俗称名词，它是矿产资源储存地、矿业活动场所、矿业城市发源地。

矿石是指可从中提取有用组分或其本身具有某种可被利用的性能的矿物集合体。矿石中有用成分（元素或矿物）的单位含量称为矿石品位，金、铂等贵金属矿石用 g 或 t 表示，其他矿石常用百分数表示。人们常用矿石品位来衡量矿石的价值，但有效成分含量相同的矿石中脉石（矿石中的无用矿物或有用成分含量甚微而不能利用的矿物）的成分和有害杂质的多少也影响矿石价值。

（2）矿山环境学 属于地球科学与环境科学的交叉学科，广义上讲是研究矿产资源形成、开发利用和环境保护的科学。研究采矿、选矿活动对矿山环境及流域、区域自然环境影响和保护的科学。

1.1.1.3　选矿

选矿就是利用矿物的物理或物理化学性质的差异，同时借助各种选矿设备将矿石中的有用矿物与脉石矿物分离，并使有用矿物相对富集的过程。选矿学是一门研究矿物分选的技术。

1.1.1.4　尾矿和尾矿库

尾矿是指选矿厂在特定的经济技术条件下将矿石磨细，选取"有用成分"后排放的废弃物，也就是矿石经选别后剩余的固体废料。

尾矿库是指筑坝拦截谷口或围地构成的用以堆存金属或非金属矿山进行矿石选别后排出尾矿或其他工业废渣的场所。尾矿库是一个具有高势能的人造泥石流危险源，存在溃坝危险，一旦失事，容易造成重特大事故。

1.1.1.5　矿渣

矿石经过选矿或冶炼后的残余物称为矿渣。

1.1.2　矿业资源现状

1.1.2.1　探明储量

截止到 2009 年，全国经过地质勘查发现的矿产多达 171 种，潜在价值超过了 100 万亿元。其中，已经具体查明了资源储量且基本上具备了开发利用条件的矿产有 159 种。许多矿产的保有资源储量在全世界占有重要地位，其中煤炭、钨矿、锑矿、锡矿、钼矿、锶矿、锂矿、稀土、石墨等矿产的保有资源储量居世界第一位。

根据矿业总产值的计算，目前我国已经是仅次于美国和俄罗斯的世界第三大矿业国，许多矿产的产量已经跃居世界前列。其中，煤炭、水泥、锰矿、铅锌矿、金矿、石灰石等大宗矿产，以及钨矿、锡矿、钼矿、锑矿、锶矿、稀土、石墨等战略性矿产，其产量长期居世界第一位；占第二位的有铁矿、钒矿、钛矿、硫铁矿；占第三位有铝土矿、银矿；占第四位的有铜矿；占第五位的有钾盐、石油；占第七位的有镍矿、钴矿；天然气产量居世界第九位。

2008 年，我国石油产量达到了 1.9 亿吨，比上年增长了 2.3%；天然气产量 761m³，比上年增长了 12.3%；煤炭 27.16 亿吨，比上年增长了 7.65%；铁矿 8.24 亿吨，比上年增长了 20.74%；铝土矿接近 4000 万吨，铜精矿接近 100 万吨，铅锌精矿接近 600 万吨；黄金产量超过了 282 吨，比上年增长了 4.26%，已经跃居世界第一位；白银 9587 吨，比上年增长了 5.45%；磷矿石产量超过了 5000 万吨；水泥产量是 13.5 亿吨，再创历史新纪录。根据我国资源和矿山的基本建设进展情况，预测到 2020 年，我国煤炭产量将达到 34 亿吨；原油产量在 2015 年左右达到顶峰 2.1 亿吨后，2020 年回落到 2 亿吨；铁矿石原矿产量保持在 11 亿吨左右，都要比目前的产量有很大的提高；金矿产量在 2015 年达到 300t 后，2020 年将回落到 280~290t；铝土矿产量有望控制在 4300 万吨以下；铜精矿产量要达到 120 万吨，铅精矿要达到 280 万吨，锌精矿 600 万吨，镍精矿 11 万吨，而目前投资过热的矿产如锡矿、钨矿、锑矿、稀土矿，产量要加以控制，分别控制在 18 万吨、7.5 万吨、15 万吨、18 万吨；钼精矿的产量也要实行宏观调控，产量应当控制在 11.6 万吨左右；水泥产量要达到 19 亿吨；磷灰石矿产量将达到 8800 万吨。"十二五"（2011~2015 年）期间，十种有色金属产量 2.1 亿吨，较"十一五"（2006~2010 年）增长 69.5%；黄金产量 2100t，增长 45.1%。2015 年，十种有色金属和黄金产销量居全球首位，十种有色金属产量为 5090 万吨，其中精炼铜 796.4 万吨，电解铝 3141.3 万吨，黄金生产 450.1t，有色金属共消费 985.9t。以上情况表明，未来至少 10 年之内，我国矿业仍然是处于发展的最佳时期。实际上我国矿业的发展时期可以一直延续到 2030 年甚至以后。也就是说，要到国家的大规模基础设施建设基本完成以后，才有可能出现矿业停滞这种局面，或者是发展速度比较慢。所以，矿业发展在我国来说是一个不以人的意志为转移的长期看好的趋势，这一点对矿山机械工程行业的发展具有重要意义。

1.1.2.2 固体矿产矿山采剥总量

根据全国 12.49 万个矿山企业的统计，目前全国的固体矿产矿石采掘总量超过 62.57 亿吨，其中绝大多数都是露天开采，或者说以露天开采为主，而坑采的原矿数量很小。例如，原矿产量达 10 亿吨的铁矿，露天开采占 70%，而地下开采仅占 30%。如果考虑到露天开采的剥离量，那么，每年全国的固体矿产矿山采剥总量将远远超过 100 亿吨。

1.1.2.3 固定资产投资

2008 年全社会采矿业的固定资产投资为 7705.8 亿元，占全国固定资产总投资的 4.46%，比上年提高 0.18 个百分点；固定资产投资比上年增长了 31.08%。全国城镇矿业固定资产投资在建总规模达到 9658.6 亿元，比上年增长了 36.08%，占同期全国固定资产投资在建总规模的 2.59%。50 万元以上规模的施工项目有 12256 个，其中新开工的项目有 9198 个，全部建成投产的有 7902 个，项目建成投产量为 64.5%。矿业固定资产投资以能源矿业为主，能源采选业固定资产投资为 5074.4 亿元，比上年增长 25.91%。其中煤矿的固定资产投资为 2399.2 亿元，比上年增长 32.95%；石油和天然气开采的基本建设投资为 2675.1 亿元，比上年增长 20.20%。金属矿业建设的固定资产投资为 1332.6 亿元，比上年增长 44.91%，增长速度大大超过了能源。其中黑色金属（包括铁矿）679 亿元，比上年增长 58.64%；有色金属 653.6 亿元，增长 32.98%。总的说来，金属矿采选业是矿业建设各个门类当中固定资产投资增长较快的。而非金属矿业建设投资资产额是 427.7 亿元，比上年增长 44.88%，是三大类矿产固定资产投资中增长最快的（图 1-1）。

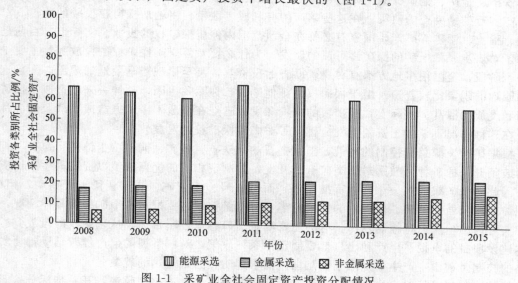

图 1-1　采矿业全社会固定资产投资分配情况

从以上的数据分析可以看出，金属矿业和非金属矿业已经逐步地呈现出固定资产的投资热。过去的投资主要是集中在能源产业，现在已经逐步向金属矿业和非金属矿业做一些转移，当然，转移的步伐不见得会迈得太大。从 2008 年到 2015 年采矿业全社会固定资产投资数据可以看出，在 2013 年之前我国采矿业全社会固定资产投资逐年稳步增长，2013 年之后有所下降但依然维持在较高水平，采矿业全社会固定资产投资占比在 2011 年之后也出现回落，这一趋势与我国"十二五"期间的去产能政策相符。但这种变化并不意味着采矿业的衰落，而是反应采矿业为优化经济结构，促进产业升级，实现采矿业的可持续发展所做出的适应。鉴于我国巨大的经济体量和对矿产资源庞大的市场需求，短时期内我国的矿业发展不会出现停滞。

1.1.2.4 矿业产值

2013年我国全国规模以上的矿山企业有17711个，占整个工业资产总值的5.55%。这表明矿业是我国国民经济发展的基础产业，也是支柱产业之一。在各类矿业的产值中，煤炭采选业28999.35亿元，占46.17%；石油天然气开采业11337.76亿元，占18.05%；黑色金属采选业9521.55亿元，占15.16%；有色金属采选业6131.63亿元，占9.76%；非金属矿业采选业4981.30亿元，占7.93%；其他采产业22.32亿元，占0.04%。

1.1.3 行业特点及发展趋势

1.1.3.1 矿业权投放与开采总量控制政策

在市场经济机制下，一个个矿业权的投放意味着一座座矿山的兴起，这必然导致矿产品生产能力的增加，从而对经济运行产生难以避免的影响。国土资源管理部门通过矿业权管理，控制矿业权的投放，从总量上促进供求平衡，合理地控制矿产资源产业的发展是完全符合当前国家宏观调控整体要求的。矿业权投放的基本原则是，根据不同的矿产资源状况和矿产品的供需关系，确定其是属于鼓励勘查或者开发的矿产，还是属于受限制勘查和开发的矿产，并且合理地确定其探矿权、采矿权的投放数量与布局。

"十二五"期间，中国采矿业固定资产投资为6.72万亿元，较"十一五"增长74.7%。2015年，采矿业固定资产投资为1.3万亿元，较上年下降8.8%，其中有色金属矿采选业1588亿元，下降2.3%。根据最近完成的矿产资源总量控制政策研究的成果，国家将对石油、铁矿、金矿、铜矿、铝土矿、铅锌矿、镍矿、钨矿、锡矿、锑矿、钾盐、磷矿、硫铁矿等矿产实行鼓励勘查的政策。在这些矿产的有利成矿区带，将增加探矿权投放的数量。对于煤炭、稀土、钼矿等矿产，国家有必要在全国范围内停止探矿权的投放。实际上，目前已经暂停了对煤炭、稀土矿的探矿许可证的颁发。为什么要暂停煤矿探矿权的投放呢？主要是在前一个阶段，全国很多地方都有对煤矿勘查的投资热，甚至出现跑马圈地的现象，而且这种跑马圈地的现象比较普遍。由于探矿权是排他性的，你圈我也圈，这样一来就造成了探矿权申请和发放的混乱。实际上，探矿权的申请和发放已经在全国不少地方造成了严重的混乱局面。在这种情况下，国土资源部发文暂停了对煤矿探矿权的发放。

根据矿产资源总量控制的政策，国家把石油、铁矿、金矿、铜矿、铅锌矿、镍矿、钾盐定为鼓励开采的矿种，鼓励对此类矿产的开发，并制定相应的优惠政策以提高其生产供应能力，因此，采矿权成熟一个，就审批一个。而对煤炭、铝土矿、锑矿、稀土、钨矿、钼矿、水泥、水泥灰岩、磷矿、硫铁矿的开采应当实行总量控制，要根据各个矿种的具体情况，制定切实可行的生产总量控制目标，有的还要制定出口总量控制目标，从采矿权的投放到矿山基本建设项目的审批、生产和出口都要制定一系列政策，对一系列的生产经营活动都要实行严格的控制。矿山生产主要是限于满足国内需求，防止开采过热的现象。

目前，国家已经对煤炭、稀土、钨矿、锑矿实行开采总量控制政策，开采指标分别落实到省、区、市，直至矿区，并要求对开采总量控制政策的落实与执行情况的好与坏进行考核，并使得该项考核成为对相应地区负责人进行政绩考核的重要内容。对煤炭生产实行总量控制的目的，一是为防止投资过热，二是为防止因为一些政策的实施例如对不合规定的小煤窑的关闭与整顿而使煤炭产量出现无法控制的下降，导致能源的过度紧张，因为煤炭毕竟是我国的第一大能源，目前能源的70%以上是靠煤炭。实际上，各地的煤炭生产指标定得是很宽的，到2015年生产总量要达到34亿吨。在某些煤炭资源大省（区），国家鼓励当地政府努力提高煤炭的生产能力,确保生产总量控制指标的完成,确保能源生产总量的发展,以满足国内经济发展需求,而不至于出现能源特别是煤炭生产的大起大落和左右摇摆,通过政策调控来实现能源生产的基本稳定。所以,煤炭生产的总量控制政策不单是一个简单的限制问题。在矿业管理上落实科学发展观,不再片面地追求产量的增长,而是一切从中国的国情和矿情出发,通过规划实事求是地制定行业发展目标。

1.1.3.2 矿产资源分配的不均衡性

(1)地质发育的特点决定了矿产资源在地区分布上的不均匀性。世界的情况是这样,中国的情况也是这样。例如煤炭,我国煤炭资源主要分布在北方,北方 17 个省区的煤炭资源储量占全国煤炭总储量的 89%,而南方 14 个省区只占 11%,其中,陕西、山西、内蒙古三省区的煤炭资源储量占全国煤炭总储量的 70%以上,云贵川三省又占了南方煤炭总储量的 88%,其他省市的煤炭资源就很少了。所以,从资源储量的分布上来说是很不均衡的。再例如,全国 1/2 以上的铁矿资源储量集中分布在辽宁、河北、四川三省,磷矿资源储量的 79%集中在湖南、湖北、云南、贵州、四川五省,铬铁矿资源储量主要集中在西藏和新疆。据统计,我国铁、锰、铜、铅、锌、钨等 15 种矿产有 37%的储量分布在西部地区,38.8%分布在中部地区,而经济发达的东部地区只拥有其中的 24.2%。青海省有 37 种矿产储量居全国前十位,居首位的就有 8 种,其中全部钾盐的储量、78%的锶和一半以上的盐矿分布在柴达木盆地。新疆拥有全国 99%的稀有金属锂和 80%的石棉。由此可见,矿产资源的分布是很不均匀的。

矿石品位分布的不均衡性也十分明显。铁矿石的全国平均品位不足 34%,大多数铁矿石的品位只有 25%～35%,贫铁矿占 95%,富铁矿所占份额还不到 5%。铜矿的平均品位只有 0.8%,含铜大于 1%的富铜矿只占 35%,多数矿山铜的品位为 0.5%～0.8%,尤其是斑岩型铜矿铜的品位甚至在 0.3%～0.5%。锰、银、硫、金、磷等矿产也是贫矿多富矿少。而且许多矿产是以共生和伴生的形式出现的,也就是说它没有自己的独立矿床。比如钒矿,91%的钒分布在钒钛磁铁矿床中;银的储量有 2/3 是与铅锌矿伴生的,1/3 是铜的伴生矿,国内的银矿也有独立矿床的,但是不多。我国著名的三大伴生矿当中,白云鄂博矿中共有 71 种元素,它的稀土储量占全国稀土总储量的 90%;攀枝花矿中与铁共伴生的元素有 40 多种;金川矿中与镍伴生的贵金属与稀有金属也有 13 种。

(2)生产力的布局不仅取决于资源的分布特点,在很大程度上也与地区经济发展程度有关。一般说来,东部地区经济发达,资源利用程度比较高,有矿就开,因为有需求、有市场。中部地区的经济发达程度次于东部,但又比西部要好,因此,与西部地区相比,中部地区矿产资源的开采利用拥有明显的区位优势。西部资源丰富但是经济欠发达,且远离消费区,所以相对于中东部地区,区位优势明显不足。近年来,随着西部大开发战略的实施,西部地区矿产资源开发的潜力才逐步地显现出来。比如煤炭资源居全国前三位的山西属于中部地区,而陕西和内蒙古则是典型的西部地区,2007 年这三个省区的煤炭产量分别为 6.3 亿吨、1.77 亿吨与 3.45 亿吨,到 2015 年三个省区的煤炭产量分别为 8.7 亿吨、1.90 亿吨与 5.10 亿吨,分别增长 38%、7%与 48%。铁矿开发形成的 11 个铁矿生产基地中,西昌——攀枝花、包头——白云鄂博、酒泉 3 个属于西部地区,五台——岚县、鄂东属于中部地区,其余的 6 个都是在东部地区。

(3)矿产资源规划呈现出来的矿业未来发展趋势。全国矿产资源规划(2008～2015 年)设立了 45 个煤炭国家规划区,其中有 15 个是在西部,有 26 个是在中部地区,只有 4 个是在东部地区。设立了 33 个铁矿重点开采区,其中有 12 个是在东部地区,有 15 是在中部地区,有 6 个是在西部地区。规划提出了全国 75 个矿业经济重点发展区域,其中西部地区和中部地区各有 31 个,而东部地区只有 13 个。这些都明确地显示,我国矿业未来发展的重点在中部和西部。

1.1.3.3 我国现代矿业的发展趋势

(1) 向中西部地区发展 随着西部大开发战略的实施，国家财政支持力度和相应的政策措施都明显地向西部地区倾斜，特别是铁路和高速公路建设的发展，使得中西部矿产资源开发的外部条件很快得到了改善，并趋于成熟，近年来出现了明显的西部矿业投资热。当前我国矿业开发有八大热点地区，其中有 7 个落在西部地区，它们是陕西、甘肃、宁夏、青海海西州、三江有色金属资源富集区、西藏、新疆，只有兴安岭有色金属资源富集区落在了中部地区。如上所说，全国矿产资源规划提出的 75 个矿业经济重点发展地区，有 82.7％集中在中西部地区。

(2) 向海洋发展 在现有技术经济条件下，当陆地上的资源被采掘消耗得差不多的时候，人类就把矿业发展的焦点投向了海洋。海洋中蕴藏着丰富的矿产，首先是油气的储量很大。全世界海底蕴藏的石油有 1500 多亿吨，天然气有 140 万亿立方米，这相当于陆地资源的总和，甚至更多。第二是海滨砂矿，目前有 30 多种已经得到应用，比如钛铁矿、锆石、金刚石等，其价值仅次于石油和天然气，居第二位。第三是天然气水合物，俗称天然冰，它的蕴藏量有 500 万亿立方米，可供人类使用 1000 年。第四是大洋海底蕴藏的多金属结核矿，含有大量的铜、钴、锰等金属，总储量分别是陆地相应资源储量的几十倍到几千倍，铁的品位达到 30％以上，估计总量达 3 万亿吨，这个数量是相当大的。第五是富含钴的结壳矿，也蕴藏在海洋深部，主要是由钴、锰氧化物组成的，富含锰、铜、铅、锌、磷等，其富集矿区多散落在各个国家 200 海里［1 海里＝1.852km（中国标准）］专属经济区内，仅太平洋地区的专属经济区内，富钴的结壳矿资源总量就不少于 10 亿吨。第六是海底多金属硫化物矿床，多分布在大洋中脊地区，由于具有水深比较浅（2km 以内）、矿体富集度大、矿化过程快、容易开采和冶炼等特点，因此更具有现实的经济价值。以上这几种资源都与未来的矿业发展有关，而且也是与工程机械行业发展有关的。

海滨砂矿的利用比较早，目前是世界上金、金红石、钛铁矿、锆矿和金刚石砂矿的主要来源。我国海滨砂矿的储量也很大，虽然开发比较晚，但是开发的强度很大。最近四五年，我国沿海周边挖出来的海滨砂矿数量达 4.5 亿吨，但是，由于开发利用不当，资源浪费很严重，对环境造成很大的破坏。

海洋油气的开发在过去 10 年已经呈现初浅海向中深海发展的趋势。在墨西哥湾，有些勘探项目已经突破了 2km 水深，也就是说，水深已经突破了 2km。我国的海洋油气勘探技术装备比较落后，目前主要集中在内海和南海浅水区。以锰等多金属为代表的海底固体矿产开发利用技术，在国际上已经取得了显著的进展，估计 10 年以内将实现商业化的开发。

(3) 地壳深处发展 人类对找矿的认识是逐步发展的。开始时主要是靠知觉找矿、地表找矿，后来随着人类对地表矿的开发，就把人的视线带到了地表以下的深部，逐步地转向地壳的深部找矿。现在人类已经可以探知到地表以下 2000m 处，甚至 3000m。对于采矿来说，目前我国与国外相比还存在不小的差距。目前，国际上采矿的最大深度已经超过 2000m，而我国基本上是在 1000m 以内，所以，近年来政府有关方面正在通过多方面的努力，不断提高地壳深部的找矿能力，主要是把对矿体的平均勘查深度，从目前的 800m 提高到 1000m。其中有一项就是探边摸底计划。最近这几年，通过新一轮找矿，已经在东部地区发现了多处埋藏 1000m 甚至以下的储量规模巨大的磁铁石英岩型铁矿，比如冀东滦南的马城铁矿，资源储量是 10.4 亿吨，它的远景储量还有 5 亿吨；本溪大台沟铁矿储量规模超过了 30 亿吨，埋深 1000m 以下，这个矿究竟如何开采，是露天开采还是坑下开采，可以肯定的是，坑下开采是不合算的，而露天开采难度也很大。

1.2 环境污染及矿业环境问题

环境是相对于中心事物而言的，是与某一中心事物有关的周围事物。相对于人类这一中心，环境则是以人类为主体的外部世界，即人类赖以生存和发展的物质条件的综合体，包括自然环境和社会环境。

2015年《中华人民共和国环境保护法》对环境的定义为：影响人类生存和发展的各种天然的和经过人工改造的自然因素的总体，包括大气、水、海洋、土地、矿藏、森林、草原、湿地、野生生物、自然遗迹、人文遗迹、自然保护区、风景名胜区、城市和乡村等。在经济发展研究中，从发展的角度看，"环境"所包括的基本问题是：可持续发展的概念、环境与可持续发展的关系、人口与资源、贫困、经济增长、农村发展、城市化、全球经济等。

环境科学中，环境被认为是围绕着人群的空间及其中可以直接、间接影响人类生活和发展的各种自然因素的总体。在环境科研方面，对人与环境系统的发生、发展、调控、改造、利用的研究涉及理工、管理、经济、法学等多学科，如研究污染物在生态系统中扩散、分布、富集过程规律的环境生态学，研究污染物对疾患及遗传影响的环境毒理学，研究行业污染控制的环境工程学，研究工业污染与环境管理规制和宏观经济发展的关系以及工业企业的环境行为的工业污染经济学，研究环境交易经济根源的环境经济学，研究经济、社会生态环境协调发展的环境管理学以及环境法学等。

"十二五"期间，我国制定和发布了矿产资源综合利用评价指标，发布了27个矿种的开采回采率、选矿回收率、综合利用率指标要求，主要矿种的矿产资源节约与综合利用评价指标体系初步形成，优选210项先进适用技术予以推广，推动矿产资源综合利用示范基地建设。

矿业是一把双刃剑，它为人类社会和物质文明的进步做出了无可替代的重大贡献，但如果不注意环境保护，就会产生严重的生态污染与破坏问题。

据了解，目前我国矿山环境存在的问题基本上可以分为五类。第一类是土地压榨和景观的破坏；第二类是植被和生态的破坏；第三类地下水系统的影响和破坏；第四类是引发多种地质灾害；第五类是最关键的，就是污染。总的情况是：煤炭矿山的环境问题中，严重的占19.54%，较严重的占48.53%，轻微的占31.91%；有色金属矿山的环境问题中，严重的占21.66%，较严重的占43.42%，轻微的占34.9%；建材和一般的非金属矿山污染严重的占20.85%。

我国的矿山环境治理工作虽然起步较晚，但国家对环境修复很重视。在矿山地质环境恢复治理方面，2000～2013年，中央财政安排矿山地质环境治理专项资金269.97亿元，实施矿山地质环境治理项目1934个，中央投入带动地方财政和企业投入资金达460亿元。2015年，中央财政投入矿山环境治理资金30.58亿元。利用中央财政资金累计安排项目1954个，累计治理面积超过80万公顷。全国31个省（区、市）已全部出台并实施矿山地质环境治理恢复保证金制度。截至2014年12月，全国应缴保证金矿山数量99006个，已缴85893个，占应缴总数的86.76%；应缴总额1598.69亿元（含山西省保证金380亿元），已缴867.74亿元（含山西省保证金380亿元），占应缴总额的54.28%。采矿权持有者完成治理义务返还（使用）保证金约307.4亿元（含山西省保证金已使用250亿元），占已缴保证金35.4%。"十二五"期间，中央财政共投入210亿元支持地方开展地质灾害防治工作，完成了4000多个重大地质灾害隐患点的工程治理，保护了100多万人的生命安全。在地方财政保障方面，目前，全国已有27个省（区、市）设立了省级财政地质灾害防治专项资金，年度资金额度近40亿元。"十二五"期间，各级地方政府累计投入地质灾害防治专项资金近500亿元。相应的法规也在不断完善。除了1989年出台、2015年修订的《环保法》以外，与矿山环境治理直接相关的重要法规有两个，一个是1986年的《矿产资源法》（2009年修订），另一个是1989年的《土地复垦规定》（2011年修订为《土地复垦条例》）。2010年国务院又对《环保法》重新进行了修改，提出了更为严格的要求。"十二五"期间，中央财政投入矿山地质环境治理资金180.7亿元，较"十一五"增长39.9%。实施"矿山复绿行动"以来，各地共投入资金146亿元，完成治理矿山3310座，总面积10.3万公顷。截至2015

年年底，矿山地质环境治理恢复面积约81万公顷，治理率为26.7%。积极推进绿色矿业发展和绿色矿山建设，优选661家矿山企业作为国家级绿色矿山试点单位，其中191家试点单位通过评估，有色行业44家，黄金行业23家。

1.2.1 环境要素及环境污染

环境要素是指构成环境系统的各个独立的、性质不同而又服从环境系统整体演变规律的基本物质组分，又称环境基质，是环境质量评价的基本对象。

1.2.1.1 环境要素的组成

环境要素可分为自然环境要素和社会环境要素两大类。

自然环境要素包括大气、水体、土壤、岩石、生物和阳光等要素。阳光是环境变化的基本动力源之一，它在地球表面上的时空分布特性对地球表面的温度、大气运动、水循环、生物的分布形式和轮廓以及人类的活动等均有决定性的影响，因此它是一个基本的环境要素。

社会环境是人类社会在自然环境中通过长期有意识的社会劳动所创造的物质文化环境体系，它既是人类物质和精神文明发展的标志，也随着人类文明进步而不断发展和丰富。因此，对于社会环境要素的组成，从不同角度有不同的内容。按要素的性质可将其组成分为：物理社会环境要素——建筑物、道路、工厂等；生物社会环境要素——驯化、驯养的植物和动物等；心理社会环境要素——人的行为、风俗习惯、法律、语言等。按环境功能可将其组成分为：聚落（如城市、村落、院落）、工业、农业、文化（如风景区、名胜、古迹等）、医疗休养等。

环境要素可分类组成环境的结构单元，环境结构单元又组成环境整体或环境系统。如大气组成大气层，全部大气层总称为大气圈；水组成水体，全部水体总称为水圈；由土壤构成农田、草地和林地等，由岩石构成岩体，全部土壤和岩石构成的固体壳称为岩石圈；由生物体组成生物群落，全部生物群落称为生物圈。

1.2.1.2 环境要素的特点

各环境要素不是孤立的，而是相互联系、相互作用、相互制约地存在着。了解各环境要素的特点和相互关系，是认识环境、评价环境、改造环境的基本依据。这些特点如下。

（1）最小限制律　整个环境的质量，不能由环境诸要素的平均状态去决定，而是受要素中某个与最优状态差距最大的要素所控制。即环境质量的优劣，取决于诸要素中处于"最低状态"的那个要素，不能用其余的处于优良状态的环境要素去代替、去弥补。因此，在评价环境和改进环境质量时，必须对各环境要素的优劣状态进行数量分析和分类，并排列出由差到优的顺序，依次改造每个要素，使之均衡地达到最佳状态。

（2）等值性　任何一个环境要素对于环境质量的限制，只有当它们处于最差状态时，才具有等值性。即各环境要素，无论它们本身在规模上或数量上如何不同，但只要是一个独立的要素，则对环境质量的限制作用并无质的差异。这种等值性与最小限制律有密切的联系，不过前者强调要素间作用的比较，后者则是从制约环境质量的主导要素上着眼的。

（3）环境的整体性大于环境诸要素的个体和　一个环境的性质，不等于组成该环境的各要素性质之和，而是比这个"和"丰富得多、复杂得多。环境诸要素相互联系、相互作用所产生的集体效应，是个体效应基础上质的飞跃。

（4）环境诸要素具有互相联系、互相依赖性　环境要素间的联系和依赖，主要通过以下途径。首先，从演化意义上看，某些要素孕育着其他要素。在地球发展史上，岩石圈的形成为大气的出现提供了条件，岩石圈和大气圈的存在为水的产生提供了条件，上述三者的存在又为生物的发生和发展提供了条件。每一个新要素的产生，都会给环境整体带来巨大影响。

其次，环境诸要素之间的相互联系、作用和制约，是通过能量在各要素间的传递或转换来实现的。例如，地球表面接受的太阳辐射能可以转换成增加气温的显热，并影响到各环境要素间的相互制约关系。最后，通过物质流在各环境要素间的流通，即通过各要素对物质的储存、释放、运转等环节的调控，使全部环境要素联系在一起。从表示生物界取食关系的食物链上可以清楚看到环境诸要素间相互联系、相互依赖的关系。

1.2.1.3　与环境质量评价的关系

在环境质量评价中，环境要素是受体，一般首先是对诸要素进行单要素环境质量评价，而且往往是以各个环境要素构成的结构单元作为评价的对象。如在自然环境要素中，水要素构成的具体水体（某河流河段、湖泊、海域等），大气要素构成的大气边界层或某局地大气层，土壤要素构成的耕作层、草原、林地等。对于社会环境要素也往往是各要素构成的环境功能区单元，如城区、村镇、工业区、政治文化中心、居住区、名胜古迹、风景游览区等。所谓环境质量评价，首先是评价各环境要素的结构单元的环境状态及环境质量的现状、演变和发展趋势等。

鉴于各环境要素之间相互联系、相互作用和相互制约的特点，在进行单要素评价后，进而要研究和评价各环境要素间的相互作用，综合分析和归纳整体环境效应。如工业排放的二氧化硫，不仅污染大气环境，而且会形成酸雨，造成土壤和湖泊酸化，影响植物生长。又如城市化既改变了下垫面的性质，影响地面和大气层的热交换，从而改变城市微气候，又会改变雨水对土壤的渗透和地面径流，地下水开采造成地下水位下降、地面沉降，以致影响生态环境等。

此外，工业活动产生的振动、噪声、微波等，以及某些矿物的开采、冶炼和加工过程产生的放射性物质，皆是人类活动产生的新的环境要素，也应是环境质量评价的重要对象。

1.2.1.4　环境污染

环境污染是指人类和生物生存的环境遭到有害物质的侵袭，其侵入量超过了环境自身的净化能力，破坏或扰乱了生态平衡，从而产生了危害人体健康、影响生物正常生命活动的现象。

造成环境污染的原因有以下两个方面。一是自然的，有火山爆发、水旱火灾害、流行疾病等。二是人为的，有生产造成的，如"三废"的排放、核能工业排放的放射性废弃物、农业使用药剂或化肥过量、机器设备及交通噪音等；有生活造成的，如垃圾、污水、粪便等；也有战争造成的，如细菌和放射性、化学性污染等。而当今社会人们主要探讨的是人为因素导致的自然与社会环境的素质恶化，扰乱和破坏生态系统和人类正常生活条件的诸现象。环境污染的来源主要有：生产、科研、人类各种生活所产生的废水、废气、废渣、粉尘、垃圾、放射性物质、噪声、振动、恶臭，以及对自然资源的不合理利用等。

环境污染按不同标准可划分为不同类型：按环境要素可分为大气污染、水体污染、土壤污染等；按污染物性质可分为生物污染、化学污染和物理污染；按污染范围可分为全球性、区域性和局部性污染；按污染物形态可分为废气污染、废水污染、固体废物污染、噪声污染、辐射污染等。

环境污染具有以下几个特点。

（1）影响范围大　环境污染涉及范围广，有的可影响到周围几个地区，甚至可能跨越国界，受害对象遍及整个生物类，甚至能影响到下一代。

（2）作用时间长　有的污染物可几年甚至十几年残存于污染环境中，如前苏联在西伯利亚地区的核污染造成大面积土地荒芜，1万年也难以恢复。

（3）污染易，治理难　环境污染往往在人们不知不觉中发生，而一旦发生，由于认识、费用、效果等方面的原因，又长期得不到治理。

环境污染随着现代工业的发展而日益严重。据 1987 年《国际保护自然及自然资源联合会》在一份专门文件中预言：如果人类不改变态度，再过50年，地球上将有5万种动植物绝迹。历史上因环境污染造成的悲剧屡见不鲜。如：1952年12月5日发生的造成12000人死亡的伦敦烟雾事件；1952年发生的两天内即有400名65岁以上老人死亡的洛杉矶光化学烟雾事件；近几年许多地方发生的酸雨、病毒污染等。环境污染已越来越严重地威胁着人类的生命安全。防治环境污染必须在我们的经济建设中引起高度重视。

1.2.2 矿业环境问题

1.2.2.1 资源、环境与生态

环境问题有广义与狭义两种理解。狭义指环境的结构与状态在人类社会经济活动的作用下所发生的不利于人类生存和发展的变化；广义指任何不利于人类生存和发展的环境结构和状态的变化，其产生的原因既包括人为方面的，也包括自然方面的。

一般情况下，人们多从狭义上理解环境问题，当前的环境科学和环境保护工作也主要关注狭义上的环境问题。通常所说的"当代环境问题"即指狭义上的环境问题，它可分为环境污染和生态破坏两大类，前者包括大气污染、水污染、土壤污染等，也包括由上述污染所衍生的环境效应，如温室效应、臭氧层破坏、酸雨等；后者主要是指各种生物和非生物资源遭到的人为破坏及由此所衍生的生态效应，如森林消失、物种灭绝、草场退化、耕地减少及水土流失等。上述两大类环境问题常常交织在一起，相互影响，相互作用，使问题更进一步加剧。我国的环境问题与世界其他发展中国家具有许多共同点。但由于我国人口负担过重、资源相对贫乏、生产和科技水平低，又面临着尽快发展经济的压力，使我国的环境问题有着特殊性；工业"三废"的大量排放和资源、能源的不合理开发所造成的环境污染及生态系统的破坏举世瞩目。由于种种原因，我国对环境问题的认识较迟，环境保护工作起步较晚、力量薄弱。近年来，由于政府和社会越来越重视环境问题，在防治工业污染、城市环境建设和保护生态方面取得一定进展，局部地区环境质量有所改善，但从总体看，以城市为中心的环境污染仍在发展，并向农村蔓延，生态恶化的范围仍在扩大。环境问题已成为制约经济发展和影响人民健康的重要因素。

(1) 人口快速增加、耕地逐年减少　截至2015年末，全国共有农用地64545.68万公顷，其中耕地13499.87万公顷（20.25亿亩），园地1432.33万公顷，林地25299.20万公顷，牧草地21942.06万公顷；建设用地3859.33万公顷，含城镇村及工矿用地3142.98万公顷。另一方面，我国的耕地浪费和损失十分惊人。城市规模膨胀，使耕地以每年约40万公顷的幅度锐减。2015年，全国因建设占用、灾毁、生态退耕、农业结构调整等原因减少耕地面积30.17万公顷，通过土地整治、农业结构调整等增加耕地面积24.23万公顷。与20世纪四五十年代相比，现在人均耕地面积不足那时的1/2；加之不少地区重用轻养，造成耕地质量下降；农业生态失调，受灾面积增加；此外，随着工业"三废"排放及农药、化肥用量不断增加，土地污染日益严重，全国遭受污染的土地面积已达1000万公顷，每年损失粮食120亿公斤。

(2) 基础脆弱的生态环境日趋恶化　我国植被覆盖率低，生态基础脆弱，加上长期以来人为的损害，生态环境的恶化相当严重。具体表现在以下几个方面。

① 森林破坏严重　"十二五"期间，我国国土绿化快速推进，造林绿化取得明显成效。全国共完成造林4.5亿亩、森林抚育6亿亩，分别比"十一五"增加18%、29%。森林覆盖率提高到21.66%，森林蓄积量增加到151.37亿立方米。然而，我国目前总体上仍然缺林少绿，森林生态安全问题依然突出。例如，我国的森林覆盖率比世界平均水平低近10个百分点，居世界第139位；人均森林面积、人均森林蓄积分别只有世界平均水平的1/4和1/7。

② 草原退化严重。由于过度放牧、重用轻养、盲目开垦，全国严重退化的草地已达9000万公顷，占现有草地的1/3；草原盐碱化日益加重。

③ 水土流失严重。植被破坏的直接后果之一是大范围的水土流失。每年流失土壤50亿吨，相当于从全国耕地上刮去了1cm厚的表土。每年随土壤流失的氮、磷、钾营养成分，超过了全国一年的化肥施用量。植被破坏的另一个后果是干旱或半干旱地区土地沙漠化不断扩大。最近10年来，我国每年沦为沙漠的土地达2100km²，现在，全国沙漠化土地面积已占国土的16%。植被破坏导致风蚀危害加剧，特别是春秋天，来自西伯利亚的冷风侵蚀我国黄土高原和内蒙古高原的裸露地表，出现沙暴、尘暴，给北方农牧业和人民生活带来威胁。第一次全国水利普查显示，我国水土流失面积294.91万平方公里，占国土总面积的30.72%。可以说，我们是世界上水土流失最严重的国家之一。

④ 野生动植物资源减少。在我国有3万种植物，而近50年来，约有200种高等植物灭绝，400种野生动物处于濒临灭绝或受威胁状态。

（3）资源和能源在开发利用过程中的浪费惊人，给环境造成日益严重的污染　我国是矿产资源矿种比较齐全、储量可观的少数国家之一，但富矿较少、贫矿较多，大多数矿石品位低。另外共生矿多，单一矿少，矿产赋存条件复杂，难选矿石占有相当比例。加上我国现有的生产条件和科学技术水平相对落后，使得我国矿产资源在开发利用中回收率和综合利用水平都较低。据统计，我国矿产资源总回收率仅为30%，比世界水平低20%。更为严重的是，一些地区和矿山对资源进行掠夺性无序开采，采富弃贫，不仅造成资源的大量浪费，而且使环境急剧恶化。

多年来，我国沿袭以资源高消耗和经营粗放为特征的经济发展模式，低效益的问题未能得到解决。反映综合经济效益的一项重要指标是总投资产出率。20世纪80年代，我国的总投资产出率仅为13.3%～13.78%，远低于日本和亚洲"四小龙"经济起飞时的水平（平均在50%以上）。投资产出率低，说明对资源的利用率低。以能源为例，单位国民产值能耗我国是美国的2.7倍、日本的7.1倍，在这种情况下，经济发展速度越快，资源和能源浪费越多，环境污染越严重。1990年与1981年比较，全国废弃物总量增长54%。我国工业固废年产量从2005年的13.6亿吨增加到2014年的32.9亿吨，年复合增长率达9.28%，其中危险废物年复合增长率达12.08%。在所有工业固体废物中，一般工业废物产生量为32.56亿吨，占全部工业废物产生量的98.90%，综合利用量20.4亿吨，储存量4.5亿吨，处置量8.0亿吨，倾倒丢弃量59.4万吨，全国一般工业固体废物综合利用率为62.1%。全国工业危险废物产生量为3633.5万吨，占全部工业废物产生量的1.10%，综合利用量2061.8万吨，储存量690.6万吨，处置量929.0万吨，全国工业危险废物综合利用处置率为81.2%。2015年我国工业危险废物产生量达到4220万吨，同比增长16.13%。

由于我国的能源是以煤为主的，随着能耗的增加，排向大气中的烟尘和二氧化硫也逐年增加，由此导致空气污染特别是酸雨增加，在一些地区已出现明显的危害。据《中国环境报》1995年报道，重庆市因大气污染严重，已成为世界三大酸雨区（西北欧、北美和中国）之一，造成的直接年经济损失已高达20多亿元。全国因酸雨造成的年经济损失达1400亿元。2015年，全国废气中二氧化硫排放量1859.1万吨。其中，工业二氧化硫排放量为1556.7万吨、城镇生活二氧化硫排放量为296.9万吨。全国废气中氮氧化物排放量1851.9万吨。

（4）污染和浪费使水资源危机加重　我国水资源不足，而且在地域和季节上分布很不均衡，人均占有水资源仅及世界平均量的1/4。我国正处在人口和经济都高速增长的时期，需水量必然大幅度增加。随着用水量的增加，缺水问题日益突出。华北、西北严重缺水，仅以山西省太原、大同、朔州三市为例，在大量超采地下水的情况下仍然有50%的企业因供水不足而不能正常生产。我国640多个城市中，缺水城市300多个，严重缺水城市108个。缺水已制约工农业生产的发展。由于过度开采地下水，北京、天津、上海、西安等几个城市的地面发生沉降或裂缝。我国浪费水的现象十分普遍。农业用水利用率只有 40%～50%，比发达国家低 20%～30%；工业用水的重复使用率只有 25%，最高的也只有 49%，与国际先进水平 70%～80% 相比差距很大。我国生产 1t 钢需用水 60t，而日本只有 3～5t；我国造纸 1t 需用水 500t，而国际先进水平只有 20t。

在 20 世纪 90 年代，我国废水排放量每天达 1 亿吨，80% 未经处理直接进入江河，使全国 523 条河流中的 463 条受到污染，特别是七大水系（黑龙江、辽河、海河、黄河、长江、淮河、珠江）中有近一半的河段污染严重。全国绝大多数湖泊因污染水质严重恶化。例如武汉的东湖，从 20 世纪 60 年代到 80 年代湖水透明度降低 7 倍，氯化物、氨氮含量和总固体量分别增加 5.8 倍、15.83 倍和 31 倍；化学需氧量超标 34 倍。每天，包括粪便、病菌在内多达 18 万吨的工业与生活污水向湖中排放，同时又有数万吨湖水进入水厂处理后供居民饮用。东湖是"中国最大的城中湖"，正在努力建设Ⅲ级水质湖泊和国家 5A 级风景区。然而，现今特别是前几年东湖的水体污染问题严重，主要是水体富营养化。据国家海洋局对我国部分海域的监测，沿海 10 多处排污口每年向海洋排泄 90 亿吨工业污水，使我国近海海洋环境日趋恶化。水的浪费和污染加剧了水资源危机，这比能源危机更加严重。

（5）城市规模膨胀、基础设施落后，使城市环境恶化　改革开放以来，我国城市化进程大大加快，城市规模和数量都在飞速发展。城市人口也急剧增加，进入城市进行经济活动的农业人口也大量增加。第六次全国人口普查主要数据：以 2010 年 11 月 1 日零时为标准时点的第六次全国人口普查，全国总人口为 1339724852 人，居住在城镇的人口为 66557 万人，占总人口的 49.68%。但是，城市的基础设施严重滞后，例如，煤气普及率、集中供热率、污水和垃圾处理率都很低。加之工业布局不尽合理，在环境敏感的地区建设了一些污染严重的项目，使城市环境状况普遍较差。

全国城市大气污染呈逐年加重趋势，污水处理量较低，河流及地下水普遍受到污染，各种有害元素威胁着居民的身体健康。城市垃圾排放量每年增加 10%，形成城市被垃圾包围的局面。噪声污染日趋严重，北京、上海等城市的中心地区，噪声高达 80dB(A) 以上。人均绿地普遍少于 4m²、草坪少于 25m²，生态环境不良或遭到破坏的现象十分普遍。原先清澈的河水变成泥沙俱下的浊流。现在，不得不花费大量资金来恢复生态环境。

（6）乡镇企业的兴起，使污染由城市迅速向农村蔓延　1984 年以来，我国乡镇企业发展迅速。由于一些乡镇企业技术水平相对较低，工艺落后、设备简陋，轻视环境污染治理和生态环境保护，产生的严重污染已同大城市、大工业的污染连成一片。

此外，我国环境保护投资、立法及管理滞后和国民环境意识相对淡薄等因素，也影响环境问题的解决。

1.2.2.2　采矿活动对矿山环境的影响

矿产资源是人类社会文明必需的物质基础。随着工农业生产的发展，世界人口剧增，人类精神、物质生活水平的提高，社会对矿产资源的需求量日益增大。矿产资源的开发、加工和使用过程不可避免地要破坏和改变自然环境，产生各种各样的污染物质，造成大气、水体和土壤的污染，并给生态环境和人体健康带来直接和间接的、近期或远期、急性或慢性的不利影响。事实证明，一些国家或地区的环境污染状况，在某种程度上总是和这些国家或地区的矿产资源消耗水平相一致。同时，矿产资源是一种不可再生的自然资源，所以，开发矿业所产生的环境问题日益引起各国的重视：一方面是保护矿山环境，防治污染；另一方面是合理开发利用、保护矿产资源。现将矿产资源在开采、加工和使用过程中产生的环境问题简述如下。

（1）废石和尾矿对矿山环境的污染　采矿，无论地下开采还是露天开采，都要剥离地表土壤和覆盖岩层，开掘大量的井巷，因而产生大量废石。选矿过程亦会产生大量的尾矿。《中国矿产资源节约与综合利用报告（2015）》显示，我国尾矿和废石累积堆存量目前已接近600亿吨，其中尾矿堆存146亿吨，83%为铁矿、铜矿、金矿开采形成的尾矿；废石堆存438亿吨，75%为煤矸石和铁铜开采产生的废石。首先，堆存废石和尾矿要占用大量土地，不可避免地要覆盖农田、草地或堵塞水体，因而破坏了生态环境；其次，废石、尾矿如堆存不当可能发生滑坡事故，造成严重后果。如美国有一座高达244m的煤矸石场滑进了附近的一座城里，造成800余人死亡的惨案。据调查：近20年来我国先后发生过多次大规模的废石场滑坡、泥石流以及尾矿坝塌垮等恶性事故，导致人员伤亡、被迫停产、破坏公路、毁坏农田等恶果；再次，有的废石堆或尾矿场会不断逸出或渗滤析出各种有毒有害物质污染大气、地下或地表水体；有的废石堆若堆放不当，在一定条件下会发生自热、自燃现象，成为一种污染源，危害更大；干旱刮风季节会从废石堆、尾矿场扬起大量粉尘，造成大气的粉尘污染；暴雨季节，会从废石堆、尾矿场中冲走大量砂石，可能覆盖农田、草地、山林或堵塞河流等等。综上所述，废石、尾矿对环境的污染为：占用土地、损害景观；破坏土壤、危害生物；淤塞河道、污染水体；飞扬粉尘、污染大气。

（2）"三废"污染 许多矿山系包括采、选、冶的联合企业，向环境排放大量的"三废"，如不注意防治，将会造成大范围的环境污染。19世纪末日本发生的震惊世界的环境污染事件就发生在某铜矿，该矿含铜、硫、铁、砷，冶炼时排放的废气除二氧化硫外，还有砷化合物和有色金属粉尘。污染物严重地污染矿区周围面积达400km²，受害中心区被迫整村迁移。该矿污水排入渡良濑川水体，洪水泛滥时广为扩散，使周围4个县数万公顷的农田遭受危害，鱼类大量死亡，沿岸数十万人流离失所。鞍山钢铁公司生产过程对周围环境的污染可概括为："三龙""二蛇""一山"。"三龙"是指炼钢厂的黄烟、烧结厂的黑烟和镁矿的白烟，三者合为一体，每天排放有毒气体约0.2Gm³；"二蛇"是指选矿场的红色选矿废水和鞍钢厂区排出的高浓度含酚、氰废水，每天外排废水达60万吨；"一山"是指鞍钢历年排出的废渣形成的几亿吨大渣山，前些年鞍钢每天排渣量达1.6万吨。

采、选、冶生产过程形成大量工业废水，如不经处理任意排放，会危害农田、渔业和土壤。据原冶金部对九个重点选矿厂的初步调查，在选矿厂附近有14条大小河流受到污染，污水泛滥，侵入农田，形成绝产田3531亩（1亩≈667m²），减产田4029亩。

（3）粉尘及有毒、有害气体污染 采矿生产，特别是露天开采时对矿山周围大气的污染甚为严重。开采规模的大型化、高效率采矿设备的使用以及露天开采向深部发展，使环境面临一系列新问题。大型穿孔设备、挖掘设备、汽车运输产生大量粉尘，使采矿场的大气质量急剧下降，劳动环境日益恶化。据现场监测，最高粉尘浓度达400～1600mg/m³，超过国家卫生标准上百倍。爆破作业产生大量有毒、有害气体。上述污染物在逆温条件下停留在深凹露天矿坑内不易排出，这是加速导致矿工硅肺病的主要原因。此外，汽车运输还产生大量的氮氧化物、黑烟及3,4-苯并芘，这是导致癌症的根源。

（4）采矿工业中的噪声污染 矿山设备的噪声级都在95～110dB（A）之间，有的超过115dB（A），均超过国家颁发的《工业企业噪声卫生标准》。噪声不仅妨碍听觉、导致职业性耳聋、掩蔽音响信号和事故前征兆、导致伤亡事故的发生，而且还引起神经系统、心血管系统、消化系统等多种疾病。

（5）水土流失 采掘工作破坏地面或山头植被，引起水土流失，破坏矿山地面景观。地下坑道的开掘或地表剥离破坏岩石应力平衡状态，在一定条件下会引起山崩、地表塌陷、滑坡、泥石流和边坡不稳定，造成环境的严重破坏和矿产资源的损失，并酿成严重的矿毁人亡的重大恶性事故。1980年湖北某磷矿因地下采空区的扩大，引起了地面石灰岩陡峭的山崖开裂，在雨后失稳的岩体开始滑移，约有10万立方米岩体突然从陡崖上急骤倾泻而下，将山坡下矿部约 6 万平方米的建筑物推垮并掩埋，堆积乱石面积约 $6000m^2$，堵塞了盐池河，造成巨大的财富损失和人员伤亡。特别是地表下沉和塌陷引起地表水和地下水的水力联通，容易酿成淹没矿井的水灾事故。

矿产资源的合理开发和利用是矿山环境保护一项重要内容。上面谈到，矿产资源是不可再生资源，为此，加强对矿产资源的综合评价是合理利用矿产资源的重要保证。要正确选择矿产合理开采方法，保证矿石最高回采率和最低损失、贫化率。大多数金属矿山是多种金属共生的，综合回收和利用是保护矿产资源的重要手段。此外，针对我国矿产资源日趋减少的现状，把现已生产矿山大量排放的废石、尾矿作为二次矿产资源进行合理开发和有效地利用，变废为宝，既保护了国家的资源，又充分利用了国家资源，同时又净化了环境，可谓一举多得。

1.2.2.3 我国矿业城市环境问题

（1）我国矿业城市现状 矿业城市依矿而兴。矿产资源的状况，对这类城市的发展至关重要。从总体上看，我国的矿产资源种类虽然不少，但一般储量并不十分丰富。截至 2016 年底，我国主要矿产查明资源储量总体持续增长，但增长幅度放缓，全国已发现 172 种矿产，具有查明资源储量的 162 个矿种，细分为 230 个亚矿种，除铀、钍、地热、地下水、矿泉水、稀土矿（10 种）以外，其余 215 个亚矿种与上年度相比，总体持续增长，增幅有所下降；而且，我国中小型矿床多，大型矿床少；贫矿多，富矿少。当前，以矿业为主导产业或支柱产业的城市面临着机遇与挑战并存的局面。特别是我国加入世贸组织之后，一方面可以使矿业尽快融入世界经济的大潮之中，在平等条件下参与国际竞争，进一步加快市场化的进程；另一方面由于我国的矿业属于弱势产业，并且正处于从计划经济体制向市场经济体制转轨的过程中，对激烈的市场竞争还有许多不适应的地方。

（2）我国矿业城市存在的问题 矿业城市强烈地依赖于矿产资源，导致我国大多数城市产业结构单一，如阜新市煤炭工业税收占地方财政收入的 1/3，矿区人口占全市人口的 59.17%，大同市煤炭采选业和原料工业曾占全市工业总产值的 80%，河南义马市曾占 90%。近年来虽有所调整，但变化不大。由于矿业城市产业结构单一，过分依赖采矿业，经济递进速度缓慢，经济稳定性差，一旦资源枯竭，很难摆脱矿竭城衰的厄运。1999 年，有关专家对我国 210 座矿业城市进行了分析，主要矿业城市 100 多座，其中以煤炭产业为主导的城市占大多数，其他资源性产业和第三产业发展迟缓，产业次序较低，结构转换惯性大，经济系统稳定性差。

矿业城市的存在和发展依托于赋存的矿产资源，矿业城市能否持续发展的根本问题之一是矿城所拥有的矿产资源总量，而矿产资源是不可再生的耗竭性资源，采一点就少一点。目前，约有 12% 的矿业城市所拥有可供开发的后备矿产资源已经不多，或者很快就要开发完了。由于后备资源不足，这些城市将面临矿竭城衰的威胁。目前有 440 座矿山（煤炭 257 个，有色金属矿山 56 个，黑色金属矿山 46 个，非金属矿山 81 个）即将闭坑或很快就面临闭坑的威胁，这将直接影响到 300 多万矿工和上千万职工家属的工作和生活，有的地方还一度影响了社会稳定。即使资源潜力较大、矿业开发处于成长期或鼎盛期的矿业城市，也存在资源情况并非都已查明、需要加强勘查增加资源储备的问题。因为已查明的资源总有一天会因开发而逐渐枯竭，所以后备资源问题对于矿业城市的前途至关重要。

环境问题严峻。21 世纪，环境、人口和资源问题已成为经济社会能否持续发展的三大问题之一，生态建设与环境保护问题也是所有城市面临的共同问题。但是矿业城市面临的环境保护方面的压力远比其他城市大。矿业城市的环境问题，一是生态建设，二是防治污染和地质灾害，三是固体废弃物、废水和废气处理。矿产资源的开发利用过程引起了一系列环境问题。全国每年工业固体废弃物排放量中 85% 以上来自矿山开采，现有固体废矿渣积存量高达 60 亿～70 亿吨，其中仅煤矸石就超过 34 亿吨，形成煤矸石山 1500 余座。

矿产资源开发利用过程中对生态环境产生的危害，已成为许多矿业城市可持续发展的严重障碍，成为政府亟待破解的一道难题。尽管 1988 年以来，我国开始重视矿山地质环境的整治、矿区土地复垦和生态重建，如唐山、淮北、邹城、平朔等地创建了若干示范区，但全国的矿山土地复垦率仅为 12%，远低于一般发达国家 50% 以上的水平。矿山环境整治已经成为困扰矿业城市的一个十分突出的问题。

（3）我国矿业城市可持续发展对策

① 调整和优化产业结构，加快由矿区型城市向综合型城市转变。矿业城市要自觉地不间断地实施产业结构调整，转变经济增长方式，彻底改变单一的产业结构，鼓励各种非矿产业的发展，特别要鼓励制造业和第三产业的发展，培养新的经济增长点；要尽可能加强城市基础设施建设，改善城市投资环境，吸引外部资金、人才，实现可持续发展。结构调整中，矿业城市还应该根据自身优势，首先巩固传统产业的基础地位，把重点放在改造和提升传统产业上；其次通过大力发展接替和替代产业，逐步实现由单一产业结构向多元产业结构的转换，以增强市场竞争能力和抵御风险能力。目前，大多数矿业城市的经济主体是传统产业，这种格局在短期内还难以改变。因此，矿业城市的发展，不能一概地抛开原有的产业，而应当从实际出发，通过改造提升传统产业，进一步巩固传统产业的基础地位，挖掘传统产业的巨大潜力。

接续和替代产业的培育是矿业城市发展的必然趋势。在优化和提升传统产业的同时，还应该大力培育和发展新兴接续产业和替代产业，从而使城市在经济总量的扩张中逐步减轻对传统产业的依赖，进而形成产业结构的多元化和新的经济增长点，形成新的城市经济支撑体系。

发展循环经济，落实科学发展观。科学发展观的一个重要方面是要统筹人与自然和谐发展，处理好经济发展、人口增长与资源利用和环境保护的关系。循环经济是相对于传统发展模式而言的。传统发展模式的资源流动模式是资源—产品—废弃物排放，表现为经济增长越快，资源消耗越多，污染物排放越多，经济发展以过度消耗资源和牺牲环境为代价。循环经济的资源流动方式是资源—产品—废弃物—再生资源，表现为经济增长、资源利用率提高、污染物排放减少，经济发展要充分考虑资源和环境的承载能力。循环经济是对传统工业化生产和消费模式的根本变革，遵循的原则是减量化、再利用和资源化。

若能切实发展循环经济，一是大力实施节能降耗工程，提高资源利用效率；二是全面推进清洁生产，从源头上减少污染物的产生；三是大力开展资源综合利用，最大限度利用资源，减少污染物的最终处置，以资源的永续利用支持经济社会的可持续发展。

② 加强环境保护，实现矿业城市可持续发展。环境保护是实现可持续发展的关键。工矿业的经济活动和城市的形成与发展过程中，都会对自然生态环境造成不同程度的污染、破坏，进而影响人类社会和城市的健康发展。对城市的生态系统战略，波兰萨伦巴（PeterZaremba）等学者提出了 4 种不同方案，即"利用环境战略"为下策，"保护环境战略"为中策，"与环境合作战略"为上策，"扩展环境战略"为上上策。针对矿业城市在不同发展阶段环境污染和破坏的程度，可分别采取上述不同的环境保护战略方案。现实中，只要我们采取切实有效的措施，如进行矿坑回填或复垦、废弃资源利用和资源综合利用、环境影响评价（包括后效评价）、城市园林绿化和环境综合治理等，实现"保护环境战略"的中策方案，是可以确保矿业城市的可持续发展的。

思考题

1. 简述矿产资源开发与国民经济之间的关系。
2. 简述我国矿产资源开发的特点。
3. 简述矿产资源开发对环境的影响。

第 **2** 章

选矿污染源

2.1 污染源概述

2.1.1 环境污染物

环境污染物又称"污染物"，是指进入环境后使环境的组成和性质发生直接或间接有害于人类的变化的物质。这些物质有的是自然界释放的，但主要是人类生产、生活活动中产生的。按性质可分为化学、物理和生物污染物三大类；按环境要素可分为大气污染物、水体污染物和土壤污染物等；按形态可分为废气、废水、固体废弃物以及噪声、电磁辐射等。

污染物具有毒性、扩散性、积累性、活性、持久性和生物可降解性等方面的特征，而且多种污染物之间还有拮抗和协同作用。不同的污染物在不同的条件下，具有不同的特性。

2.1.2 污染源的概念和分类

污染源是指造成环境污染的污染物发生源，即产生物理的（如声、振动、光、热、电磁辐射和放射性物质等）、化学的（如有机污染物和无机污染物）、生物的（如致病菌、病毒等）等有害物质时，这些有害物质在空间分布上和持续时间内足以危害人类和其他生物的生存与发展，这样的场所、生产装置和设备统称为污染源。

按照污染物的来源分为自然污染源和人为污染源。

自然污染源是指自然界本身引起的、没有或很少有人为因素参与的污染源，它是暂时的、局部的，而且是我们尚不能控制的。所以我们研究的污染源主要是人为污染源。

人为污染源主要有以下五种分类方法。

（1）按照人类的社会活动可分为工业污染源、农业污染源、交通污染源和社会污染源。

（2）按照运动状态可分为固定污染源和移动污染源。

（3）按照污染范围可分为面污染源、区域污染源和局部污染源。

（4）按照污染物的性质可分为煤烟型污染源、粉尘型污染源、石油型污染源和有害物污染源。

（5）按照污染源的形成可分为一次污染源（直接排放污染物的污染源）和二次污染源（产生污染物的处理设施）。

对同一污染源多角度、多种分类，按环境介质可分为大气污染源、水污染源、固体废物污染源。

2.2 典型选矿污染

我国矿产资源比较丰富，蕴藏着多种多样的有色金属、黑色金属、稀贵金属以及煤炭、化工、建材等非金属矿产。这些矿产资源多数有用组分含量较低，矿物组成复杂，必须经过选别才能提高有用组分含量，得到适合工业规模冶炼或加工的品位较高的富矿。几十年来，我国的科技工作者充实并发展了选矿理论，革新了工艺，研制了各种先进的选矿设备，开发出符合我国矿产资源特点的选矿工艺技术。21世纪以来，我国强调技术创新的发展战略，在选矿技术方面发展自己的知识产权，推动了开发利用矿产资源的可持续发展。在多年的发展进程中，选矿工程技术已取得了很大的成就。国外也出现了高效选矿设备和药剂，如微细颗粒氧化矿选矿技术，铅、铜、锌多金属复杂矿无氰分离技术，多金属矿的磁性浮子选冶联合处理工艺。

随着传统矿产资源的日益减少、资源形势的不断恶化及选矿成本的不断增加，人们不得不面临"资源开发与可持续发展"这一问题。而要解决这一问题，原来得不到开发的众多贫、细、杂物料必须资源化，而这需要与此相适应的资源开发技术。化学选矿是指基于物料组分化学性质的差异，利用化学方法改变物料性质组成，然后用其他方法使目的组分富集的资源加工工艺。它包括化学处理（焙烧或浸出）与化学分离两个主要过程。应用化学选矿是处理贫、细、杂等难选矿物原料和使未利用矿产资源资源化的有效方法，其分选效率比物理选矿法高。但化学选矿过程需消耗大量的化学药剂，对设备材质和固液分离等的要求均比物理选矿高。因此，在通常条件下应尽可能采用现有的物理选矿法处理矿物原料，仅在单独使用物理选矿法无法处理或得不到合理的技术经济指标时才考虑采用化学选矿工艺。

2.2.1 浮选

浮选是细粒和极细粒物料分选中应用最广、效果最好的一种选矿方法。它是根据物料表面性质的不同，即根据它们在水中与水、气泡、药剂的作用不同，通过药剂和机械调节，高效分离出有用矿物的选别方法。

现在的浮选过程一般包括以下作业：①磨矿——先将矿石磨细，使有用矿物与其他矿物或脉石矿物解离；②调浆加药——调整矿浆浓度适合浮选要求，并加入所需要的浮选药剂；③浮选分离——矿浆在浮选机中充气浮选，完成矿物的分选；④产品处理——浮选后的泡沫产品和尾矿产品进行脱水。

选矿厂的主要污染源为选矿废水，产生量约为原矿的3倍，包括浮选、浓缩、脱水等工序产生的废水。

浮选法是近代富集有用矿物的重要方法之一。浮选药剂的应用及发展直接关系到浮选工艺发展效果的好坏，我国矿山所使用的选矿药剂大部分是较原始的品种，如黄药、黑药、松醇油、石灰、硫化钠等。每年都有上百万吨药剂排放到环境中，不仅给矿山环境造成严重污染，还大幅度增加矿山的生产成本。

选矿所使用的药剂，按照功能不同可以分为捕收剂、抑制剂、起泡剂、活化剂、分散剂、絮凝剂、pH调整剂等多种类型，其中，捕收剂、抑制剂和起泡剂是最重要的三类选矿药剂。选矿药剂对水体的污染作用十分复杂，有直接产生危害的，也有间接产生危害的，还有交互作用后产生危害的。大致分为以下 4 种情况。

（1）选矿药剂本身是有毒有害物质，如黄药类、氰化物、硫化物、重铬酸钾（钠）、硅氟酸钠、硫酸铜、硫酸锌等，这些药剂直接对人体产生危害。

（2）药剂本身无毒，但有腐蚀性，有的还以溶解状态进入水体，易被生物吸收，如硫酸、盐酸及氢氧化钠等。这些酸、碱类的使用及排放，可使自然水体中的 pH 值过低或过高，不仅危害生物的生长，还腐蚀作物，改变土壤的性质，造成土壤流失。更为严重的是这些酸类可溶解矿石中的重金属，使其以溶解状态进入水体，产生范围更广的危害。同时，当酸性废水进入河流时又可溶解河流底泥中的重金属，造成二次污染。

（3）药剂本身是无毒物，但这些药剂的使用与排放增加了水中的有机化合物，降低了水中的溶解氧，从而使自然水中的生物耗氧量（biological oxygen demand，BOD）、化学耗氧量（chemical oxygen demand，COD）大大增加。这类药剂主要是脂肪酸类，如粗制塔尔油、氧化石蜡皂、纸浆废液等有机物。当然这些有机物也带进一些氰、酚等有毒化合物，不过这些化合物大都在生产过程中被降解了。还有一些选矿药剂随废水排入缓慢流动的湖泊、水库、内海等水域，由于这些药剂中含有生物营养元素氮、磷等，藻类等浮游生物就会因得到大量的营养而繁殖，于是会在水面上形成密集的"水花"或"赤潮"，当藻类死亡和腐败时，会引起水中的氧大量减少，生物、化学需氧量增加，使水质恶化，水生生物大量死亡，造成水体的"富营养化"。

（4）以分散作用为主而产生危害的药剂。在浮选过程中，矿石需要磨得很细，矿浆中含有大量细小颗粒的有机物和无机物，当分散剂（碳酸钠、水玻璃等）加入后，由于分散作用的结果，这些有机、无机物细小颗粒长时间不能沉降，以悬浮状态随废水排入自然水体，影响水体的感观。有机与无机悬浮物不仅影响水质，还会沉积于水底，在河流、湖泊中积聚从而影响生态系统，在农田中则必然降低土壤的透水性，危害农作物。

矿山大规模的开采，特别是低品位难选矿石的综合利用，以及选矿理论与技术的不断完善，需要品种更多的选矿药剂用于生产。目前，已有数千种无机及有机化合物可作为选矿药剂使用，但是真正用于生产实践的为数不多，使用最普遍的不过数十种。然而，过去在选矿药剂的研究、生产及应用中，只注意其技术与经济的效益，而没有注意对水资源的污染作用，也没有考虑这些药剂的使用给人类带来的危害。

选矿药剂对生态环境的污染已迫在眉睫，应该采取相应的污染治理和控制措施。如果只重视末端治理而不进行源头控制，将大大增加基建投资及治理费用的压力，况且有许多污染物还没有成熟的工艺治理技术，治理效果欠佳。因此矿山废水进行末端治理的同时，还应充分考虑污染物的源头控制和减排，真正做到清洁生产，实现环境效益、经济效益和社会效益的统一。具体措施如下。

（1）研制高效低毒或无毒的选矿药剂，是防止选矿药剂对环境污染的一个根本性措施。近年来提倡的无氰选矿工艺，基本上解决了氰化物的危害。又如钛铁矿的选矿，原来采用硅氟酸钠作为浮选剂，尾矿水中氟含量达 97mg/L，近年来有的选矿场改用异羟肟酸作捕收剂，同样获得较好的选别指标，又可消除氟污染。所以建议在对选矿药剂进行研制时，除了衡量其经济与技术效果外，还要做出对环境影响的评价。

（2）采用易分解的选矿药剂，并尽量减少用量，使外排的选矿废水在尾矿池内有充分的停留时间，不仅使那些悬浮物及其夹杂的重金属等有毒有害物得到充分沉降，另外对于易分解的物质效果更好。

（3）选矿废水的回收利用。选矿废水中含有大量残余的选矿药剂，选矿废水的循环利用可以解决选矿废水污染环境、处理成本高、废水中药剂成分利用率低等问题。选矿废水回收利用，既节省选矿药剂，又减少了对新水的使用，有利于节省水资源和物质资源并保护环境，这对缺水地区尤为重要。

（4）从选矿方法上解决选矿药剂的污染。近代选矿理论的发展，有用矿物的选别不局限于浮选，其发展的趋势是几种选矿方法的联合选别流程。特别是近代化学选矿的发展，将选矿与冶炼结合起来。有研究表明，化学选矿对保护环境不受污染是有限的，能不用浮选就能选别的矿石尽量不用浮选，要么用联合流程，这样也可以减少选矿药剂带来的污染。

（5）建立选矿药剂的准入制度。我国矿山选矿药剂目前还无有毒、有害化学品登记制度，多数以代号出现，大多数矿山药剂不公开化学组成，对矿山选矿药剂中有毒有害物的品种、种类、含量等均不清楚。要从根本上解决选矿药剂的污染及复合污染问题，首先要抓源头，就是对有毒有害的选矿药剂进入矿山加以控制，而不是产生污染、二次污染和复合污染以后才加以治理。

2.2.2 选矿药剂的污染

在中国，矿山每年使用的无机、有机、高分子的人为化学品已达百万吨级，如此推算，全世界矿山每年人为化学品用量已在千万吨以上。这些人为化学品大多数未经过科学处理就进入矿山环境，再加上历年累积，必然将造成巨大的环境污染。

一部分选矿药剂本身是有毒有害物质，在污染环境的同时对人体也产生直接危害，如黄药类、氰化物、硫化物、重铬酸钾（钠）、硅氟酸钠。同时，部分选矿药剂具有很高的毒性，研究发现浮萍在浓度为 5mg/L 的异丙基黄药中接触 3d 即可造成致死性，水螅在黄药中接触 1h 后经过 6d 能多长出一个头。黄药对人和温血动物的毒性问题，国内外文献中已有报道。一般认为在急性中毒实验中，黄药对中枢神经系统有明显的抑制作用，动物可死于呼吸衰竭；慢性毒性实验的病理改变可导致肝脏和肾脏出现不同程度的营养不良。

在以往的研究中，对矿山药剂二次污染中形成的污染的研究尚属空白，黄药经热分解、重金属催化、氧化或光降解、催化光降解均产生有害气体。全世界现每年黄药用量不少于 30 万吨，因为在黄药的结构式中，CS_2 的结构单元占分子重量比的 50% 左右，那么无论黄药降解释放出 CS_2，还是 COS（羰基硫，$O=C=S$），其总量粗估不会少于 10 万吨，占每年进入大气重量的 1/3，其对环境影响的重要性不言而喻。

人们在关注选矿药剂产生直接污染的同时，也应关注选矿药剂二次污染物的产生。对于选矿废水的监测也不只采用 BOD、COD、pH 值、悬浮物含量等简单的指标。选矿药剂对环境的污染作用十分复杂，大部分有机药剂在降解的过程中，可产生在以往的矿山环境污染研究中被忽视的大气硫源污染物，其碳链结构同时降解，产生乙醇、乙醛、丙酮、乙腈、丙腈、异丁醇、戊醇等一系列有机小分子二次污染物。并且选矿药剂对矿山环境的污染不仅仅局限于选矿过程中，选矿过程结束后，选矿药剂一部分吸附于有用的金属矿物表面而浮上，进入精矿堆，一部分吸附于无用的矿泥细粒表面，一部分残留于水中，后两部分药剂随尾矿水和尾矿渣进入尾矿坝中。尾矿坝中的选矿药剂在自然光照、氧气充裕的环境中，对环境的二次污染仍在持续。

矿业活动中产生的污染物种类多，成分复杂，并且大量地暴露在地表环境中，在氧气、细菌、光照等条件下，很容易发生各种不同形式的复杂的反应，生成复杂的二次污染及复合污染。研究选矿药剂在矿山环境的二次污染及复合污染对重新认识与掌握矿山污染，对矿山环境污染的深度治理有指导意义。

选矿药剂在选矿流程各个阶段产生的二次污染物的车间浓度及作业工人的健康也应该得到应有的关注。

CS_2 是多亲核性毒物，对神经、心血管、内分泌、消化和免疫系统具有毒作用。大剂量短时间暴露可导致死亡，高浓度接触可导致中枢神经系统急性中毒，表现为精神神经症状。

长期接触对神经系统的损害作用存在时间-效应关系，中毒症状与接触毒物者的接触时间和接触浓度呈正相关。在低浓度的长期作用下，接触者可出现以中枢及周围神经系统损害为主的临床表现。其中，以神经衰弱综合征为主的头昏、头痛、失眠、记忆力障碍较为突出。可影响脂蛋白的代谢，引起心脏节律性改变。

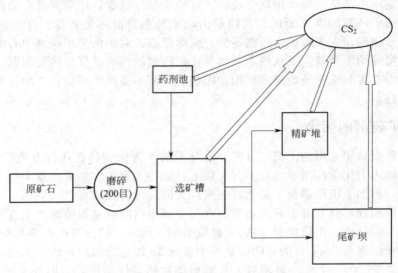

图 2-1　选矿流程中 CS_2 产生图

选矿流程中药剂在药剂池、矿浆槽均以液态形式出现，溶液的药剂可自身分解释放 CS_2（图 2-1），在选矿车间这个密闭的环境中，矿业工人长期接触一定浓度的 CS_2，身体健康必然受到影响。

2.2.3　矿山尾矿的污染及二次污染

尾矿是矿石经粉碎和浮选精矿、中矿后余下的微粒状固体废弃物。以硫化矿为主的有色金属矿山，开采 1t 矿石，产生 0.42t 废石、0.52t 尾矿、0.04t 废渣，只有 0.02t 有用矿物。尾矿、煤矸石和粉煤灰等已成为我国排放量最大的工业固体废物，约占总量的 80%。我国目前年采矿量已超过 50 亿吨，年尾矿排放量达 15 亿吨，2015 年年底，堆存的尾矿就达 600 余亿吨，并以每年 1 亿吨的排放量剧增。

大量的尾矿源源不断地产生并持久地存在于矿山环境中，占用大量土地，产生粉尘污染。黄铁矿及磁黄铁矿由于经济价值不高，随尾矿被废弃于尾矿坝中。它们在敞开的、有充足氧气及日光的尾矿坝环境中，在化学氧化剂（O_2，Fe^{3+}）和氧化亚铁硫杆菌作用下，发生氧化反应，产生矿山酸性废水（acid mine drainage，AMD），引起水体和土壤等环境的快速酸化。矿山酸性废水往往 pH 值很低，如德兴铜矿及新墨西哥 Pecos 矿尾矿坝水 pH 值分别只有 2.1 和 3.0～5.0。矿山酸性废水中的 SO_4^{2+} 和 Fe^{3+}，易浸出废矿石中的有毒元素，如铅、砷、铬、铜等，对地下水、周边地区的湖泊、河流及农业生产常造成严重的危害。

金属矿山酸性废水的形成机理比较复杂，含硫化物废石、尾矿在空气、水及微生物的作用下，发生风化、溶浸、氧化和水解等一系列的物理化学及生化等反应，逐步形成酸性废水。其具体的形成机理与废石的矿床类型、矿物结构、堆存方式、环境条件、开采方式等影响因素有关，使形成过程变得十分复杂。

酸性条件可促使重金属向活性形态转化，增强其生物活性，增大重金属污染程度。大量的以溶解态形式存在的重金属将对尾矿坝周围土壤、水体及地下土壤、水体造成严重污染。酸性废水低值及其高金属含量对周围环境的危害更是不可小觑，可以杀死水中的大部分生物，致使水体生物绝迹。研究表明，酸性矿山废水、尾矿淋滤液一旦产生，就很难控制，有可能持续数百年甚至数千年，如西班牙矿区的酸性废水排放始于罗马时代。目前的研究表明，酸性矿山废水主要是由于黄铁矿和磁黄铁矿的氧化所引起的，并且酸性废水的治理难度非常大。

硫化矿物氧化产生矿山酸性废水作为全球性的环境污染问题，得到了科学工作者的广泛关注，为治理矿山废水，世界各国很多学者对矿山尾矿酸性废水和重金属迁移规律以及稳定化技术进行研究，并提出多种防止矿石氧化的技术及方法。

目前，国内外采取的治理方法有水罩法，即通过向尾矿坝中注水覆盖来阻止氧气和矿物的接触中和法，通过向尾矿坝施加石灰来消除产生的酸湿地处理法，通过细菌催化硫酸盐还原成硫化物来二次沉淀金属硫化物和提高废水的 pH 值，以及通过使用杀菌剂抑制铁氧化细菌的生长等方法。在这些方法当中，一些学者认为钝化处理是相对有效、最有前景的方法之一。钝化处理法，即向尾矿坝中添加化学物质，主要是有机物，通过化学、物理反应在硫化物矿物颗粒表面形成一层不溶的、惰性的膜。现在已有多种物质被试验用于黄铁矿的钝化处理，如草酸、乙酰丙酮、腐殖酸、木质素等。一般来说，经过钝化处理后黄铁矿的表面会形成一层致密的膜，隔绝其与氧化剂的接触，因此大大降低氧化速度。这些将有机物添加到尾矿坝的方法使硫化物矿物氧化得到了控制，却引发了尾矿库中二次污染的产生。

尾矿坝中含有的大量在矿石破碎、磨矿、选矿等过程中产生的废弃矿物，将与添加进尾矿坝中的有机物质发生作用，产生二次污染物。另外，有的学者利用污水处理技术的原理，提出了利用尾矿库作为废水处理构筑物和场所，在尾矿坝中加入生活污水或有机废水，使尾矿固体废物系统维持封闭缺氧环境条件，同时起到治理矿山生活区污水的作用，即"以废治废"。矿山生活区的生活污水是矿山废水的来源之一，由于矿山所在地往往没有市政排水系统，生活污水不能得到有效处理即进入矿山环境，故"以废治废"不失为一种好的思路。但生活污水成分复杂，以有机物质为主要成分，这种方式也同样存在二次污染物的问题。

2.2.4 矿区重金属污染

当金属原子的密度大于 $5g/cm^3$ 时称之为重金属，大约有 45 种，如铜、钒、银、铅、锌、铁、钴、镍、钽、钛、锰、铬、金、银、镉、汞、钨、钼等。虽然像锰、锌、铜等重金属是人类生命活动中所必需的元素，但像汞、镉、铅等大部分重金属对人类是有害的，当那些必需的生命元素过量时也会危害人体。

重金属大都以天然的浓度存在于我们自然界中，但是由于人类的开采、加工、冶炼以及商业活动等逐渐增多，使得大量重金属进入到大气、土壤和水体中，对环境造成严重的污染。重金属一旦进入环境，就会通过累积、迁移转化等形式对生态系统造成危害。

重金属及其化合物形成的污染物在环境中是难以降解的，而且它们能在动植物体内积累，通过食物链富集，因此重金属污染物的浓度会成千上万倍地增加，最终被人体吸收，从而对人体造成严重的危害。从图 2-2 中我们可以看出重金属污染物对人类的影响。

许多被列入国家级危险废物名录的废弃物都是因为含有大量重金属。一般，常量甚至微量的接触就可以对人体产生毒性作用的金属元素称之为有毒金属或者金属毒物，常见的有毒金属元素有汞、镉、铅、砷、铬、锡、银、硒等。必须指出的是，有毒金属元素的划分也是相对的，有机体所需要的、在营养上所必需的金属元素如铁、铜、钴、锌、锰等，如摄入的量过多，同样会产生严重的毒性作用。表 2-1 列举了部分重金属及其可能引起的病症。

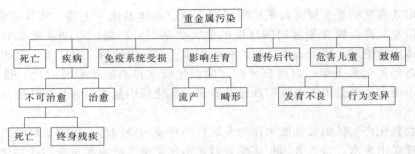

图 2-2　重金属污染对人类的影响

表 2-1　部分重金属及其中毒病症

重金属名称	主要病症
汞	精神-神经异常、齿龈炎、震颤
镉	急性肺炎和肺水肿,慢性中毒引起肺纤维化和肾脏病变
铅	消化、神经、呼吸和免疫系统急性或慢性毒性
锌	胃肠道功能紊乱,出现恶心和腹泻
镍	呼吸系统刺激症状及皮肤损害
锰	急性腐蚀性胃肠炎或刺激性支气管炎、肺炎
铬	刺激和腐蚀呼吸、消化道黏膜
铜	急性胃肠炎、多发性神经炎、神经衰弱综合征

各种矿山,无论是露天开采还是地下开采,主要产生两种类型的固体废弃物——废石和尾矿。尾矿中原生矿物颗粒细小,一般在 $70\mu m$ 以下,特别是风化产生的次生矿物颗粒非常细小,由于氧化、淋滤作用产生含有高浓度重金属的酸性废水。这些尾矿淋滤的酸性水迁移到附近水体和土壤,会进一步影响整个生态系统。最使人们不安的是,即使在矿山关闭几十年、上百年甚至更长的时间后,尾矿淋滤液中重金属对环境生态系统的严重影响仍然存在。

作为锡、铅、锌、汞、镉、砷等重金属元素的主要释放源,锡采选过程所带来的环境污染问题日益凸显,并在一定程度上制约我国锡矿经济的可持续发展。随着重金属污染综合防治"十二五"规划的出台,锡采选造成的重金属污染问题受到重视。锡选矿过程较之采矿工艺繁多、流程复杂、污染物处置难度大,是有色金属行业重金属污染控制的重中之重。

2.2.4.1　选矿过程重金属污染物排放节点

（1）给矿系统

① 矿石运输。在选矿厂,矿石运输的主要设备是皮带、电动机车以及索道机斗等,它涵盖了原矿从采场运输至选矿厂、原矿在粗中细碎工艺环节之间的转运以及细碎产品进入料仓等几个环节,在这些环节中主要的重金属污染物是含重金属粉尘。

② 卸料仓（卸料口）。选矿厂会在卸料口地面上安装固定筛来控制给料粒度,矿石由皮带或电机动车倾倒至卸料口时,与固定筛碰撞,产生大量含重金属粉尘。某典型选矿厂给矿系统运输线路粉尘中有关元素含量分析结果如表 2-2 所示。由表 2-2 可知,运输线路粉尘中汞、铅均超标,其中汞超标 70.13 倍,铅超标 5.71 倍。

表 2-2　某运输线路粉尘中重金属含量　　　单位：mg/m³

重金属类别	Pb	Cd	Cu	Zn	Sn	Cr	Hg	As
运输线路粉尘	4.0	0.05	7.7	12.3	0.2	0.07	1.052	16.31
标准限值	0.7	0.85	—	—	10	—	0.015	—

（2）破碎磨矿系统

① 碎矿作业。原矿经过颚式破碎机（粗碎）后，经过皮带运输到圆锥破碎机（细碎），粒度变成小于 30mm 甚至更小粒径的粉矿进入到磨矿作业，粒度大于 30mm 的矿粒则再次返回进入到碎矿设备进行再粉碎。

② 筛分作业。筛分作业与磨矿形成闭路，筛出合适浮选的矿料，进入下一工序。

③ 磨矿作业。主要将碎矿作业中产生的粉矿进一步磨碎，产生更细一级的矿料。含重金属粉尘是这一系统的主要污染物。某典型选矿厂破碎磨矿系统产生的粉尘中重金属元素含量分析结果如表 2-3 所示。由表 2-3 可知，破碎筛分车间及磨矿粉尘中汞、铅超标，其中汞超标均在 100 倍以上，铅分别超标 4 倍和 4.86 倍。

表 2-3 某破碎磨矿系统产生粉尘中重金属含量　　　　　单位：mg/m³

重金属类别	Pb	Cd	Cu	Zn	Sn	Cr	Hg	As
破碎筛分粉尘	2.8	0.05	15.6	19.7	0.4	0.06	5.553	8.68
磨矿粉尘	3.4	0.07	14.7	19.8	0.3	0.06	2.442	18.99
标准限值	0.7	0.85			10		0.015	

（3）选矿系统　选矿系统是锡选矿过程重金属释放的罪魁祸首，这一系统产生的废水和废渣很大程度上加重了选矿过程的重金属污染。这一环节主要的重金属污染物排放节点有三个。

① 浓缩池。在典型的锡选矿工艺过程中，原矿经破碎、磨矿后，采用粗—扫—脱的方式，产出铜、硫、锡等粗精矿和尾矿。此时的粗精矿、尾矿含有大量的水分，需要分别排入对应的浓缩池进行脱水。浓缩池溢流水中除含有大量的重金属离子外，还含有大量的选矿药剂。

② 过滤设备。锡选矿常用的过滤设备有筒型过滤机、圆盘真空过滤机、板框压滤机、连续带式压滤机等。经过浓缩后的精矿矿浆进入过滤设备，矿物吸附在过滤介质上形成滤饼，在过滤机运转过程中由于负压水分被抽出形成精矿过滤水。排出的过滤水，色度和浊度很低，通常较为清澈。

③ 尾矿库。精矿浓缩池溢流水、过滤水、尾矿浓缩池溢流水有小部分直接回用，其余一起通过管道输送至尾矿库形成尾矿水。

目前，矿山重金属释放成因研究还集中在矿山酸性废水方面。实际上，尾矿坝是矿山污染的主区域，这里汇集了选矿废弃的所有废渣、废水和大量选矿药剂及其降解产物。尾矿堆高出地面几十米乃至上百米。在重力作用下，含药剂复合污染的选矿废水将在尾矿坝中从上向下渗漏，穿过时淋溶尾矿渣，释放其中的重金属，使其进入矿山地下或地表水源。然而，目前对这种复合污染形式所产生的重金属释放还缺乏研究与认识。复合污染使尾矿堆中选矿药剂污染量与浓度加大，残留期与稳定性加大，并向尾矿坝下部迁移，在迁移过程中，尾矿中重金属的赋存与迁移行为亟待研究。

选矿系统不仅会产生大量含重金属的废水，还会产生大量的尾矿砂，其中除少部分填充井下、作为新型建筑材料和有价组分再回收外，其余均排入尾矿库中露天堆存，综合利用率不高，是我国选矿企业最为直接的重金属污染源之一。某锡选厂选矿系统产生的废水及固废中重金属含量分析结果如表 2-4 和表 2-5 所示。由表 2-4 可知，各节点废水 pH 均可达到污水综合排放标准，其中主要重金属均超标 2.28～6.05 倍，精矿浓缩池溢流水和尾矿库上清液中重金属铜分别超标 1.04 倍和 1.71 倍，尾矿库上清液中重金属铅超标 2.82 倍，重金属砷超标 1.68 倍。

表 2-4 **某选矿系统产生废水中重金属含量** 单位：mg/L

废水	pH	Pb	Cd	Cu	Zn	Sn	Cr^{6+}	Hg	As
精矿浓缩池溢流水	7.44	0.628	0.016	0.521	9.60	—		0.0004	0.184
尾矿浓缩池溢流水	7.68	0.126	—	0.070	4.55			0.0002	0.056
尾矿库上清液	7.75	2.82	0.026	0.854	12.1	0.0064	—	0.0011	0.838
排放标准	6.9	1.0	0.1	0.5	2.0		0.5	0.05	0.5

表 2-5 **某选矿系统尾矿中重金属含量** 单位：mg/kg

重金属	Pb	Cd	Cu	Zn	Sn	Cr	Hg	As
含量	356	7.9	1470	4850	50.85	15.1	0.448	2310

表 2-6 **尾矿重金属污染物对植物的影响**

元素名称	植物毒害作用	元素名称	植物毒害作用
铬	具绿色叶脉的黄色叶片	铜	叶尖端斑点，紫色茎，萎黄病变叶片，绿色叶脉
锌	具绿色叶脉的萎黄病变叶，短株，叶尖端斑点	铁	短株，根粗，藻类植物细胞分裂紊乱
镍	叶片白色斑点，无花瓣，不结果，如结果则果实形态特异	钴	叶片有白色斑点
钼	矮小、叶变橘黄色	锰	萎黄病变叶，茎和叶柄受损，叶边缘卷曲、变形和坏死

由表 2-5 可知，尾矿中重金属含量较丰富，其中以锌、砷、铜、铅含量相对较高。在常年堆积、酸雨浸泡、氧化风蚀情况下，容易发生淋溶现象，其中重金属元素溶出后危害很大。国内外已有不少研究通过测定尾矿库周边土壤和水体中重金属离子浓度验证了尾矿的淋溶现象。尾矿重金属污染物对植物的影响见表 2-6。

2.2.4.2 尾矿重金属污染物

矿山主要重金属污染直接来自矿山废物。全世界每年向环境中排放重金属污染汞 1.5 万吨，铜 340 万吨、铅 500 万吨、锰 1500 万吨、镍 100 万吨。如此大量的重金属进入地表环境，其赋存状态、变化及迁移规律将成为环境化学研究的热点内容。

金属矿山在进行矿产资源开采、运输、选治过程中，都会产生一定的含有金属元素的固体、液体、气体废弃物，这些金属一旦进入大气、水和周围土壤中，就会对环境产生一定的污染和危害。特别是选矿产生的尾矿，它通常呈泥状，除小部分尾矿作为充填材料又回到井下外，绝大部分长期堆存在尾矿库。选矿废水以及尾矿沉淀后的废液经简单处理后循环使用或用于周边农田灌溉，部分废液经尾矿坝泄水孔直接外排至周边水体。尾矿库中的重金属通过外排的废液或者通过扬尘进入周边环境，从而对周边环境产生重金属污染和危害。同时，选矿加入的选矿药剂，它们络合各种有害金属，形成复合污染。重金属污染不同于其他有机污染，它不能被生物所降解，而且可以在生物体内富集，甚至转化为毒性更大的甲基化合物。重金属污染物是一类典型的优先控制污染物，环境中的重金属污染与危害取决于重金属在环境中的分布、化学特征、环境化学行为、迁移转化及重金属对生物的毒性。人类活动极大地加速了重金属的生物地球化学循环，使环境系统中的重金属呈增加趋势，加大了重金属对人类造成的健康风险。当进入环境中的重金属超过其环境容量时，即导致重金属环境污染的产生。重金属环境污染为持久性污染物，一旦进入环境，就将在环境中持久存留。图 2-3 为尾矿重金属污染鱼刺图，表达了采矿过程中导致重金属污染的诸多因素。

由图 2-3 可知，导致重金属污染的三个主要因素是水体污染、大气污染和土壤污染，其中土壤污染中废水排灌和水体污染中废水外排占了很大比例，说明废水直接外排导致重金属污染的可能性最大。因此，矿山在治理重金属污染的时候最基本和最重要的就是对外排废水进行处理。实际上，近几年来因矿山水源紧张和对环保的重视，井下坑道废水经简单处理后用于选矿，废水复用率达95％以上，大部分坑道废水中的重金属最终通过选矿废水和尾砂废水进入表生环境。

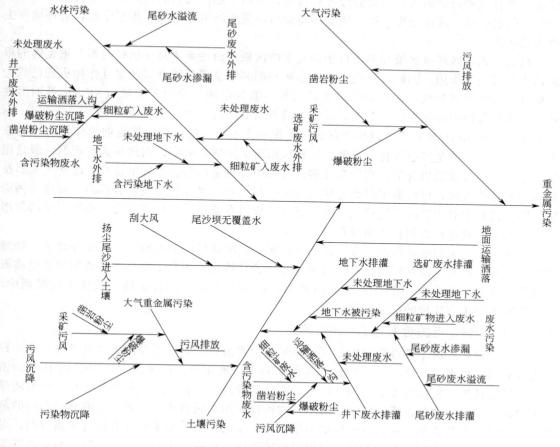

图2-3　尾矿重金属污染鱼刺图

2.2.4.3　钼矿区重金属与选矿药剂污染

我国钼矿资源丰富，储量、生产和贸易均处于世界前列。其储存量占全球储量的42％，因此，合理开发利用钼资源的同时，我们更应当注重资源开采对周围环境所造成的危害，这对我国经济的持续健康发展具有现实意义。而钼矿品位相对较低，一般需要添加大量的选矿药剂才能浮选出来。钼矿的浮选目前最主要的方法是以非极性油类作捕收剂，然后添加起泡剂来进行浮选。也有的工艺会以表面活性剂辛太克斯（syntex）作油类乳化剂，同时根据钼矿石性质，以石灰作调整剂，水玻璃作脉石抑制剂，有时加氰化物或硫化物抑制铜和铁等重金属矿物，加入重铬酸盐或诺克斯（nokes）抑制铅。对于氧化钙含量高的钼矿石一般加入硅酸钠、六偏磷酸钠或者有机胶进行抑制或分散，并以盐酸或者盐酸-三氯化铁共沉淀浸出。但对于含有较高碳物质的钼矿石，需要进行碳的分离步骤，确定钼矿石中的含碳物质种类。钼矿石中含碳物质种类主要包括石墨类、沥青类、煤类三种，而这些含碳质矿物密度较辉钼矿小，但可浮性与辉钼矿相似，可用重选法去除。去除钼矿石中含碳物质后用六聚偏磷酸钠和CMC抑制碳物质而浮选钼元素，或者可采用焙烧法除去有机碳，然后再进行钼元素的浮选。

钼矿区重金属主要来自于伴生矿物，钼矿本身矿物品位较低，伴生矿物元素相对较多，主要包括铜、铅、锌、镉、汞等元素。在选矿过程中，含有大量重金属元素和选矿药剂的尾矿渣和尾矿废水被堆放和储存，存在着严重的隐患，随着扬尘及渗漏现象，会污染到周围的环境。含有选矿药剂的废水一般会处理后排出，但由于选矿药剂的复杂性，水处理工艺无法完全将药剂去除，这部分废水排入周围环境会与环境中的重金属元素相互作用，对环境产生更大的污染。

目前，钼矿区环境污染并非来自于钼元素的污染，而主要来自于选矿药剂与重金属的单独污染及其交互作用。因此，研究钼矿区选矿药剂和重金属的结合以及交互作用机理已成为钼矿区污染的研究热点。钼矿山所用选矿药剂一般为柴油、异丙苯焦油（XF-3）等油溶性药剂，多为芳烃稠环化合物类药剂，其污染具有明显的持久性有机污染物 POPs（persistent organic pollutants）的特点。这些药剂在尾矿坝经 2 号油（松醇油）起泡剂的作用，不易在表层形成油层，而是经过乳化、分散、沉积作用富集于尾矿渣中。而这些选矿药剂一般是尾矿渣中重金属元素的络合剂，它们在迁移的过程中将重金属络合形成络合物，改变重金属在尾渣中的迁移规律，尾矿渣中的重金属与选矿药剂结合，对环境造成复合污染，而这些污染物在降解过程中对钼矿区周边的土壤和地下水造成潜在威胁。而这些复合污染物在水的作用下，经由尾矿底渣长时间长距离迁移。

研究证明，大量选矿药剂存在于钼矿尾矿区。这些选矿药剂的储量大、成分复杂、处理相对较困难，同时，其在环境中可经过多种途径迁移转化，更有可能与尾矿渣中的重金属形成复合污染物。开采 30 年以上的千吨级矿山，有 30%～50% 的选矿药剂残留于尾矿坝中，成为影响周围生态环境的巨大问题。

2.2.4.4　铅锌矿区重金属与选矿药剂污染

我国铅锌矿资源丰富且分布广泛，总储量居世界前列。铅矿资源储量居世界第二位，锌矿资源储量居世界第一位。大多以原生硫化矿为主，氧化铅锌矿床所占比例不到 10%。铅锌矿石经过选矿富集以后才能成为矿产品，通过各种选矿试验及选矿药剂的选择，尽可能浮选出更多的精矿石产品，所以需要针对不同的铅锌矿用不同的选矿药剂。目前通过不同的药剂组合及开发多种药剂，在铅锌矿选矿中用的比较多的矿山药剂主要有各种普通捕收剂、混合捕收剂、螯合捕收剂、抑制剂等。我国铅锌矿资源一般均为中型矿较多，特大型矿产资源相对较少，通常矿产资源中铅元素含量较少，锌元素含量相对较多，其比例为 1∶2.6，且多为贫矿，铅和锌总含量不超过 10%，所以需要多种选矿药剂配合使用，才能浮选出较多的精矿石产品。但这些选矿试剂的加入，对环境的污染造成了威胁。

我国的铅锌矿种类复杂，单一矿种少，多为共伴生矿，铅锌矿的伴生元素及物质主要包括 Au、Ag、Cu、Sn、Cd、S、CaF_2 等。这些共伴生元素通过风蚀、水蚀等作用进入周围环境，在单独或者交互作用时对周围环境造成污染。而选矿药剂的大量使用更是加重了这种污染的可能性。目前，在铅锌矿尾矿渣和尾矿废水的治理过程中，对选矿药剂与重金属的共同作用以及其选矿药剂含量组分的研究成为热点。

铅锌矿山所使用的药剂种类较为复杂多样，约有几百种，这些药剂与铅锌矿尾矿区重金属结合，降低重金属的矿物结合性，加速其迁移转化的能力。这些选矿药剂在降解过程中不仅会对环境造成污染，同时会引起重金属在尾矿区价态和形态的变化，加速其在环境中的迁移转化能力，加大其迁移转化的距离，与重金属一起形成复合污染，增加了重金属和有机污染物进入生物链的可能性。同时，因为目前部分铅锌矿区尾矿废水循环利用率低，在尾矿废水排放时仅进行简单的处理，或只考虑重金属污染物，或只考虑 COD、BOD 等值替代有机污染物的含量，但这些均很难反映出铅锌矿区的真正污染状况，因此，在研究过程中会出现以偏概全的现象。传统的处理方法一般用石灰中和法、絮凝法等，这些方法只是暂时掩盖了问题，并不能深层次地解决复合污染的问题。应当结合铅锌矿自身的特点，充分考虑重金属与选矿药剂的结合方式、选矿药剂在重金属污染物形态转化中的作用以及选矿药剂分解过程中二次污染产生的小分子污染物的存在状态，只有充分考虑了这些问题，才能正确地评价和治理铅锌矿区的污染。

2.2.5 矿山环境中的复合污染

现阶段，国内外对于含有复杂有机成分的选矿废水的处理方法主要是用静置尾矿坝沉淀法，即将废水打入尾矿坝，充分利用尾矿坝大容量、大面积的自然条件，让其存放较长时间，使废水中的悬浮物自然沉降，并使易降解的物质自然氧化或光降解。

由于选矿废水排放量大，这种方法在国内外均普遍使用，如美国铜业废水的处理方法比较见表2-7。表2-7反映出，以上的矿山废水采用静置尾矿坝法处理，在矿山活动中占总使用量20%~30%的随选矿废水及尾矿进入尾矿坝的各种选矿药剂，其在尾矿坝中的二次污染、复合污染问题应得到人们的关注及重新认识。

表 2-7 美国铜业废水处理方法比较

处理方法	处理废水量占总废水量的百分比/%	处理方法	处理废水量占总废水量的百分比/%
尾矿坝法	69.2	中和法	0.1
其他沉淀法	3.7	未处理	23.3
稀释法	3.7		

尾矿坝是矿山废弃物的主要排卸场所。由于经济价值不高，大部分矿山都将黄铁矿及磁黄铁矿排入尾矿堆，我国现有矿山上万座，多数矿区的尾矿堆含有不同程度的黄铁矿及磁黄铁矿，也就是说，尾矿坝中含有大量的硫化物。这些含硫矿石在开采的过程中暴露于地表环境中，并被细磨到200目以上，增大了与空气的接触面积，在自然氧化、光氧化、细菌以及催化氧化的作用下，有巨大表面能、表面活性及表面电位的矿石细粒具有极高的反应活性。

尾矿坝中同时存在大量涌入矿山环境的选矿药剂。这些矿山药剂包括捕收剂、起泡剂、抑制剂、絮凝剂、萃取剂、萃取用基质改善剂与稀释剂等等，品种达几百种。据报道，世界范围内几乎有20亿吨的矿石是经过浮选法处理的，使用的药剂数量之大不言而喻。这些药剂绝大多数为含硫物质，经热分解、重金属催化、氧化或光降解、催化光降解极易产生 CS_2。

同时，选矿药剂在尾矿坝中的二次污染物则可能发生危害更大的复合污染。在尾矿坝中，未降解的选矿药剂可与重金属络合物乳化、增溶，增大它们在尾矿坝中的浓度、安定性及向尾矿坝下部及周边水源的迁移能力，可形成更大区域的交叉与复合污染。药剂分解形成的小分子有机污染物可与尾矿坝中的各种尾矿石、未分解的其他药剂形成复合污染。

矿山尾矿坝是开放式的，往往位于山川的开阔带，这里阳光、氧气充足，紫外线强。这样的条件极有利于尾矿坝内的选矿药剂、尾矿石等污染物发生光化学、表面光催化、光降解等一系列复杂反应，有利于各种一次污染物相互接触、相互作用，向危害更大的二次污染及复合污染转移。有的学者更是形象地称尾矿坝为"化学定时炸弹"。

2.3 主要污染物及特点

2.3.1 选矿废水

选矿废水中主要有害物质是重金属离子、矿石浮选时用的各种有机和无机浮选药剂，包括剧毒的氰化物、氰络合物等。废水中还含有各种不溶解的粗粒及细粒分散杂质。选矿废水中往往还含有钠、镁、钙等的硫酸盐、氯化物或氢氧化物。选矿废水中的酸主要是含硫矿物经空气氧化与水混合而形成的。

2.3.1.1 选矿废水分类

（1）碎矿过程中湿法除尘的排水，碎矿及筛分车间、皮带走廊和矿石转运站的地面冲洗水 这类水主要含原矿粉末状的悬浮物，一般经沉淀后即可排放，沉淀物可进入选矿系统回收其中的有用矿物。

（2）洗矿废水 含大量悬浮物，通常经沉淀后澄清水回用于洗矿，沉淀物根据其成分进入选矿系统后排入尾矿系统。有时洗矿废水呈酸性并含有重金属离子，则需做进一步处理，其废水性质与矿山酸性废水相似，因而处理方法也相同。

（3）冷却水 破碎、磨矿设备油冷却器的冷却水和真空泵排水，这类废水只是水温较高，往往被直接外排或直接回用于选矿。

（4）石灰乳及药剂制备车间冲洗地面和设备的废水 这类废水主要含石灰或选矿药剂，应首先考虑回用于石灰乳或药剂制备，或进入尾矿系统与尾矿水一并处理。

（5）选矿废水 包括选矿厂排出的尾矿液、精矿浓密溢流水、精矿脱水车间过滤机的滤液、主厂房冲洗地面和设备的废水（图2-4），有时还有中矿浓密溢流水和选矿过程中的脱药排水等。这是选矿厂废水的主要来源，其有害成分基本相同，尾矿液更含有大量的悬浮物。

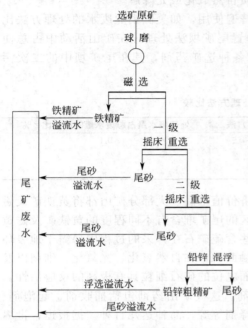

图 2-4 选矿工艺流程及废水产生点

2.3.1.2 选矿废水危害

选矿废水中的污染物主要有悬浮物、酸碱、重金属和砷、氟、选矿药剂、化学耗氧物质以及其他的一些污染物如油类、酚、铵、膦等。重金属如铜、铅、锌、铬、汞及砷等离子及其化合物的危害，已是众所周知。其他污染物的主要危害如下。

（1）悬浮物 水中的悬浮物可以发生诸如阻塞鱼鳃、影响藻类的光合作用来干扰水生物生活条件，如果悬浮物浓度过高，还可能使河道淤积，用其灌溉又会使土壤板结。如果作为生活用水，悬浮物是感观上使人产生不舒服感觉的一种物质，而且又是细菌、病毒的载体，对人体有潜在的危害。甚至当悬浮物中存在重金属化合物时，在一定条件下（水体的pH下降、离子强度、有机螯合剂浓度变化等）会将其释放到水中。

（2）黄药 即黄原酸盐，为淡黄色粉状物，有刺激性臭味，易分解，臭味阈值为0.005mg/L。被黄药污染的水体中的鱼虾等有难闻的黄药味。黄药易溶于水，在水中不稳定，尤其是在酸性条件下易分解，其分解物CS可以是硫污染物。因此，我国地面水中丁基黄原酸盐的最高容许浓度为0.005mg/L，而前俄罗斯水体中极限丁基黄原酸钠的浓度为0.001mg/L。

（3）黑药 以二羟基二硫化磷酸盐为主要成分，所含杂质包括甲酸、磷酸、硫甲酚和硫化氢等。呈现黑褐色油状液体，微溶于水，有硫化氢臭味。它也是选矿废水中酚、磷等污染物的来源。

（4）松醇油　即为 2 号浮选油，主要成分为萜烯醇。黄棕色油状透明液体，不溶于水，属无毒选矿药剂，但具有松香味，因此能引起水体感观性能的变化。由于松醇油是一种起泡剂，易使水面产生令人不快的泡沫。水面油膜厚度超过 0.1mm 时，就会阻碍水面的复氧过程导致水体缺氧，阻碍水分蒸发和大气水体间的物质和热交换，改变水面的反射率和水体的透射率，危害水生生物的生长繁衍。当锅炉用水被油类污染时，则可能造成爆炸事故。含油废水流入地表土壤会浸入孔隙形成油膜，产生堵塞作用，破坏土壤结构，不利于植物的生长，甚至使农作物枯死。水面存在的油膜阻碍水体与大气的气体交换过程，致使水体得不到氧，使水生生物因缺氧而死亡。

（5）氰化物　剧毒物质，其进入人体后，在胃酸的作用下被水解成氢氰酸而被肠胃吸收，然后进入血液。血液中的氢氰酸能与细胞色素氧化酶的铁离子结合，生成氧化高铁细胞色素酸化酶，从而失去传递氧的能力，使组织缺氧导致中毒。但氰化物可以通过水体的自净作用而去除，因此，如果利用这一特性延长选矿废水在尾矿库中的停留时间，可以使之达到排放标准。

矿山产生含氰化物废水的主要工艺有：浮选铅锌矿石时每处理 1t 矿石排出 $4.5\sim6.5m^3$，其中含氰化物 $20\sim50g$，平均浓度为 $4\sim8mg/L$；用氰化法提金时，所排放的废水也含有氰化物；电镀水中氰化物含量为 $1\sim6mg/L$。此外，高炉和冶炼生产中，煤中的碳和氢或甲烷与氨化物化合生成氰化物，一般在其洗涤水中氰化物的含量高达 $31mg/L$。

氰化物虽是剧毒物质，但在水体中较易降解，其降解途径如下。

氰化物与水中二氧化碳作用生成氰化氢，挥发而出，这个降解过程可去除氰化物总量的 90%，如下式：

$$CN^- + CO_2 + H_2O \Longrightarrow HCN\uparrow + HCO_3^-$$

水中游离氧氧化氰化物生成 NH_4^+ 和 CO_3^{2-} 离子，这个过程只占净化总量的 10%，过程如下：

$$2CN^- + O_2 \Longrightarrow 2CNO^-$$

$$CNO^- + 2H_2O \Longrightarrow NH_4^+ + CO_3^{2-}$$

氰化物有剧毒，一般人只要误服 0.1g 左右的氰化钠或氰化钾就会死亡。敏感的人甚至 0.06g 就可致死。当水中 CN^- 含量达 $0.3\sim0.5mg/L$ 时，便可使鱼致死。

（6）硫化物　一般情况下，S、H_2S 在水中会影响水体的卫生状况，在酸性条件下生成硫化氢。当水中硫化氢含量超过 $0.5mg/L$ 时，对鱼类有毒害作用，并可觉察其散发出的臭气；大气中硫化氢嗅觉阈值为 $10mg/L$。此外，低浓度 CS_2 在水中易挥发，通过呼吸和皮肤进入人体，长期接触会引起中毒，导致神经性疾病夏科氏（Charcote）二硫化碳癥症。

（7）化学耗氧物　化学需氧量是水中耗氧有机物的量化替代性指标，选矿废水中的耗氧物主要是残存于水中的选矿药剂。

（8）重金属污染　重金属是指原子序数在 21 以上 83 以下范围内的金属，矿山废水中主要有汞、铬、镉、铅、锌、镍、铜、钴、锰、钛、钒、钼和铋等，特别是前几种危害更大。如汞进入人体后被转化为甲基汞，在脑组织内积累，破坏神经功能，无法用药物治疗，严重时能造成全身瘫痪甚至死亡。镉中毒时引起全身疼痛、腰关节受损、骨节变形，有时还会引起心血管病。重金属毒物具有以下特点。

① 不能被微生物降解，只能在各种形态间相互转化、分散。

② 重金属的毒性以离子态存在时最严重，金属离子在水中容易被带负电荷的胶体吸附，吸附金属离子的胶体可随水流迁移，但大多数会迅速沉降。因此，重金属一般都富集在排污口下游一定范围内的底泥中。

③ 能被生物富集于体内，既危害生物，又通过食物链危害人体。如淡水鱼能将汞富集

1000 倍、镉 300 倍、铬 200 倍等。

④ 重金属进入人体后，能够和生理高分子物质如蛋白质和酶等发生作用而使这些生理高分子物质失去活性，也可能在人体的某些器官积累，造成慢性中毒。

被重金属污染的矿山排水随灌渠水进入农田时，除流失一部分外，另一部分被植物吸收，剩余的大部分在泥土中聚积，当达到一定数量时，农作物就会出现病害。土壤中铜含量达 20mg/kg 时，小麦会枯死；达到 200mg/kg 时，水稻会枯死。此外，重金属污染了的水还会使土壤盐碱化。

(9) 氟化物　天然水体中氟含量变化为零点零几至十几毫克/升，地下水特别是深部地下热水中氟的含量可达十几毫克/升。饮用水中的氟元素含量过高或过低都不利于人体健康。萤石矿的废水中氟化物含量较高，但因这种废水通常都是硬水，其中氟形成钙或镁的盐类沉淀下来，故不表现出很大毒性，软水中氟的毒性却很大。

(10) 放射性污染　天然水中都含有一定量的放射性物质，但放射性都很微弱，只有 $10^{-8} \sim 10^{-7} \mu Ci/L$ [Ci（居里）为放射性物质的放射性活度] Ci/L 为放射性浓度。放射性物质对生物没有什么危害。铀选冶厂的尾砂池中铀浓度可达 1~2100Ci/L，铀的一种衰变产物钍在尾砂池中的浓度可达 100000Ci/L，远超安全标准。我国南方的一些有色金属矿山排水的放射性污染是应引起足够重视的。放射性物质进入人体后会放出 α、β、γ 射线，形成内照射并伤害组织，可在人体内积聚造成长期危害，引起贫血、恶性肿瘤及各种放射性病症。用放射性物质污染了的水灌溉农作物和饮用含放射性物质的水的牲畜也会受到放射性物质的危害和污染，并最终通过食物链进入人体，造成危害。

含放射性物质的废水、废物按放射性物质含量的多少分为低水平、中水平和高水平三个污染级别。低水平是指不加处理或略加处理即可排至环境而不致引起危害者；中水平的是必须经过适当处理、分离或稀释后才可排入环境者；高水平放射性是指放射性甚强，难于处理，不允许排入环境而需专门储存者。

(11) 热污染　热是一种污染因素。热矿井的排水以及选厂废水、冶炼车间等排出的冷却水，水温较高，其危害主要在于降低水体中的溶解氧量（氧在水中的溶解度与水温成反比），同时使生物的需氧反应加剧，从而加速水的去氧过程。某些鱼类的致死水温是相当低的，例如，鳟鱼为 25℃。水温增高会增大污染物的毒性，促使野草加速生长，以及妨害鱼卵孵化。

2.3.2　粉尘及气态污染物

2.3.2.1　大气污染的危害

(1) 大气污染对植物的危害　可归纳为以下几个方面：损害植物酶的功能组织，影响植物新陈代谢的功能，破坏原生质的完整性和细胞膜，损害根系生长及其功能，减弱输送作用与导致生物产量减少。

大气污染物对植物的危害程度决定于污染物剂量、污染物组成等因素。大气是多种气体的混合物，大气污染经常是多种污染物同时存在，对植物产生复合作用。

(2) 大气污染对材料的危害　大气污染可使建筑物、桥梁、文物古迹和暴露在空气中的金属制品及皮革、纺织等物品发生性质的变化，造成直接和间接的损失。SO_2 和其他酸性气体可腐蚀金属、建筑石料及玻璃表面。SO_2 还可使纸张变脆、退色，使胶卷表面出现污点、皮革脆裂并使纺织品抗张力降低。

(3) 大气污染对大气环境的影响　大气污染会影响到能见度，通常将能见度作为城市大气污染严重性的定性指标。而且随着研究的深入，它已成为一个区域性的重要指标。

大气污染还会导致降水规律的改变。水循环对于地球上人类生存是至关重要的，大气污染影响凝聚作用与降水形成，还可形成酸雨。大气污染还会带来全球性的影响。包括大气中 CO_2 等温室气体浓度增加导致全球变暖和臭氧层消耗等。

2.3.2.2 选矿厂大气污染物

（1）大气颗粒物 大气颗粒物指除气体之外的所有包含在大气中的物质，包括所有各种各样的固体或液体气溶胶。其中有固体的烟尘、灰尘、烟雾，以及液体的云雾和雾滴。粒径的分布大到 $200\mu m$，小到 $0.1\mu m$。

大气颗粒物对人体健康的影响取决于沉积于呼吸道中的位置，这取决于颗粒大小，粒径 $0.01\sim1.0\mu m$ 的细小粒子在肺泡中的沉积率最高。粒径大于 $10\mu m$ 的颗粒吸入后阻留在鼻腔和鼻咽喉部，只有很少一部分进入气管和肺内；大气颗粒物可能会遮挡阳光，使气温降低，或形成冷凝核心，影响气候；大气颗粒物可能会降低可见度，影响交通；大气颗粒物中硫氧化合物再加上颗粒物的作用，对呼吸系统的危害特别大。

颗粒物表面浓缩和富集有多种化学物质，其中多环芳烃类化合物等随呼吸被吸入人体内成为肺癌的致病因子，许多重金属的化合物也可对人体健康造成危害。因此，人体长期暴露在飘尘浓度高的环境中，呼吸系统发病率增高，特别是慢性阻塞性呼吸道疾病，如支气管炎、气管炎、支气管哮喘、肺气肿等。

在环境空气质量标准中，可以根据粉尘颗粒物的大小，将其分为总悬浮颗粒物、可吸入颗粒物和微细颗粒物。

总悬浮颗粒物（total suspended particulate，TSP）：能悬浮在空气中，空气动力学当量直径 $\leqslant100\mu m$ 的所有固体颗粒。

可吸入颗粒物（fine particulate matter，PM_{10}）：能悬浮在空气中，空气动力学当量直径 $\leqslant10\mu m$ 的所有固体颗粒。

微细颗粒物（$PM_{2.5}$）：能悬浮在空气中，空气动力学当量直径 $\leqslant2.5\mu m$ 的所有固体颗粒。

就颗粒物的危害而言，小颗粒比大颗粒的危害要大得多。

（2）硫氧化物 主要有 SO_2 和 SO_3，都是呈酸性的气体，SO_2 主要是燃烧煤所产生的大气污染物，易溶于水，在一定条件下可氧化为 SO_3，之后溶于雨水中，就是酸雨了。由污染源排放的最主要的硫氧化物是二氧化硫，它是大气中分布广、影响大的污染物质，它是大气污染的主要指标，大部分来自煤和石油的燃烧、石油炼制、有色金属冶炼和硫酸制备等。

SO_2 进入呼吸道后，因其易溶于水，故大部分被阻滞在上呼吸道。在潮湿的黏膜上生成具有刺激性的亚硫酸、硫酸和硫酸盐，增强了刺激作用。上呼吸道对 SO_2 的这种阻滞作用，在一定程度上可以减轻 SO_2 对肺部的侵袭，但进入血液的 SO_2 仍可随血液循环抵达肺部产生刺激作用，对全身产生不良反应，它能破坏酶的活力，影响碳水化合物及蛋白质的代谢，对肝脏有一定损害，在人和动物体内均使血液中蛋白与球蛋白比例降低。

SO_2 之所以被作为主要的大气污染物，原因就在于它参与了硫酸烟雾和酸雨的形成。大气中 SO_2 主要来源于含硫燃料的燃烧过程，以及硫化物矿石的焙烧、冶炼过程。

（3）氮氧化物 造成大气污染的氮氧化物主要是一氧化氮和二氧化氮，天然排放的 NO_x 主要来自土壤和海洋中有机物的分解，属于自然界的氮循环过程。人为活动排放的 NO_x，它们大部分来自矿物燃料燃烧过程，也有生产或使用硝酸的工厂排放的尾气。氮氧化物浓度高的气体呈棕黄色，人们称为"黄龙"。在空气中，一氧化氮可以转化为二氧化氮，但氧化速度很小，排入大气中的二氧化氮来自燃烧过程。一般空气中一氧化氮对人体无害，但当它转变为二氧化氮时，就具有腐蚀性和生理刺激作用，因而有害。二氧化氮能降低远方的亮度和反差，损害植物，引起农作物减产。一般城市空气中的二氧化氮浓度能引起急性呼吸道病变，又是形成光化学烟雾的主要因素之一。NO_x 对环境的损害作用极大，它既是形成酸雨的主要物质之一，也是形成大气中光化学烟雾的重要物质和消耗 O_3 的一个重要因子。

光化学烟雾（photo-chemical smog）污染源排入大气的碳氢化合物（CH）和氮氧化物（NO_x）等一次污染物在阳光（紫外光）作用下发生光化学反应生成二次污染物，参与光化学反应过程的一次污染物和二次污染物的混合物（其中有气体污染物，也有气溶胶）所形成的烟雾污染现象，是碳氢化合物在紫外线作用下生成的有害浅蓝色烟雾。光化学烟雾可随气流漂移数百千米，使远离城市的农作物也受到损害。光化学烟雾多发生在阳光强烈的夏秋季节，随着光化学反应的不断进行，反应生成物不断蓄积，光化学烟雾的浓度不断升高。

（4）碳的氧化物　大气中碳的氧化物主要有二氧化碳和一氧化碳，二氧化碳是空气中正常组成成分，一氧化碳是大气中普遍排放量极大的污染物。

CO 是大气污染物中散布最广的一种，其全球排放量可能超过所有其他主要气体污染物的总排放量。主要来自燃料的燃烧和加工、汽车排气。CO 是无色无味的有毒气体，CO 和血液中血红蛋白的亲和力是氧的 210 倍，它们结合后生成碳氧血红蛋白，将严重阻碍血液输氧，引起缺氧，发生中毒。人体暴露在 $600 \sim 700 mL/m^3$ 的 CO 环境中，1h 后出现头痛、耳鸣和呕吐症状；人体暴露在 $1500 mL/m^3$ 的 CO 环境中，1h 就有生命危险；长期吸入低浓度 CO 可发生头痛、头晕、记忆力减退、注意力不集中等现象。

（5）烃类化合物（$C_m H_n$）　烃类化合物包括烷烃、烯烃和芳烃等复杂多样的含碳和氢的化合物，烃类化合物的自然源大部分是生物活动产生的。其中甲烷（CH_4）占的比重较高，有些植物产生挥发性的萜烯和异戊二烯，它们都是复杂的环烃。烃类化合物的排放主要来源是石油燃料的不充分燃烧过程和蒸发过程，其中汽车排放量也占有相当的比重，石油炼制、化工生产等也产生多种类型的烃类化合物。城市空气中烃类化合物虽然对健康无害，但能导致生成有害的光化学烟雾。

2.3.3　噪声

噪声污染是物理污染，它在环境中只是造成空气物理性质的暂时变化，噪声源停止发声后，污染立刻消失，不留任何残余污染物质。环境噪声污染干扰人们的正常工作、生活和休息，严重时甚至影响人们的身体健康。噪声对人体的危害最直接的是听力损害，它可以使人暂时性或永久性失聪，即噪声性耳聋；噪声会影响人的睡眠质量，强烈的噪声甚至使人无法入睡，心烦意乱；许多证据表明，噪声会引起人体紧张的反应，使肾上腺素增加，因而导致心率和血压的升高，从而引起心脏病的发展和恶化；噪声还能引起消化系统和神经系统方面的疾病，胃溃疡和神经衰弱是最明显的症状；噪声对心理的影响主要表现为烦躁、激动、易怒，甚至失去理智；此外，噪声还会影响胎儿的生长发育和儿童的智力发展；噪声会使鸟类羽毛脱落，不产卵，甚至内出血或死亡；噪声可使办公效率降低、产品质量下降、房地产贬值；在特定条件下，噪声甚至成为社会不稳定因素之一。正是由于噪声的种种危害，目前噪声已经成为世界性四大环境公害之一。

声音有强有弱，测量单位为分贝，声级计中有 A、B、C、D 四档。在噪声测量中，常用 A 级声级，噪声的强弱就是用 A 声级的分贝数来计量的。分贝数越大，噪声也就越强，对人体的伤害就越大。噪声的危害是广泛的，既有生理的也有心理的，主要包括以下几个方面：对听觉的损害；对神经系统及心脏的影响；对工作的影响；对视觉的影响。

（1）噪声对听力的损伤　人对不同声压级的感受见表 2-8，人耳习惯于 $70 \sim 80 dB(A)$ 的声音（如语言），也能短时间地忍受高强噪声，但持续的噪声超过 $80 dB(A)$，就会影响健康；声压级达到 $120 dB(A)$，耳膜感到压痛，为声音的痛阈；更高的声强则有振动感；强烈的噪声可以引起耳部的不适，如耳鸣、耳痛、听力损伤。据测定，超过 115dB 的噪声会造成耳聋。据临床医学统计，若在 80dB 以上噪声环境中生活，造成耳聋者可达 50％。

表 2-8 人对不同声压级的感受

声压级/dB(A)	听觉主观感受	对人体影响	声源
0	刚刚听到	安全	自身心跳声
10	十分安静		呼吸声
20	安静		手表摆动声
30			安静的郊外、耳语声
40	安静		轻声谈话
50	一般		办公室
60	不安静		公众场合语言噪声
70	吵闹感		大声说话
80			一般工厂车间、交通噪声
90	很吵闹	长期作用,听觉受损	重型机械及车辆
100			风机、电钻、球磨机、
110	痛苦感		空气压缩机
120		听觉较快受损	
130	很痛苦	心血管、听觉、其他器官受损	铆焊车间
140			大炮
			喷气式飞机起飞

120～130dB 的噪声是人们很难忍受的强噪声，使人耳有疼痛感，称为痛阈。130～140dB 则为更强的噪声（如喷气式飞机起飞发出的噪声），只有几分钟就会使人头昏、恶心、呕吐，甚至立即引起噪声外伤，使鼓膜破裂，完全失去听力。150dB 以上的极强噪声，还会影响胎儿发育，妨碍儿童智力发育，甚至直接造成人和动物的死亡。

例如，1964 年美国空军 F104 喷气式飞机做超音速飞行实验，在飞机的轰鸣声中附近农场中 1 万只鸡就有 6000 只死亡。噪声污染的危害也与时间长短有关。据资料统计，若工人在 90dB 的环境中工作 15 年、25 年、30 年，耳聋患者分别 19％、23％和 74％。由此可见，噪声分贝数越高，噪声的环境污染时间越长，对人体健康的危害越大。

与水质和大气污染相比，噪声的危害与污染具有局部性、多发性等特点。统计资料表明，地下矿山凿岩工人工龄 10 年以上，80％的人听力下降，一般人耳实际接受噪声的限度为 90dB。

(2) 噪声对神经系统及心脏的影响　噪声作用于中枢神经系统，能使大脑皮质的兴奋和抑制失调，导致条件反射异常。久之，就会形成牢固的兴奋灶而引起头痛、头晕、眩晕、耳鸣、多梦、失眠、心悸、乏力、记忆力减退等神经衰弱症候群。不同声级噪声职业性暴露与神经衰弱症候群阳性率的关系，参见图 2-5。

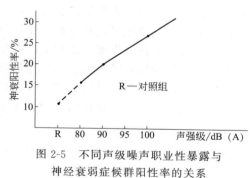

图 2-5　不同声级噪声职业性暴露与
神经衰弱症候群阳性率的关系

(3) 噪声对工作的影响　正常情况下，噪声给人的一般感觉是单调、烦恼和易于疲劳。例如，搭乘火车、飞机时的旅途单调感，一方面来自单调的环境，另一方面主要来自车辆的噪声和振动；100dB(A) 以下的噪声对非听觉性工作的影响不大，但对需要记忆、分辨、精细操作以及智力活动就显示出明显的作用。研究发现，噪声超过 85dB，会使人感到心烦意乱，人们会感觉到吵闹，因而无法专心地工作，结果会导致工作效率降低。表 2-9 给出不同工作中噪声的影响调查结果。

表 2-9 噪声对工作的影响调查表

工作性质	工作条件	噪声强度/dB	对工作的影响
仪表监视	表盘监视(一指针)	80~100 白噪声	无明显的影响
	表盘监视(三指针)	112~114	信号脱漏较多
	监视 20 个信号灯	100	无明显影响
	监视 20 个仪表盘	100	效率明显下降
	连续显示的图形中找标准信号	白噪声	效率下降
仪表读数	每 2h 交替工作和休息	100 白噪声	无明显影响
读写	42min 快速读写成对字母	同上	明显下降

(4) 噪声对视觉的影响　噪声能通过对听觉的影响而作用于视觉等器官，它直接影响工作效率及安全；在 85dB、800Hz 噪声作用下，绿色闪光融合频率降低，红色闪光融合频率增大；112~120dB(A) 的稳态噪声能影响睫状肌而降低视物速度；130dB(A) 以上的噪声可引起眼球振颤及眩晕；长期连续暴露于强噪声环境中，可引起永久性视野变窄。上述结果都会在一定条件下影响安全生产，如凿岩工在工作时发生顶板岩石冒落而造成的伤亡，主要原因就是由于凿岩机开动后，噪声超过 100dB(A)，不能察觉预兆，以致酿成人生事故。试验表明：当噪声强度达到 90dB 时，人的视觉细胞敏感性下降，识别弱光反应时间延长；噪声达到 95dB 时，有 40% 的人瞳孔放大，视线模糊；而噪声达到 115dB 时，多数人的眼球对光亮度的适应都有不同程度的减弱。所以长时间处于噪声环境中的人很容易发生眼疲劳、眼痛、眼花和视物流泪等眼损伤现象；同时，噪声还会使色觉、视野发生异常；调查发现，噪声对红、蓝、白三色视野缩小 80%。

2.3.4　固体废弃物

目前，世界金属矿资源中，富矿储量正在逐渐减少，低品位贫矿的开发与利用比重在逐渐增大，因此，使得选矿处理的矿石量增加很快，相应带来了尾矿量的大大增加，对环境的污染日趋严重，成了一项很严重的污染源。美国在 20 世纪 50 年代中期，经选矿处理的矿石只占整个高炉入炉矿量的 60% 左右，到了 60 年代初期，就上升到了 86%。在俄罗斯，经选矿处理的矿石所占比重也由 40 年代初的 9.2%，上升到 60 年代的 86%。目前，除南非、澳大利亚和巴西等国某些矿石品位比较富，可不经选别外，其他如美、苏、加、英、法等国，90% 以上的矿石都要经过选矿处理，中国 95% 以上的矿石都要经过选矿处理，才能进行下一步加工。随着经济的发展，人类对矿产品的需求大幅度增加，矿业开发规模随之加大，产生的选矿尾矿数量将不断增加；加之选矿技术的进步，使许多可利用的矿石工业矿品位日益降低，为了满足矿产品日益增长的需求，选矿规模越来越大，因此产生的选矿尾矿数量也将大量增加，而大量堆存的尾矿给矿业、环境及经济等造成不少难题。

2.3.4.1　尾矿污染源

尾矿是引发重大环境问题的污染源，其突出表现在侵占土地、植被破坏、土地退化、沙漠化以及粉尘污染、水体污染等。

如原冶金部曾对 9 个重点选矿厂调查，选矿厂附近 15 条河流受到污染，粉尘使周围土地沙化，造成 235.5hm² 农田绝产，268.7hm² 农田减产。又如，曾被称为新中国钢铁工业粮仓的鞍山，几十年的铁矿开发带来明显的负面效应。其中最为典型的是在鞍山周边形成了大于 30km² 的排土场和尾矿库（6 个），这个全国最大的排土场和尾矿库内几乎寸草不生，就像一个人工造成的巨大戈壁、沙漠，同时它也成为鞍山最大的粉尘污染源。

尾矿粒度较细，长期堆存，风化现象严重，产生二次扬尘，粉尘在周边地区四处飞扬，特别在干旱、狂风季节时，细粒尾矿腾空而起，可形成长达数里的"黄龙"，造成周围土壤污染，并严重影响居民的身体健康，尾矿也是沙尘暴产生的重点尘源之一。另外，尾矿中含有重金属离子，有毒的残留浮选药剂以及剥离废石中含硫矿物引发的酸性废水，对矿山及其周边地区的环境污染和生态破坏，其影响将是持久的。由于我国矿山大多是依山傍水的，矿山开发的许多重大环境问题长期未引起重视，所积累的后果最终以"跨域报复""污染转移"等不同形态影响区域环境，甚至给人们带来难以补偿的灾难。

2.3.4.2 尾矿堆存占用大量的土地资源

我国共有大中型矿山 9000 多座，小型矿山 26 万座，因采矿侵占，占地面积已接近 4 万平方千米，由此而废弃的土地面积达 $330km^2/a$，以我国露天矿为例，排土场、尾矿库占地面积占矿山用地面积的 $30\%\sim60\%$。采矿活动及其废弃物的排放不仅破坏和占用了大量的土地资源，也日益加剧了我国人多地少的矛盾，而且矿山废弃物的排放和堆存也带来了一系列影响深远的环境问题，对土地的侵占和污染制约了当地的社会经济发展并危害到人体的健康等。以辽宁省为例，据不完全统计，辽宁省因矿业开发占地达 $2203km^2$，破坏土地约 $500km^2$。辽宁 11 个大中型铁矿占用土地 $119.18km^2$，破坏土地面积 $82km^2$，一些矿区植被覆盖率已由 80 年代的 $60\%\sim80\%$ 下降到 $20\%\sim30\%$，且多为灌木次生林。2003 年统计全省有 6881 处矿山，治理率仅有 2.2%。

一些企业的尾矿库已接近服务年限，有的还在超期服役。随着尾矿量不断增加，建立新的尾矿库已势在必行，这需要占用大量的农林用地。一个年产 200 万吨铁精矿的选矿厂，建一座尾矿库需占地 $53.36\sim66.7hm^2$，也只能维持 $10\sim15$ 年生产之用。由于土地资源越来越紧张，征地费用越来越高，导致尾矿库的基建投资占整个采选企业费用的比例越来越大，且尾矿库的维护和维修也需消耗大量的资金。

2.3.4.3 工程与地质灾害的事故源

尾矿库是堆存流塑状物体的特殊构筑物，被国家安监部门列为重大危险源，在全国运行的黑色矿山尾矿库中，存在安全隐患的尾矿库占 30%，我国每年都有尾矿库溃坝，造成重大人员伤亡和财产损失。

多年来，矿山固体废物堆存诱发次生地质灾害，诸如排土场滑坡、泥石流、尾矿库溃坝等多起重大工程与地质灾害，给社会带来了极大的损失。据对我国具有较大规模的 2500 多座尾矿库统计表明，20 世纪 80 年代以来，发生泥石流和溃坝事故 200 余起。如 1986 年 4 月 30 日黄梅山铁矿尾矿库溃坝，冲倒尾矿库下游 $3km^2$ 的所有建筑，尾矿掩埋了大片土地，19 人在溃坝中死亡，95 人受伤；2000 年广西南丹县大厂镇鸿图选矿厂尾砂坝溃坝，殃及附近住宅区，造成 70 人伤亡，几十人失踪；特别是 2008 年山西某县 "9·8" 尾矿库溃坝事故造成 277 人遇难。尾矿库的安全和尾矿的整体利用是密切相关的，如尾矿被整体利用，可彻底铲除事故危险源。

2.3.4.4 资源的严重浪费

我国矿产资源利用率很低，其总回收率比发达国家低 20%，铁、锰黑色金属矿山采选平均回收率仅为 65%，国有有色金属矿山采选综合回收率只有 $60\%\sim70\%$。以铁矿为例，我国资源共伴生组分很丰富，大约有 30 种，但目前能回收的仅有 20 余种。因此大量有价金属元素及可利用的非金属矿物遗留在固体废物中，每年矿产资源开发损失总值达数千亿元。特别是老尾矿，由于受当时技术经济条件的限制，损失掉尾矿中的有用组分会更多一些。

矿山固体废物具有危害和利用的双重性，是一种宝贵的二次资源。我国矿产固体废物的一个显著特点是量大、矿物伴生成分多。这主要是我国在开发矿物资源观念方面存在着"单打一""取主弃辅"等诸多问题，将许多伴生组分矿物作为废物弃置。因此，构成了我国矿产固体废物具有再资源化和能源化的巨大潜力。

目前，全国每年铁矿尾矿排放量约6.3亿吨，以全铁12%计算，如果仅回收铁含量为61%的铁精矿，产率按2%～3%计算，全国每年就可以从新产生的尾矿中回收1260万～1680万吨的铁精矿，相当于投资建设4～6个大型采选联合企业。

2.3.5 其他污染

谈起放射性污染对人体的危害，则要从放射性物质进入人体的途径来说起。放射性物质进入人体的途径主要有三种：呼吸道吸入、消化道食入、皮肤或黏膜侵入。

(1) 呼吸道吸入 从呼吸道吸入的放射性物质的吸收程度与其气态物质的性质和状态有关。难溶性气溶胶吸收较慢，可溶性较快；气溶胶粒径越大，在肺部的沉积越少。气溶胶被肺泡膜吸收后，可直接进入血液流向全身。

(2) 消化道食入 消化道食入是放射性物质进入人体的重要途径。放射性物质既能被人体直接摄入，很大一部分也能通过生物体，经食物链途径进入体内，如图2-6所示。

(3) 皮肤或黏膜侵入 皮肤对放射性物质的吸收能力波动范围较大，一般在1.0%～1.2%，经由皮肤侵入的放射性污染物能随血液直接输送到全身。由伤口进入的放射性物质吸收率较高。

放射性物质无论以哪种途径进入人体后，都会选择性地定位在某个或某几个器官或组织内，叫做"选择性分布"。其中，被定位的器官称为"紧要器官"，将受到某种放射性的较多照射，损伤的可能性较大，如氡会导致肺癌等。放射性物质在人体内的分布与其理化性质、进入人体的途径以及机体的生理状态有关，见表2-10。但也有些放射性物质在体内的分布无特异性，广泛分布于各组织、器官中，叫做"全身均匀分布"，如有营养类似物的核素进入人体后，将参与机体的代谢过程而遍布全身。

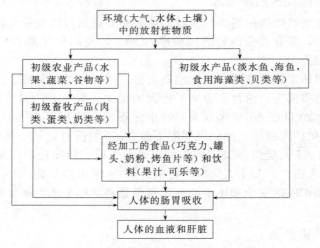

图 2-6 人工放射性核素通过食物链进入人体的过程

表 2-10 放射性核素在人体内的分布

器官或组织	放射性核素
骨及骨髓	7Be、18F、32P、45Ca、65Zn、89Sr、90Sr、140Ba、226Ra、233U、234Tu、239Pu
肝	56Mn、60Co、105Ag、110Ag、109Cd
肾	51Cr、56Mn、71Ge、198Au、238U
肺	222Rn、210Po、238U、239Pu

放射性物质进入人体后，要经历物理、物理化学、化学和生物学四个辐射作用的不同阶段。当人体吸收辐射能之后，先在分子水平发生变化，引起分子的电离和激发，尤其是大分

子的损伤。有的发生在瞬间，有的需经物理的、化学的以及生物的放大过程才能显示所致组织器官的可见损伤，因此时间较久，甚至延迟若干年后才表现出来。

放射性物质对人体的剂量效应见表2-11，其对人体的危害主要包括三方面。

（1）直接损伤　放射性物质直接使机体物质的原子或分子电离，破坏机体内某些大分子如脱氧核糖核酸、核糖核酸、蛋白质分子及一些重要的酶。

（2）间接损伤　各种放射线首先将体内广泛存在的水分子电离，生成活性很强的H^+、OH^-和分子产物等，继而通过它们与机体的有机成分作用，产生与直接损伤作用相同的结果。

（3）远期效应　主要包括辐射致癌、白血病、白内障、寿命缩短等方面的损害以及遗传效应等。根据有关资料介绍，青年妇女在怀孕前受到诊断性照射后其小孩发生 Downs 综合征（先天愚型，染色体异常）的几率增加 9 倍。又如，受广岛、长崎原子弹辐射的孕妇，有些生下了弱智的孩子。根据医学界权威人士的研究发现，受放射线诊断的孕妇生的孩子小时候患癌和白血病的比例增加。

表 2-11　一次全身受到大剂量放射性照射后引起的症状

照射量/(C/kg)	症　状	治　疗
<25	无明显自觉症状	可不治疗,酌情观察
25～50	极个别人有轻度恶心、乏力等感觉,血液学检查有变化	增加营养,要观察
50～100	极少数人有轻度短暂的恶心、乏力、呕吐,工作精力下降	增加营养,注意休息,可自行恢复健康
100～150	部分人员有恶心、呕吐、食欲减退、头晕乏力,少数人一时失去工作能力	症状明显者要对症治疗
150～200	半数人员有恶心、呕吐、食欲减退、头晕乏力,少数人员症状严重,有一半人员一时失去工作能力	大部分人需要对症治疗,部分人员要住院治疗
200～400	大部分出现以上症状,不少人症状很严重,少数人可能死亡	均需住院治疗
400～600	全部人员出现以上症状,死亡率约 50%	均需住院抢救,死亡率取决于治疗
>800	一般将 100% 死亡	尽量抢救,或许对个别人有成效

思考题

1. 选矿的主要污染源有哪些？
2. 简述选矿"三废"的危害。
3. 简述选矿过程中的重金属污染。

第 3 章

选矿污染控制与治理

选矿厂的污染源有废水、废气、废渣，其中以废水污染物尤为突出。选矿药剂、蓄积性毒性物质如汞、铬、镉及重金属等，使总的环境质量形势趋于恶化。如氰化物外排废水将成为水体的主要污染源；废气的排放对人群、生物群构成直接危害；废渣的堆弃造成生态环境的恶化等。

3.1 水污染控制技术

有色金属矿山选矿厂生产过程中外排的废水每年约 2 亿吨，占有色金属工业废水的30％左右。据估计，我国矿山的选矿厂每年排放的废水总量约占全国工业废水总量的1/10，是我国工业废水排放量最多的行业之一。控制选矿厂废水的排放，提高废水的循环复用率，防止废水对环境的污染和对生态平衡的破坏是当前世界各国共同关心的问题。我国人口占世界总人口的 1/5，而耕地面积每人平均不到 1000m²，仅为世界人均耕地面积的 27％，特别是我国的水资源又严重不足，鉴于此情况，选矿厂的废水治理就具有更加重大的意义。

3.1.1 选矿废水常用的处理方法

3.1.1.1 混凝沉淀法

其基本原理就是在混凝剂的作用下，通过压缩微颗粒表面双电层、降低界面电位、电中和等电化学过程，以及桥联、网捕、吸附等物理化学过程，将废水中的悬浮物、胶体和可凝的其他物质凝聚成"絮团"；再经沉降设备将絮凝后的废水进行固液分离，"絮团"沉入沉降设备的底部而成为泥浆，顶部流出的则为色度和浊度较低的清水。混凝沉淀去除的对象是二级处理水中呈胶体和微小悬浮状态的有机和无机污染物，从表观而言，就是去除污水的色度和混浊度。混凝沉淀还可以去除污水中的某些溶解物质，如砷、汞等，也能有效地去除能够导致水体富营养化的氮和磷等。混凝沉淀法中混凝剂的作用至关重要，常用的混凝剂有三氯化铁、硫酸亚铁、硫酸铝、聚合氯化铝、有机高分子类等，与此同时，还常常加入一些助凝剂，常用的助凝剂有 pH 调整剂、絮体结构改良剂、聚丙烯酰胺（PAM）等。图 3-1 是混凝沉淀法的简单流程图。

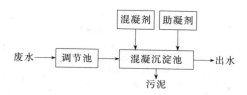

图 3-1 混凝沉淀法的简单流程图

3.1.1.2 混凝沉淀-活性炭吸附-回用工艺

此法是目前国内选矿厂采用较多的选矿废水回用方法，通过对不同矿山的选矿废水试验研究发现，对同一选矿废水投入不同药剂或同一药剂不同的量，其结果也不一样。但其共同点如下。

（1）混凝剂效果比较试验　分别采用聚合硫酸铁（PFS）、混合氯化铝（PAC）、明矾作混凝沉淀剂，结果表明，采用明矾作为混凝剂较为经济合理，其最佳用量一般可控制在 30mg/L 左右。

（2）聚丙烯酰胺（PAM）对混凝效果的影响　PAM 的加入，进一步提高了废水的混凝处理效果，但由于其是有机高分子，导致水中 COD 值上升。在实践中，将混凝处理效果的变化和 COD 值的增加结合考虑，一般采用 0.2mg/L PAM 的投入量即可。

（3）沉降时间对废水的影响　确立混凝后的静置时间为 30min。

（4）吸附　粉末活性炭的用量比颗粒活性炭的用量少，基本在其一半的情况下，即可达到相同的效果。同时，由于粉末活性炭易进入精矿中，不会在水循环中积累，故选用其作为吸附剂。其最佳用量一般为 50～100mg/L。

（5）浮选　废水经混凝沉淀、活性炭吸附后，可全部回用，且对选矿指标无任何影响。经过明矾（30mg/L）、PAM（0.2mg/L）混凝沉淀，然后用粉末活性炭（50～100mg/L）工艺净化后，出水水质不但达到国家矿山废水排放标准，而且回用结果表明，经该工艺处理后的废水，不仅可以全部回用，不影响选矿指标，在选矿过程中还减少了浮选药剂用量，给企业带来了相当的经济效益。同时，由于废水的回用，使每天的新鲜水用量减少，这对于水资源短缺的我国来说，更具有减少污染、净化环境的社会意义。因此，该法流程简单，效果好，具有广泛的工业应用前景。

3.1.1.3 酸碱废水中和处理法

废水中和处理法是废水化学处理法之一，其基本原理是使酸性废水中的 H^+ 与外加 OH^-，或使碱性废水中的 OH^- 与外加的 H^+ 相互作用，生成弱解离的水分子，同时生成可溶解或难溶解的其他盐类，从而消除它们的有害作用。对于酸性废水，常用的中和剂有石灰、石灰石、白云石、苛性钠、碳酸钠等。但是，若在工厂附近有碱性废水和碱性废渣，应优先考虑利用这些废水和废渣来中和处理酸性废水。对于碱性废水，常用的中和剂有各种无机酸，如 H_2SO_4、HCl、HNO_3，但是 HCl 和 HNO_3 的价格较贵，腐蚀性强，故一般常用 H_2SO_4，如能利用烟道气中的 SO_2 和 CO_2 作中和剂则更经济。若选矿厂附近有酸性矿山废水或废电解液可用作碱性废水的中和剂，则优先考虑采用以废治废的中和处理方案。

酸碱废水中和处理法需要在酸性废水的各排放点建造中和反应池，同时要建造管道将废水输送至反应池内，并要按量添加，投资小、见效快、以废治废，具有良好的经济价值和社会价值。

3.1.1.4 选矿废水资源化利用综合方法

广大科研技术人员经过大量的水处理试验和选矿对比试验综合研究，总结出一条解决矿山选矿废水的较好方案。以铅锌矿为例，其工艺流程如图 3-2、图 3-3 所示。

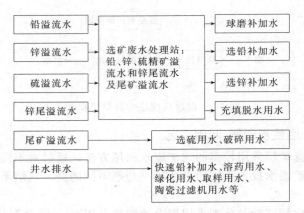

图 3-2　选矿废水适度处理工艺流程图

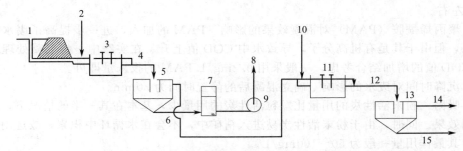

图 3-3　铅锌矿石和石灰法净化尾矿池溢流水流程图

1—尾矿沉淀池；2—铅锌矿石；3，11—混合池；4—含铅锌矿石的尾矿水；5，13—沉淀池；6—用过的铅锌矿石沉渣；
7—集渣池；8—用过的铅锌矿石送至选矿厂；9—砂泵；10—石灰乳；12—含有石灰乳的尾矿水；
14—最终澄清水；15—沉渣

由于各种废水水质不同，在回用处理过程中，调节池起着调节水质、水量的作用。混凝沉淀池可加强混凝剂与废水的混合，使微细粒子成长，使之变成可通过沉淀除去的悬浮物。反应池用于废水进一步深化处理，利用消泡剂把废水中多余的起泡剂反应掉，削弱其对浮选指标的影响。

3.1.1.5　尾矿池水处理技术

尾矿池是大容积的沉淀-储存池，可以利用地形设置在峪谷、坡地、河滩或平地上，以堤坝围筑而成。池内设置排水井和排水管，或沿边缘开设排水沟，尾矿水在池内澄清净化后溢流排出。尾矿水中的悬浮物沉淀在池底部储存。废水在池内至少停留一昼夜。此法可有效地去除废水中的悬浮物，重金属和浮选药剂含量也有所降低，停留时间愈长，处理效果愈好。尾矿池溢流水可循环使用。重选、磁选和单一金属矿的简单浮选，对水质要求不高，水循环利用率可达 90%，或完全不排水。当尾矿颗粒极细以及部分呈胶体状态时，可向尾矿水中投加混凝剂以加速澄清过程和提高处理效果。如在尾矿水中投加石灰，可去除 60%～70% 的黄药和黑药（图 3-3）。尾矿池上清液如达不到排放标准时，应做进一步处理。常采用的处理方法有：①去除重金属可采用石灰中和法和焙烧白云石吸附法。去除 1mg 铜需石灰 0.81mg，1mg 镍需石灰 0.88mg，pH 值要求控制在 8.5 以上。用粒度小于 0.1mm 的焙烧白云石吸附可去除铜、铅离子。去除 1mg 铜需白云石 25mg，1mg 铅需白云石 2.5mg。②去除浮选剂用矿石吸附法，采用铅锌矿石可吸附有机浮选剂，去除 1mg 有机浮选剂需铅锌矿石 200mg。用活性炭吸附法处理更为有效，但价格昂贵。③含氰废水主要采用化学氧化法，如漂白粉氧化法；也可用硫酸亚铁石灰法和铅锌矿石法除氰，每克氰加 200g 矿石，可去除简单氰化物约 90%，或复合氰化物约 70%。高浓度含氰废水可以回收氰化钠。采用铅锌矿石和石灰法净化尾矿池溢流水的工艺流程见图 3-3。

3.1.2 含氰废水的处理方法

3.1.2.1 天然分解法

天然分解法有挥发法、生物分解法、氧化法、光分解法。从经济角度讲，微生物降解法比其他的处理方法成本低且效率高，其基本原理是利用以氰化物和硫氰化物为碳源和氮源的一种或几种微生物，将氰化物和硫氰化物氧化为 CO_2、氨和硫酸盐，或者将氰化物水解成甲酰胺，同时重金属被细菌吸附而随生物膜脱落除去。

微生物降解法的特点是可分解硫氰根、重金属呈污泥除去、渣量少、外排水质好、成本较低，适合于处理低浓度氰化物，若要处理 CNT＞200mg/L 的废水，则要采用联合工艺。缺点是设备复杂、投资大、操作严格，只适合低浓度含氰废水的处理，对氰化物浓度的大范围变化适应性较差，有关技术工艺仍需进一步研究。

人工湿地法是近年来国内外研究的重点，它具有出水性质稳定、基建和运行费用低、技术含量低、维护管理方便、抗冲击负荷强等诸多优点，其基本原理是利用基质-微生物-动植物这个复合生态系统的物理、化学和生物的三重协调作用，通过过滤、吸附、共沉、离子交换、植物吸收和微生物分解来实现对污水的高效净化，同时通过生物地球化学循环供给营养物质和水分促使植物生长，最终达到污水的资源化与无害化。根据湿地中水面位置不同，通常分为表面流人工湿地系统和潜流人工湿地系统。

人工湿地系统是一个完整的生态系统，在处理污水的同时，又可以营造良好的环境，由于大多数矿山位于偏远地区，具有良好的建立人工湿地的环境，因此采用人工湿地法治理选矿废水具有非常显著的经济、社会和环境效益，前景广阔。

3.1.2.2 化学法

化学法有 SO_2-空气法、臭氧化法、过氧化氢法、酸化-挥发-再中和-AVR 法、碱性氯化法（氯气法、次氯酸盐法、电解再生法）、吸附法（硫化亚铁法、离子交换及酸性再生法、离子浮选法）、电解法、转型-沉淀法（变成硫氰酸盐、变成氰亚铁酸盐-氰铁酸盐）。

碱性氯化法是目前处理含氰废水最广泛最有效的方法。其基本原理是在碱性介质中，利用氯的强氧化性使氰化物被氧化成二氧化碳和氮气，从而达到破坏氰化物的目的，使水质达到要求。常用的氯氧化剂有漂白粉、氯气和次氯酸钠等物质。碱氯化法中影响除氰效果的因素较多，主要有氧化剂的添加量、pH 值、反应时间等。图 3-4 是碱性氯化法的简单流程图。

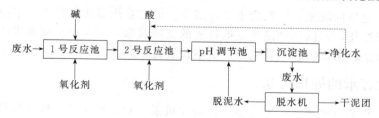

图 3-4 碱性氯化法的简单流程图

碱性氯化法操作简单，使用方便，方法较成熟，应用也比较广泛，但是其无法去除铁氰络合物，并且工作环境污染比较严重，药剂消耗量也比较大，长期使用设备腐蚀严重。另外，碱性氯化法不能回收废水中的 CN^-，因此仅适用于已无回收价值的含氰废水。

3.1.2.3 活性炭吸附催化氧化

活性炭吸附催化氧化法处理含氰废水，是近年来研究的新方法。处理废水的成本低，在处理废水中氰化物的同时，可以回收金等有价金属，做到了综合回收、效益显著，为从纯消耗转变为盈利性污水处理开辟了一条新途径。其处理后的废水，其中 Cu、Pb、Zn、Cl 等杂质含量较少，尾矿坝外排水完全可以循环使用，达到"零排放"的良好效果。既可以节省用新鲜水的费用，又可以免缴污水排放费，解决了用水紧张的问题。

3.1.2.4 酸化回收法

酸化回收法因其能有效地回收废水中的氰化物，目前在国内应用比较广泛，采用此法处理高浓度的含氰废液已经有近 30 年的历史，具有良好的经济效益、社会效益和环境效益。其基本原理是用硫酸或二氧化硫将废水酸化至 pH 值 1.5～3.0，金属氰络合物分解生成 HCN，HCN 的沸点仅 26.5℃。当向废水中充气时极易挥发，挥发的 HCN 用碱液（NaOH）吸收并返回供浸金使用。图 3-5 是酸化中和挥发法的简单流程图。

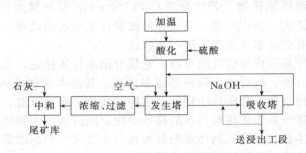

图 3-5　酸化中和挥发法的简单流程图

酸化回收法药剂来源广、价格低，既可处理澄清废水也可处理矿浆，尤其是废水中氰化物浓度较高时具有良好的经济价值，除了回收氰化物外，亚铁氰化物、绝大部分铜、部分银和金也可得到回收。但是，处理后的废水中残氰浓度较高，一般还需要进行二次处理才能达到排放标准。

3.1.2.5 自然净化法

自然净化法是将废水不经人工处理而直接排到尾矿坝的一种常规方法，经自然净化后，废水完全返回循环使用，此方法在使用时需慎重。废水返回不能产生恶性循环。要求尾矿坝不能渗漏、污染地下水和地表水，距离水源养殖区和自然保护区要远。该方法虽然省钱简单，但危险性大，一旦渗漏和跑水，后果非常严重。若没有安全和防护措施，不宜采用。

3.1.2.6 酸化法、氯化法和自然净化法联合流程

第一步用酸化法回收氰、降低废水处理成本。第二步用氯化法处理废水中剩余的氰；最后经尾矿坝自然净化，可以达到高含氰低排放的良好效果，对于要求废水排放指标很严的地方适合采用此方法。但该流程比较复杂，成本投资比较高。

3.1.3　含汞废水的处理方法

含汞废水处理的方法很多，但主要是针对无机汞，对有机汞的处理方法目前还处于研究之中。去除或回收废水中无机汞的方法多数已用于工业化生产，但有的方法对汞的分离回收有困难，不能实现工业化应用。含汞废水的处理及回收汞通常是同时考虑的，其方法有化学沉淀法、金属还原法、活性炭吸附法、离子交换法、过滤法、电解法、羊毛吸收法、微生物法等。现将几种主要方法综述如下。

3.1.3.1 化学沉淀法

化学沉淀法是应用较普遍的一种除汞方法，适用于不同浓度、不同种类的汞盐，尤其对

含汞浓度较高的废水应首先考虑采用此种方法处理。常用的有凝聚沉淀法和硫化物沉淀法两种。

（1）凝聚沉淀法 在含汞废水中加入凝聚剂（石灰、铁盐、铝盐等），在 pH 值＝8～10 的弱碱性条件下，形成氢氧化钙及铁或铝的氢氧化物絮体，对汞有凝聚吸附作用，共同沉淀析出。

一般铁盐除汞效果比铝盐好。硫酸铝只适用于含汞浓度低及比较浑浊的废水，若废水水质清晰，含汞量较高，其处理效果明显降低。如在含汞 5.4mg/L 的废水中投加 1.25mg/L 的硫酸铝，在 pH 值＝6.8～9 的条件下，经混凝沉淀，上清液含汞降至 0.4mg/L。

用石灰乳及三氯化铁处理含汞浓度为 2mg/L、5mg/L、10mg/L、15mg/L 的废水，出水含汞浓度为 0.02mg/L、<0.1mg/L、<0.3mg/L、<0.5mg/L。

（2）硫化物沉淀法 向含汞废水中投加碱性物质及过量的硫化物（硫化钠、硫化镁等），在 pH 值＝9～10 的弱碱性条件下，与 Hg^{2+} 与 S^{2-} 有强烈的亲和力，生成溶度积极小的硫化汞而从溶液中除去。硫化物沉淀法处理含汞废水的基本流程见图 3-6。

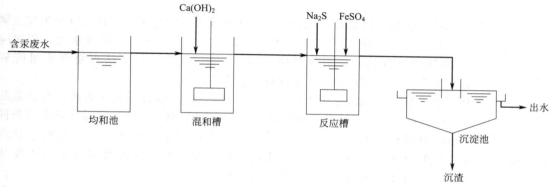

图 3-6　硫化物沉淀法处理含汞废水的基本流程

硫的加入量按理论计算过量 50%～80%，硫化物过量太多不仅会带来硫的二次污染，且过量的硫离子还能与硫化汞反应生成可溶于水的汞硫络合物而降低处理效果。另外，硫化物沉淀法产生的硫化汞沉淀的粒度很细，大部分悬浮于废水中，尤其在低温时生成的硫化汞极细，或成分散体，不易沉淀和过滤除去。为克服上述问题，采用的措施有根据溶度积规则加入适量铁盐或锌盐的硫化物沉淀转化法和加入铁系或铝系混凝剂的絮凝沉淀法。

硫化物沉淀法是美国及其他国家许多氯碱厂控制汞的标准方法，在设计和控制良好的处理系统中，汞的去除率为 95%～99.9%。

硫化物沉淀法处理含汞废水的效果较好，但操作麻烦，消耗劳动力多，引起的环境问题是富汞污泥量大，这种污泥要么以环境可接受的方式处置，要么需进一步用以回收金属汞。

3.1.3.2　金属还原法

根据电极电位理论，电极电位低的金属能将溶液中电极电位高的金属离子置换出来。金属还原法处理含汞废水就是利用铁、铜、锌、铝、镁、锰等毒性小而电极电位又低的金属（屑或粉）从废水中置换汞离子的，其中以铁、锌较好，因其价格低、溶液损失少、反应速率较高。金属还原法的一般工艺是让含汞废水通过装有还原金属的滤床，使汞离子还原成金属汞或汞齐，或沉淀于金属表面，或是沉淀析出。图 3-7 是金属还原法处理含汞废水的流程。

金属还原法最大的优点是可以直接回收金属汞。根据置换金属的不同常分下述几种方法。

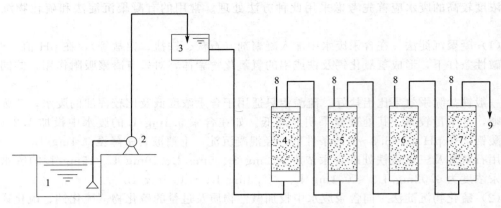

图 3-7　金属还原法处理含汞废水流程

1—沉淀池；2—提升水泵；3—高位水池；4—紫铜屑柱1；5—紫铜屑柱2；

6—铅黄铜屑柱；7—铝屑滤柱；8—放气管；9—出水

（1）铁屑还原法　铁屑或铁粉在酸性介质下与无机汞离子发生氧化还原反应而生成金属汞，经过滤除去。用一步法处理酸度为 3%～5%、含汞 4.0～600mg/L 的废水时，用对应于废水重量 2% 的铁粉处理后，含汞量可降到 0.5～5.0mg/L。二步法可将含汞量降到 0.05mg/L。pH 值＝7～8 时，约 40kg 工业铁粉可去除 1kg 汞。

（2）锌粒还原法　锌粒还原法适用于较高 pH 值（9～11）的含汞废水处理，在较低的 pH 值下，汞损失量显著增大。用锌粒从溶液中除去 90% 以上汞所需的时间因反应床的条件而异。用粒径 2mm 的锌粒填充 100mm 厚的滤床，含汞废水通过滤床 13s 内便可净化到 0.02mg/L，而在 110s 内可净化到 0.005mg/L；稍深的滤床在 60s 内便能将汞的浓度从 1.0mg/L 降低到 0.02mg/L，有效的 pH 值范围为 5～10。

（3）铝粉接触法　铝粉接触法适用于处理含汞单一的废水。当铝粉与汞离子接触时，汞即离析而和铝生成铝汞齐，附着于铝粉表面，将此铝粉加热分解即可得汞。铝粉添加量越多，除汞效果越好。添加铝粉 4%，除汞率为 99.6%；添加铝粉 8%，除汞率可达 99.8%。采用填料过滤法比投加铝粉法好，这种方法能使含汞废水达到排放标准，且可将无机汞和有机汞都还原成金属汞，但铝粉尚不能完全脱汞，需和其他方法结合起来。

（4）铜屑还原法　铜屑还原法多用于含酸浓度较大的含汞废水处理。铜的标准电极电位为 ＋0.3448V，汞的标准电极电位为 ＋0.845V，所以，当含汞废水通过铜屑层时，就产生如下铜和汞离子的置换反应。

$$Cu + Hg^{2+} \longrightarrow Cu^{2+} + Hg$$

3.1.3.3　活性炭吸附法

活性炭具有极大的比表面积，在活化过程中又形成一些含氧官能团，如羧基、羟基、羰基，这些基团使活性炭具有化学吸附和催化氧化、还原的性能，可有效地去除废水中的一些重金属离子。

用活性炭处理含汞废水是一种常用的较简单的方法，可去除废水中的无机汞和有机汞，且对有机汞的脱除作用比对无机汞更为有效。但该方法只适用于含汞废水成分单一、浓度较低的情况（一般含汞不超过 5mg/L）。废水含汞浓度高时，可先进行处理，降低浓度后再用活性炭吸附，处理后废水中含汞量在 0.05mg/L 左右。处理后的活性炭可回收再生，重复使用。

活性炭处理效果与废水中汞的最初形态和浓度、活性炭种类和用量、接触时间等因素有关。在水中离解度越小、离子半径越大的汞化合物，如 HgI_2、$HgBr_2$ 等越易被吸附，处理效果越好。反之，如 $HgCl_2$ 处理效果则差。若增加活性炭用量及接触时间，可以改进无机汞及有机汞的去除率。

活性炭对无机汞和有机汞的吸附，均可用弗罗因德利希（Ferundlich）吸附等式来描述。其吸附汞的机理可能是 +1 价或 +2 价的汞离子在活性炭表面被还原后，以金属汞的形式被活性炭吸附。

关于活性炭对有机汞的去除，有人做过实验，将氯化甲基汞溶于自来水中，配成 $20 \sim 50 mg/L$ 的水溶液，然后将其通入活性炭塔，在通水三个月后出水中也没有检出汞。

3.1.3.4 离子交换法

离子交换法处理工业废水，适用于含有有毒金属、浓度低而排放量大的废水，常配合硫化法和混凝沉淀法作为二级处理。汞在废水中以汞的阳离子（Hg^{2+}）、阴离子络合物和游离的金属汞（Hg）等形式存在，用一般的强碱性阴离子交换树脂可以去除（吸附）汞的络合阴离子，但这一方法的缺点是洗脱汞时需要大量过剩的盐酸，且处理效果差，出水的含汞量仍在 $0.1 mg/L$ 以上，有机汞基本不能去除。根据汞与硫化物能化合产生结合力非常强的硫化汞这一特点，合成了一种含有巯基（—SH）的大孔巯基离子交换树脂（R—SH），对含汞废水有很好的处理效果，交换容量大，且不受废水中其他盐类的影响。但废水中的游离金属汞需用次氯酸钠将其氧化成氯化汞，将剩余的氯用活性炭去除后，再用大孔巯基树脂处理。饱和树脂用 $30\% \sim 35\%$ 的盐酸再生，再生效率为 80%。

3.1.3.5 电解法

电解法是将含汞废水置于电解槽内，在直流电作用下，汞化合物在阳极分解成汞离子，汞离子在阴极附近放电还原成金属汞沉积，从而使废水净化并回收汞。如电解法处理富汞废水，通过二次电解，出水含汞可小于 $0.005 mg/L$。该方法是处理无机汞废水的一种有效方法，优点是管理简单，处理效率高；缺点是电耗大，投资多，由于电解时浓度升高，产生了汞蒸气，形成二次污染。

铜铁内电解法是指在含汞废水中分别用铜棒和铁棒作正负极，当用导线连通后，由于两极的电位差，负极的铁不断成 Fe^{2+} 溶于溶液中，放出的电子同溶液中的汞离子作用而析出金属汞，与正极的铜形成铜汞齐，从而降低溶液中汞的含量。经处理后废水中的总汞含量一般在 $0.04 mg/L$ 以下。本方法的优点是设备简单，不加药品，不加热，不用直流电，能自动连续处理，节省动力，每吨废水消耗 2kg 铁屑，可回收约 1kg 汞；缺点是汞渣较多，每吨废水产生含汞 10% 的铜渣 4L，可用蒸汞炉处理回收汞。

3.1.4 含砷废水的处理方法

3.1.4.1 沉淀法

自然条件下堆放时较稳定的砷化合物有酸式或碱式金属亚砷酸盐和砷酸盐，包括常见的亚砷酸钙、砷酸钙、砷酸铁等。可溶性的砷能够与许多金属离子形成此类难溶化合物，利用这一特性，沉淀法常以钙、铁、镁、铝盐及硫化物等做沉淀剂，再经过滤即可除去液相中的砷。常用的钙沉淀剂有氧化钙、氢氧化钙、过氧化钙、电石渣等。钙盐沉淀法处理成本低、工艺简单，但是由于钙盐的溶解度较大，必须使钙的浓度远过量，砷浓度才能降至较低水平，需要消耗大量絮凝剂，也使处理后的残渣量增大，易造成二次污染。铁盐除砷也是常用的方法，氯化铁常用作絮凝剂加入水体中。高 pH 值条件下，在生成砷酸铁的同时还会产生大量氢氧化铁胶体，溶液中的砷酸根与氢氧化铁还可发生吸附共沉淀，从而可以达到较高的除砷率。在自然水体中，溶解的砷以无机砷或者以甲基化的砷化合物形式存在。无机砷包括砷酸盐 As（V）和亚砷酸盐 As（Ⅲ）两种形式。As（V）通常在富氧化性的水体中占优势，而 As（Ⅲ）则主要存在于还原性水体中。铁絮凝剂对 As（V）的去除效果要远大于对 As（Ⅲ）的去除效果，铁浓度的增加有利于 As（V）的去除，但对 As（Ⅲ）的去除效果影响不大。

目前，大多数企业含砷废水的处理多采用化学沉淀法，而且往往是 2～3 种沉淀剂同时使用或分段使用。例如，石灰-铝盐、石灰-镁盐、硫酸亚铁-苏打等组合絮凝剂都能获得良好的脱砷效果。多种絮凝剂混合处理方案最有效的是氢氧化钙和氯化铁混合使用，其除砷效率可达 99%。化学沉淀法工艺简单，投资低，但是需要大量的化合物，而且在最终产物的处理上有很大的局限性。产生的大量含砷和多种金属的废渣无法利用，长期堆积则容易造成二次污染。

3.1.4.2 吸附法

吸附法是一种较为成熟且简单易行的废水处理技术，特别适用于量大而浓度较低的水处理体系。用吸附法来处理含砷废水，可将废水中的砷浓度降到最低水平而不增加盐浓度。可用的吸附剂有活性铝、活性铝土矿、活性炭、飞灰、中国黏土、赤铁矿、长石、硅灰石等等。砷的吸附量与所用吸附剂的表面积有关，吸附表面积越大，吸附能力越强。同时，吸附量与吸附条件，如溶液的 pH、温度、吸附时间和砷浓度等有关。大多数吸附剂对 As（V）有很高的吸附选择性，但是对 As（Ⅲ）的吸附效果很有限。因此，对 As（Ⅲ）的处理须先将其进行预氧化，这样就使得处理工艺变得复杂。另外，吸附剂与 As（V）之间的强吸附作用会造成吸附剂再生、回收上的问题，每一次循环操作后，吸附剂的吸附量会下降 5%～10%。还需要注意的是，当溶液中磷酸盐、硫酸盐、硅酸、硒、氟化物及氯化物的含量较大时，这些物质容易与砷竞争吸附位点，从而导致吸附效率降低。

3.1.4.3 氧化法

由于在 pH 值＜9.5 的大多数水体中，As（Ⅲ）处于非离子状态，表现出电中性。因此，那些对 As（V）的脱除非常有效的方法，如絮凝、沉淀、吸附等对 As（Ⅲ）的处理常常收效甚微。鉴于没有一种简单的方法可以直接去除 As（Ⅲ），因此，氧化便成为去除 As（Ⅲ）时不可缺少的步骤。另外，砷化物的毒性有很大差异，以亚砷酸盐类存在的 As（Ⅲ）比以砷酸盐形式存在的 As（V）的毒性要高出 60 倍。各种形态的砷化物的毒性为 AsH_3＞As（Ⅲ）＞As（V）＞甲基胂（MMA）＞二甲基胂（DMA），因此，利用氧化剂将 As（Ⅲ）氧化成 As（V），既可提高去除效果，又可降低毒性。

3.1.4.4 离子交换法

离子交换法可有效地脱除砷。但是溶液中的硫化物、硒、氟化物、硝酸盐会与砷竞争，从而影响离子交换的效果。另外，悬浮的土壤和含铁沉淀物会堵塞离子交换床，当处理液中此类物质的含量较高的时候，需要对其进行预处理。

3.1.4.5 膜分离

膜分离法是以高分子或无机半透膜为分离介质，以外界能量为推动力，利用多组分流体中各组分在膜中传质选择性的差异，实现对其进行分离、分级、提纯或富集的方法，包括微滤、超滤、纳米过滤和反渗透等。膜过滤是一种物理分离，其主要特点是：节能；无二次污染；在常温下操作。

用纳米过滤和反渗透法处理含砷废水，在理想操作条件下能达到＞90%的处理效率，但是在实验条件更接近于现实的情况下去除率显著降低，而且成本很高。反渗透法还需要大量回流水（占流出量的 20%～25%），这在水缺乏的地区很难解决。

3.1.4.6 电解法

该法以铝或铁作为阴极和阳极，含砷废液在直流电作用下进行电解，阳极铁或铝失去电子后溶于水，与富集在阳极区域的氢氧根生成氢氧化物，这些氢氧化物再作为凝聚剂与砷酸根发生絮凝和吸附作用。当向电解液中投加高分子絮凝剂时，利用电解产生的气泡上浮，即将吸附了砷的氢氧化物胶体浮至液面，由刮渣机将浮渣排出。电解法工艺简单，成本低，但是除砷成效较前文所述的方法差，而且处理时生成浮渣，易造成二次污染。有研究者用电解法添加铁和 H_2O_2，将电化学与化学氧化法相结合治理含砷废水，在铁/砷比例适合的条件下不需加入 pH 调整剂，能减少固体的生成。

3.1.4.7 生物法

与其他毒性重金属如 Pb、Cd、Cr 等一样，砷也能被水体中的微生物所富集和浓缩。但是与这些重金属不同的是，砷不但能被水中的生物体蓄积，而且也会被这些生物体氧化和甲基化。由于甲基化的砷如甲基胂、二甲基胂、三甲基胂的毒性比无机砷低得多，所以，水体中的微生物对砷富集的过程也是一个对砷降毒、脱毒的过程。利用这一特性可采用生化法对高浓度的含砷废水进行处理。

3.1.5 含浮选药剂废水的处理方法

3.1.5.1 化学法

（1）氧化分解 采用氧化剂液氯、漂白粉、次氯酸钠等进行氧化分解。其作用是："活性氯"破坏废水中的黄药，使之被氧化成无毒的硫酸盐，处理时 pH 值以 7～8.5 为宜。处理效果的好坏主要取决于试剂用量的掌握适当。投药量太少，处理不完全；投药量过多，净化液中有"活性氯"存在。

（2）臭氧化法 处理黄药效果较好，而且无"活性氯"存在。但电耗大，至今未能广泛用于生产。

（3）电解法 用铂作电极，直流电压为 0.5V，电流为 40mA 进行电解（分解黄药）。

（4）置换回收法 向含有黄药并有重金属生成氢氧化物沉淀的废水中，在控制 pH 值条件下加入硫化钠，可将黄药置换出来加以回收利用。

（5）酸化或碱化法 在尾矿库入口废水中投加硫酸（100～200mg/L），可破坏选矿废水中的黄药，使其出水水质达到《污水综合排放标准》（GB 8978—1996）的要求。也可在尾矿库中投加石灰，随金属氢氧化物沉淀而吸附浮选药剂一起带入库底淤泥中。

3.1.5.2 物理方法

（1）曝气法 含浮选药剂废水于尾矿库储存停留一段时间，经过曝气处理，可使浮选药剂含量大大降低。

（2）紫外线照射法 利用 250～550nm 紫外线照射，可破坏废水中浮选药剂达到净化的要求。

3.1.5.3 物理化学法

（1）吸附法 吸附剂采用活性炭、炉渣、高岭土等。如高岭土用量为 20g/L 时，丁基黄药去除率达 90%，松节油去除率达 80%。

（2）凝聚法 向含有浮选药剂的废水中投加凝聚剂，废水中的金属和浮选药剂则能凝聚而沉淀。

（3）离子交换法 对含黄药的废水经沉淀、过滤、中和后通过 AB-17 型树脂或阳离子树脂，可除去废水中的黄药。

3.1.6 选矿废水处理工程案例

（1）旋流絮凝法处理选矿废水 目前，我国黑色金属矿山选矿厂废水处理多采用普通浓缩机进行自然沉淀，水质净化效果差。例如某矿将 485m³/h 的废水打入直径 18m 的普通浓缩机中进行自然沉淀，当出水为 425m³/h 时，其溢流浓度高达 9996mg/L，已不符合国家工业废水排放标准的要求。为此，一些选矿厂将普通浓缩机装上斜板，改装成斜板沉淀池。这种沉淀池效果虽然好些，但改造费用高，使用寿命短，易堵塞，维修工作量大。

为充分利用某选矿厂原设备，将直径 18m 的浓缩机改成旋流絮凝沉淀池。经小试得知，把出水浓度控制在 300mg/L 以下时，其处理负荷只有 0.3m³/(m² · h)，但在改造的旋流絮凝沉淀池内投加阴离子型聚丙烯酰胺后，处理负荷量可达 2m³/(m² · h)，即旋流絮凝沉淀池的处理效率是普通浓缩机处理效率的 7 倍。

① 浓缩机的改造。将直径 18m 的普通浓缩机改成旋流絮凝沉淀池，是在原普通浓缩机结构不变的基础上进行的，也就是在其中心支柱和耙架之间安装一个旋流反应器，它的形状呈圆台状，内部装设多层旋流导板（图 3-8）。

改造后的旋流絮凝沉淀池有以下特点：a. 不破坏原普通浓缩机的结构，既利用了原来的浓缩设施，又显著提高了废水的净化效率。b. 在旋流絮凝反应器进口附近投加阴离子型聚丙烯酰胺，可以充分利用水力旋流进行反应，不需加设机械搅拌器。c. 旋流絮凝沉淀池采用深层进水方式，由于大大缩短了固体颗粒的沉淀距离，使中粗颗粒很快沉入压缩层，相对降低了池体中部和上部水体的浓度，而迫使细颗粒进入浓度较高的压缩区上部。由于稠密颗粒的碰撞，大大削减了它们的能量，使相当数量的细颗粒停留下来不能上浮，相应提高了底流浓度。d. 旋流絮凝反应器的上部直径小，下部直径大，水流无级变速，符合混凝反应先快速混合、后慢速絮凝的要求。水流离开反应器后仍有一段旋流过程，逐步扩散，"絮团"不断长大，而且出水和进水量逆向流动，经过浓缩层进入清水区，再向周边溢出，比普通浓缩机上部辐射的流向要优越得多。

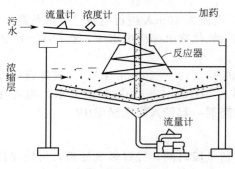
图 3-8　旋流絮凝沉淀池示意图

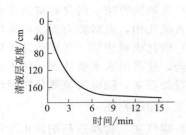
图 3-9　聚丙烯酰胺沉降曲线

② 静态试验。以浓度为 300mg/L 的选矿污水为试液（pH 值＝8.12），室温下在 100mL 的量筒和直径 40mm、高 2m 的沉淀管内对聚铁、聚铝、聚丙烯酰胺等进行筛选试验。从絮凝物的沉降速度和上清液的浊度两个方面评价各种絮凝剂之间促进沉降效果的次序，肯定了阴离子型聚丙烯酰胺对处理该选矿废水的沉降效果最好。矿浆浓度 3%、加药量 1.5mg/L 的试验曲线见图 3-9。

阴离子型聚丙烯酰胺处理该选矿废水的工业性试验工艺流程见图 3-10。

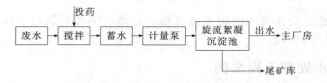

图 3-10　投药工业实验工艺流程示意图

所选择的阴离子型聚丙烯酰胺分子量为 700 万～800 万，浓度为 0.1%，用量为 2.3 g/m³。在实际运行中，当原进水浓度为 21540mg/L、pH 值＝8.05、温度为 6℃时，投加阴离子型聚丙烯酰胺后，出水浓度为 33mg/L，去除率可达 99.85%。

投药设备如下所列。

a. 搅拌筒：采用直径 1.7m 的搅拌筒，体积 3m³。按 4h 搅拌周期考虑，一台工作，一台备用。

b. 加药泵：为便于自动控制加药量，选用了 XF-101 型计量泵。一台工作，一台备用。

c. 储浆池：按照阴离子型聚丙烯酰胺的浓度为 0.1%、搅拌筒连续工作并能逐次排入的工作条件，设计容积为 7m³。

（2）化学混凝法处理选矿废水　广西河池某锡矿公司采用的是重选方法实现矿石与黏土、岩石等杂质的分离，由于矿石所在的岩层不一样，导致洗矿过程排出的废水水质不断变化。选矿废水是采矿业的主要排放污染源，具有水量大、悬浮物含量高等特点。该公司的废水经过尾矿库自然沉降后，溢流水直接排入附近的河流，排出的废水由于沉淀不充分，泥沙含量大，悬浮物含量高，外观呈黑褐色，浑浊。该废水水质：COD 为 100～400mg/L，SS 为 1100～8000mg/L，浊度为 2500～4000NTU，pH 值＝7.0～8.0，水量为 2000～3000m³/d，主要污染物为悬浮物质，直接排放造成环境污染。

① 技术内容：选择高效的絮凝剂，寻找适合处理该选矿废水的最佳混凝条件，其中包括混凝剂投加量和 pH 值的控制，为该废水处理工程提供相关参数选取、设计参考和指导生产运行。

② 常用实验试剂和仪器试剂：聚合氯化铝（PAC）、$FeCl_3 \cdot 6H_2O$（FC）、聚硫酸铁（PFS）、聚硅酸铝（PSA），配制浓度（质量分数）均为 5%；5% 的 $Ca(OH)_2$ 溶液；聚丙烯酰胺（阴离子型，分子量 800 万），质量分数 0.1%。仪器：PHS-3C 型 pH 计，JJ4-六联电动搅拌器，HACH2100AN 浊度仪。

③ 处理方法：用 5 个 500mL 烧杯，分别放入 300mL 的原水，加入一定量的絮凝剂，置于搅拌器平台上，先快速搅拌，后慢速搅拌，搅拌强度分别为 100r/min 和 50r/min，搅拌时间各为 1min，使废水的细小颗粒物和胶体物质充分混合、反应形成絮凝体，静置 15min，用 100mL 注射器抽取烧杯中的上清液（液面以下 23cm，抽取体积约 40mL），测定浊度（测 3 次取平均值）。

3.2　大气污染控制典型技术

选矿厂排入大气中的污染源主要来自选矿厂对矿石的破碎加工、干筛、干选及矿石的输送过程中产生的粉尘；浮选车间的浮选药剂的臭味；焙烧车间的二氧化硫、三氧化二砷、烟尘；混汞作业、氰化法处理金矿石及炼金产生的汞蒸气、H_2、HCN、H_2S、CO 及 NO_2 等有害气体；以及坑口废矿石和尾矿尘土飞扬等。

3.2.1　除尘技术

对于非均相混合物，一般都采用物理方法进行分离，主要是利用气体分子与固体（或液体）粒子在物理性质上的差异进行分离。如利用较大粒子的密度比气体分子大很多的特点，则可用重力、惯性力、离心力进行分离；利用粒子的尺寸和质量较气体分子大得多的特点，用过滤的方法加以分离；利用某些粒子易被水润湿、凝聚增大而被捕集的特点，用湿式洗涤进行分离；利用荷电性的差异，用静电除尘等。

对于均相混合物，大多根据物理的、化学的及物理化学的原理予以分离。主要是利用它们蒸气压、溶解度、选择性吸附作用以及某些化学作用的不同进行分离。净化气态污染物的方法归纳起来主要有五种：冷凝法、吸收法、吸附法、催化转化法及燃烧法。归纳起来常用的除尘技术如下。

(1) 机械式除尘器　重力沉降室、惯性除尘器，旋风除尘器等。

(2) 湿式洗涤器　旋风水膜洗涤器、喷雾洗涤器、文丘里洗涤器等。

(3) 过滤式除尘器　袋式除尘器等。

(4) 电除尘器　干式电除尘器、湿式电除尘器等。

分离固体粒子的除尘器（表 3-1），有些也适用于分离悬浮于气体中的液体粒子。如除沫器或者除雾器等。

表 3-1　各种除尘器对不同粒径粉尘的效率

除尘器名称	除尘效率/%			除尘器名称	除尘效率/%		
	50μm	5μm	1μm		50μm	5μm	1μm
惯性除尘器	95	26	3	干式电除尘器	＞99	99	86
中小旋风除尘器	94	27	8	湿式电除尘器	＞99	98	92
高效旋风除尘器	96	72	27	中能文丘里管除尘器	100	＞99	97
冲击式洗涤器	98	85	38	高能文丘里管除尘器	100	＞99	93
自激式湿式除尘器	100	93	40	振打袋式除尘器	＞99	＞99	＞99
空心喷淋塔	99	94	55	逆喷袋式除尘器	100	＞99	99

3.2.1.1　袋式除尘器

采用纤维织物作滤料的袋式除尘器，在工业尾气的除尘方面应用较广。除尘效率一般可达 99％以上，性能稳定可靠、操作简单，因而获得越来越广泛的应用。

含尘气流从下部进入圆筒形滤袋，在通过滤料的孔隙时，粉尘被捕集于滤料上；沉积在滤料上的粉尘，可在机械振动的作用下从滤料表面脱落，落入灰斗中；粉尘因截留、惯性碰撞、静电和扩散等作用，在滤袋表面形成粉尘层，常称为粉尘初层，如图 3-11 所示。

粉尘初层形成后，成为袋式除尘器的主要过滤层，提高了除尘效率；随着粉尘在滤袋上积聚，滤袋两侧的压力差增大，会把已附在滤料上的细小粉尘挤压穿过滤料，从而使除尘效率下降，要及时清灰。但清灰不应该破坏粉尘初层。

袋式除尘器适用范围见表 3-2，我国袋式除尘器运行过程中存在的主要问题有以下几个。

① 阻力损失大。有的袋式除尘器运行不久阻力便超过 2.5kPa，虽多次清灰，阻力仍继续上升，甚至超过 4kPa，迫使停止运行。

② 滤袋破损。

③ 滤袋脱落。

④ 花板积灰过多。

表 3-2　袋式除尘器适用范围

粉尘粒径/μm	粉尘浓度/（g/m³）	温度/℃	阻力/Pa
＞0.1	3～10	＜300	800～2000

3.2.1.2　静电除尘器

静电除尘器主要是由放电电极和集尘电极组成。当在两极间加上一个较高电压时，则放电极附近会产生电场，两电极之间的电场不是均匀的。放电极电压升高到足够高后，放电极附近的空气会被电离而产生大量的离子，粉尘进入电场后，粉尘颗粒和离子碰撞而带电。这时，电场作用就使得带电的粒子向集尘极板运动，进而通过静电力吸附在集尘极板上，如图 3-12 所示。

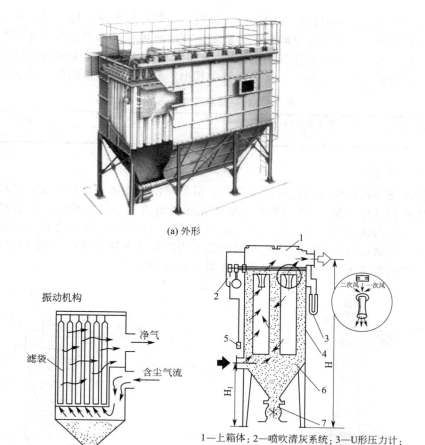

(a) 外形

振动机构

净气

滤袋

含尘气流

(b) 原理图

1—上箱体；2—喷吹清灰系统；3—U形压力计；
4—中箱体；5—控制仪；6—下箱体；7—排灰系统

(c) 结构图

二次风 一次风

图 3-11　袋式除尘器

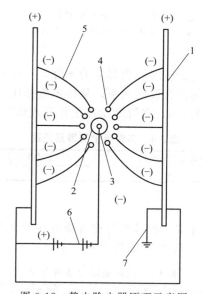

图 3-12　静电除尘器原理示意图

1—阳极板；2—电晕区；3—阴极线；4—荷电粉尘；5—荷电尘粒运行轨迹；6—高压直流电源；7—接地线

气流中的颗粒在集尘极板连续吸附沉淀，极板上的颗粒层不断增加变厚，靠近极板的颗粒把电荷转移到极板上，使得粉尘间静电力减弱，有脱离极板的趋势。而"外层"的粉尘因静电力"压"住"内层"粉尘不让其脱落。因此，必须通过振打机构来强制振打清除集尘极板上的粉尘层，使其脱落掉入灰斗，从除尘器中排出。静电除尘器适用范围见表3-3。

表 3-3　静电除尘器适用范围

粉尘粒径/μm	粉尘浓度/(g/m³)	温度/℃	阻力/Pa
>0.05	<80	<400	200~300

3.2.1.3　旋风除尘器

含尘气流由进口沿切线方向进入除尘器后，沿器壁由上而下做旋转运动，这股旋转向下的气流称为外涡旋（外涡流），外涡旋到达锥体底部转而沿轴心向上旋转，最后经排出管排出。这股向上旋转的气流称为内涡旋（内涡流），如图3-13所示。外涡旋和内涡旋的旋转方向相同，含尘气流做旋转运动时，尘粒在惯性离心力的推动下移向外壁，到达外壁的尘粒在气流和重力的共同作用下沿壁面落入灰斗。如图3-13所示。

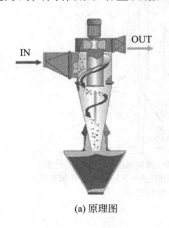

(a) 原理图

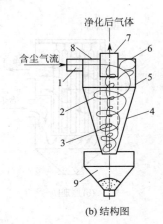

(b) 结构图

图 3-13　旋风除尘器

1—进口管；2—外涡旋；3—内涡旋；4—锥体；5—筒体；6—上涡旋；7—出口管；8—上顶盖；9—灰斗

3.1.2.4　多管除尘器

气流从除尘器顶部向下高速旋转时，顶部压力下降，一部分气流会带着细尘粒沿外壁面旋转向上，到达顶部后，再沿排出管旋转向下，从排出管排出。这股旋转向上的气流称为上涡旋。多管除尘器适用范围见表3-4，多管除尘器工作原理如图3-14所示。

表 3-4　多管除尘器适用范围

粉尘粒径/μm	粉尘浓度/(g/m³)	温度/℃	阻力/Pa
>5	>100	<400	400~2000

3.2.1.5　沉降室

水泥行业多用水平气流沉降室，而垂直气流沉降室在冶金等行业中用的较多，沉降室的工作原理如图3-15所示。沉降室除尘适用范围见表3-5。

表 3-5　沉降室除尘适用范围

粉尘粒径/μm	粉尘浓度/(g/m³)	温度/℃	阻力/Pa
>15	>10	<400	200~1000

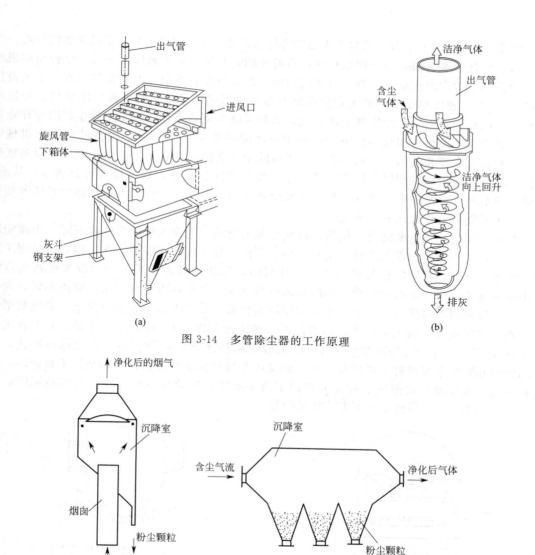

图 3-14　多管除尘器的工作原理

图 3-15　沉降室

3.2.2　选矿污染物控制技术

3.2.2.1　粉尘的控制

选矿工艺中矿石装卸、运输、机械加工过程产生的粉尘,矿石焙烧过程产生的有害废气,尾矿系统及湿法防尘所产生的废水,高速运转设备产生的噪音,造成了对操作区和厂区环境的综合污染。其中粉尘是量大、面广、危害严重的主要污染物。一座年处理原矿量 550 万吨的选矿厂,每小时散发的粉尘量达 0.5t,占处理原矿量的 0.5%~1.0%。其主要尘源有粗破碎上部卸矿车,露天储矿槽,矿石的破碎、筛分过程,破碎后矿石的转运和输送过程,干选精矿的装车。

一般铁矿石加工过程散至工作区的粉尘,分散度高、含游离二氧化硅比例大,是致硅肺病的主要原因。

治理选矿厂粉尘污染必须采取改革生产工艺、严格地密闭尘源、加强湿法防尘、设置有效的除尘系统、加强维护管理、做好个人防护等综合措施。下面仅就主要技术措施加以叙述。

（1）加强尘源密闭　在处理散粒状矿石的车间，几乎所有的破碎、筛分、电振给料机和皮带设备都是粉尘的主要发源地，设备密闭的目的是将设备所散发的粉尘局限在一定的范围（密闭罩）内，密闭罩是整个通风除尘系统中的重要组成部分，它的主要作用是将尘源散发的粉尘加以捕集，不使它散发到工作区内，为抽风除尘创造条件，以防止粉尘扩散至作业地点。经验表明，经过密闭化的设备附近粉尘浓度能降低 60％～80％，设备的密闭与机械除尘装置两者是紧密相关的、唇齿相依的，机械除尘装置的设计在很大程度上取决于设备密闭状况，在密闭罩内保持相同负压值的条件下，设备密闭得愈好，抽风量就可以愈少，从而，使建设投资及日常维护费用降低，反之如果设备密闭得不好，即使大大增加除尘系统的抽风量，也未必能降低作业区粉尘浓度。

尘源密闭是一项重要的防尘措施，可使尘源附近的空气含尘浓度大幅度下降。尘源密闭罩应不妨碍生产操作和设备检修，结构坚固、严密，易于拆卸和安装。在宝钢矿石处理工程中，整个矿石准备系统的胶带机实现了整体封闭，其结构形式见图 3-16，胶带机转运点的密闭更为重要。因为矿石沿溜槽下落时带入诱导气流，使受料点造成正压，密闭不好，含尘空气将通过密闭罩缝隙向外逸散。受料点所设的挡板罩基本上是简单的单层罩，密闭效果很差，致使除尘系统的抽风量加大，浪费能源。如能改用图 3-17 所示的双层罩，防尘效果可大为提高。图 3-18 为美国在落差大于 1m 的胶带机转运点采用的密闭、除尘标准形式，其密闭结构和除尘效果较好，可借鉴。用移动漏矿车卸料的矿槽加料口，多数厂未加密闭，过去曾用过"破冰船"式密闭罩或设大容积密闭小室等，其效果不够理想。经实践证明，如图 3-19 所示的"N"形皮带密闭方式效果较好。

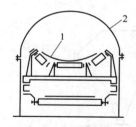

图 3-16　胶带机整体密闭示意
1—胶带机；2—整体密闭罩

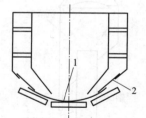

图 3-17　胶带机挡板双层罩
1—胶带机；2—挡板双层罩

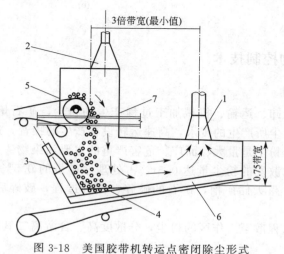

图 3-18　美国胶带机转运点密闭除尘形式
1—受料斗吸尘罩；2—给料点吸尘罩；3—受料点后部吸尘罩；4—V 形板；5—遮帘；6—胶皮挡板；7—密闭罩

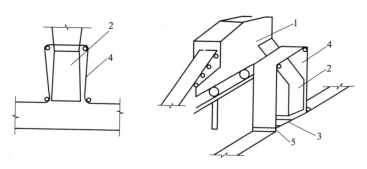

图 3-19　矿槽口密闭示意

1—移动漏矿车；2—下料嘴；3—矿槽口；4—H形皮带；5—小辊

密闭罩应考虑以下几点要求：①可能不妨碍生产、操作和设备的检修；②结构应坚固和严密，不致由于振动或受运动物料矿石的撞击而丧失严密性；③密闭罩应易于拆卸，以便于检修设备，连接部件最好采用快速连接结构。

（2）湿法防尘　湿法防尘是一种简单、经济、有效的防尘措施。它包括水力除尘、喷雾降尘、水冲洗等主要内容。在工艺允许的条件下，应最大限度地加湿物料以降低操作区粉尘浓度（图 3-20、图 3-21）。

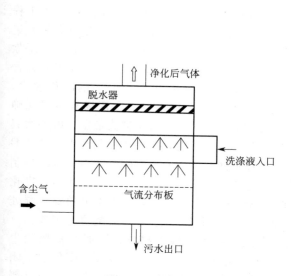

图 3-20　喷淋塔

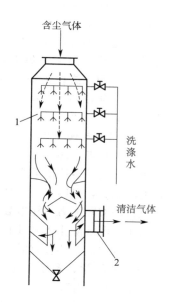

图 3-21　顺流式填料洗涤除尘器

1—喷水装置；2—除雾器

在物料矿石运输和处理过程中，借喷洒的水加湿物料或消除粉尘的产生，捕捉和抑制粉尘作用的措施、水力除尘在破碎筛分输送过程中是一项不可缺少的防尘措施，矿石的湿度由1.2％加湿到1.4％的情况下，工业区的粉尘浓度就有显著的下降，在中破碎处降低了20％～60％，振动筛处降低了50％～60％，水力除尘措施的防尘效果是很显著的，水力除尘装置的特点是设备简单、投资少、运行管理方便。

矿石加水，一般应在工艺流程的前部分（如粗破碎）多加一些。其后，随着矿石粒度变细，未被水湿润的表面再逐渐加水。对于产生粉尘的厂房，设置喷雾装置定期喷雾，可使空气中悬浮粉尘凝聚，加速其沉降。原理如下：细小水滴在空气中与飞扬的粉尘接触，使尘粒被水滴捕捉，或加湿的尘粒间相互凝聚成大颗粒粉尘，从而加速粉尘的沉降。

一般来说，在物料的处理过程中散发粉尘将随物料湿度的提高而降低，直至物料的湿度达到最佳湿度，但物料加湿往往受到工艺生产的限制。

加水量计算公式：

$$W = G(d_2 - d_1)$$

式中，W 为加水量，kg/h；G 为处理物料量，kg/h；d_1 为物料的起始湿度，kg/kg；d_2 为物料最大允许湿度或最佳湿度，kg/kg。

喷雾装置一般可用定型的 101 型或 103 型旋转喷雾机组。为提高对微粒的捕集效率，应加强对电喷雾技术的研究。为了防止二次扬尘，对厂房内有灰尘的地坪、墙壁、设备表面等应经常进行全面的水冲洗。此外，为了使湿法防尘措施得以实施，应保证供水水质，防止喷雾装置堵塞。在寒冷地区，还应加强厂房外围结构的保温程度和加强供暖设施。

（3）水力除尘　水力除尘虽是一种非常经济和有效的防尘措施。但由于喷水不能自动地与工艺生产情况相配合，往往出现在没有物料的情况下将水喷到运输机及其他设备上的现象。或者物料过湿，结果影响生产工艺、妨碍操作。为了消除上述不良现象，应安装可以自动关闭的喷水装置。即有料时喷水，无料时停水；物料多时多喷，物料少时少喷。

（4）设置有效的除尘系统　合理的系统布局、性能良好的净化设备、能力足够的通风机、可靠的粉尘处理与回收方式，方能构成有效的除尘系统。目前国内选矿厂的除尘系统基本是机旁分散式，每个系统设 1～5 个吸尘点，处理风量 5000～30000m³/h，吸尘点多而分散，管理和粉尘处理不便，往往导致使用率低。而国外则多为集中式布置。如宝钢引进工程的矿石破碎筛分系统，设一大集中式除尘系统，其风量达 54 万立方米/时。除尘系统大集中、设备大型化，便于维护管理，便于集中操作，便于粉尘处理，使用率高，充分发挥了除尘系统的效用。净化设备的选择应考虑效率高而稳定、坚固耐用。一般选矿厂尘源点的初含尘浓度在 5g/m³ 以下，为达到 100mg/m³ 的排放标准，要求净化设备有 98% 的净化效率。至于净化设备选用干式还是湿式，应在满足净化效率要求的前提下，结合现场具体情况确定。目前，我国无论老厂还是新厂多数选用湿式除尘器，尤以冲去式除尘器为最多；国外大集中式除尘系统净化设备多选用干式大布袋除尘器。选用布袋除尘时，应注意控制含尘气体的湿度和选择合适的滤布，以避免粉尘黏结滤袋。除尘系统的风机能力直接影响尘源点粉尘的控制效果。国产风机的实际能力与样本数据有一定差距，选择时一定要考虑适当的富余系数。净化设备回收的粉尘，湿式除尘器排出的可放入中矿或尾矿浓缩池，干式除尘器排出的要加湿处理，以避免二次扬尘。上述各点需全盘考虑，并适当选择抽风量，除尘系统才能真正有效。

除尘设备的密闭化，实质上是一种防止粉尘与工人接触的隔离措施，同时为抽风除尘（机械除尘）在密闭罩内造成一定的负压状态，防止粉尘外逸至工人作业地带。设备的密闭与抽风除尘两者是唇齿相依、缺一不可的。抽风除尘系统依赖于设备的密闭；反之，只是严格地密闭散尘设备，而不从里面抽风，也就未必能防止粉尘外逸。密闭之后的设备可降低粉尘浓度 10 倍。密闭之前的粉尘浓度，在密闭的基础上加上机械除尘装置后，进一步降低粉尘浓度。使用抽风设施，前后相差 21 倍之多。

（5）逐步推广高压静电尘源控制技术　高压静电尘源控制技术是近几年研究成功并在一些行业得到推广应用的新的除尘途径。早期只有罩式、管式结构用以控制密闭的尘源，近期又发展了用以控制开放性尘源的开放式结构。这一方法具有结构简单、净化效率高、节省电能等优点，目前在选矿厂已有应用。

（6）控制粗破碎粉尘的途径　控制粗破碎粉尘污染，除采取喷雾降尘方法外，还应设置除尘系统。在铁矿粗破碎除尘设计中，采用了大密闭、大风量、高效除尘器净化的除尘系统。在加拿大埃克斯托矿，粗矿破碎机坑的粉尘控制采用了顶盖气幕与机械除尘系统相结合的方法。

（7）加强厂房密闭，合理组织气流　为使操作区粉尘浓度达到卫生标准，除采取相应的防尘措施外，加强厂房密闭、合理组织气流也很重要。空气经净化处理后用空气分布器低速均匀地送至厂房上部，以合理组织气流。

在散尘厂房内，及时地打扫沉落在地坪、墙等建筑结构表面及设备表面上的粉尘，具有很大的意义，可以消除二次尘源。湿法清扫是利用水来清扫的方法，以水冲洗清扫的方法最卫生，冲洗效果最好，而且较省工方便。在选矿厂应用很广泛，效果很好。

3.2.2.2　有毒有害气体

选矿过程中产生的有害气体主要来源于矿物本身含有的杂质以及选矿工艺中所使用的药剂，前者如在金矿中伴生的汞会在氰化提金工艺中金泥冶炼工段产生有毒的汞蒸气，后者如各种含硫的选矿药剂在储存及使用过程中会释放出二次污染物 CS_2。

（1）汞蒸气的防护措施　在用混汞法生产黄金的过程中，混汞、洗干、挤汞、涂汞、蒸汞、冶炼等作业的周围，由于汞本身的挥发性强，汞暴露于空气中的概率大，所进行操作的场地四周环境都不同程度地存在着汞蒸气污染。汞的物理、化学性质导致汞蒸气和水中汞的污染程度是不同的。空气中汞蒸气有高度扩散性和较高的脂溶性，当人吸入后可被肺泡完全吸收，并通过血液循环运载至全身，因此长期工作在汞蒸气环境中会引起汞中毒。

矿石混汞和汞金蒸馏的作业场所，是容易发生汞中毒的地方。按照一般要求，生产厂房中空气含汞的极限浓度 $<10\mu g/m^3$，才能保障人身健康，实现安全生产。为此，生产厂房应加强通风，抽出的空气经净化后方能排放。要保证蒸汞作业的设备密封达到完善地步。对于汞板集气方式首先保证集气效率高，使含汞蒸气气体不外漏，并且当工人在进行汞板操作时，含汞蒸气的气体不经过工人的呼吸带，使工人免受汞的危害。集气方式有以下两种。

① 汞板两侧出入。这种集气方式是使清洁空气由上部两侧进入集气罩内，从罩中间下部进入排气管外排形成气流，罩内中下部设有涡流区，含汞蒸气在罩内中下部滞留，操作工人呼吸带始终处于清洁空气中。

② 汞板一侧出入。这种集气方式使清洁空气从上部和一侧进入集气罩内，从另一侧下部经排气管排出，设有涡流区，操作工人不会吸入含汞蒸气的空气。

上面这两种集气方式都需加风机连续运行。

（2）汞蒸气的处理方法

① 碘络合法净化含汞蒸气。用于处理锌精矿焙烧的含汞的碘络合法，是将含汞的 SO_2 经吸收塔底部进入填充瓷环的吸收塔内，并由塔顶喷淋含碘盐的吸收液来吸收汞。循环吸收汞的富液，定量地引出部分进行电解脱汞，产出金属汞。

用碘络合法来处理含汞和 SO_2 的烟气，除汞率达 99.5%，尾气含汞小于 $0.05mg/m^3$，烟气除汞后制得的硫酸含汞小于 $1\times10^{-6}mg/m^3$，1t 汞消耗碘盐 200kg，耗电 56kW·h。此法适于高浓度 SO_2 烟气脱汞。

② 硫酸洗涤法净化含汞烟气。芬兰奥托昆普工厂从焙烧硫化锌精矿的烟气中生产硫酸时，用硫酸洗涤法除去烟气中的汞。烟气先经高温电除尘除去烟尘，然后在装有填料的洗涤塔中用 85%～93% 的浓硫酸洗涤。由于洗涤的酸与汞蒸气反应，生成的沉淀物沉降于槽中，沉淀物经水洗涤过滤后蒸馏。冷凝的金属汞经过滤除去固体杂质，纯度可达 99.999%。沉淀物中汞的回收率为 96%～99%。

③ 充氯活性炭净化法。采用活性炭吸附含汞的空气，氯与汞作用生成氯化汞。此法的净化效率可达 99.9%。

④ 二氧化锰吸收法。天然软锰矿能强烈地吸收汞蒸气，也能吸收全液态的细小汞珠（$MnO_2 + 2Hg \Longrightarrow Hg_2MnO_2$）。

当有硫酸存在时，Hg_2MnO_2 可生成硫酸汞（$Hg_2MnO_2 + 4H_2SO_4 + MnO_2 \Longrightarrow 2HgSO_4 + 2MnSO_4 + 4H_2O$）。

软锰矿的吸收效率可达 95%～99%。另外，还可用水淋洗的方法使含汞空气得到净化。

⑤ 高锰酸钾吸收法。含汞蒸气的空气在斜孔板吸收塔内用高锰酸钾溶液进行循环吸收，净化后气体排空。继续地向吸收液中补加高锰酸钾，以维持高锰酸钾溶液浓度。吸收后产生的氧化汞和汞锰络合物可用絮凝沉淀法使其沉降分离。其化学原理如下：

$$2KMnO_4 + 3Hg + H_2O \Longrightarrow 2KOH + 2MnO_2 + 3HgO$$
$$MnO_2 + 2Hg \Longrightarrow Hg_2MnO_2$$

此法设备简单，净化效率高。适用于汞蒸气浓度高的场合。

⑥ 吹风置换法。对于中小矿山可用吹风置换法回收汞、净化汞蒸气。具体做法是：在蒸汞作业中，于蒸汞罐的首端或罐门上装带阀门的进风管，并用胶管连接一台风机。蒸汞开始将风机、进风管阀门全关闭。当蒸汞末期插入水槽内的排气管无气泡逸出、无汞珠析出时，便开启，同时打开进风管阀门 1min，待水槽内无气泡逸出时，再吹一次风，这样连续进行三次，基本上可以把罐内汞蒸气置换干净。整个蒸汞和吹风置换罐内汞蒸气的过程中，炉温只许提高，不能降低。这样汞金除汞、蒸汞中回收汞、净化汞蒸气三个过程同时进行，可以得到较好的指标。

（3）二氧化硫烟气的净化与回收　燃煤中所含的硫分通过燃煤锅炉中的燃烧过程会转化成为二氧化硫，如不经过处理直接排放到大气中会造成空气污染，二氧化硫作为一种有害气体不仅会直接对人体呼吸系统造成损害，其在空气中会逐步转化为硫酸，引发危害更大的酸雨。

① 高浓度二氧化硫气体的回收。此类二氧化硫烟气中含 SO_2 浓度在 3.5%（体积比）以上的称为高浓度 SO_2 烟气。采用接触法生产硫酸，免于外排大气中造成污染，同时回收烟气变成产品，既有经济效益，又净化了空气。

② 低浓度二氧化硫气体的处理。含低浓度 SO_2 的烟气，采用高空排放的措施（通常采用 50m 左右的高烟囱）。但在阴雨、气压低的天气情况下，SO_2 气体将会危害地面的庄稼和果树、蔬菜，特别是蔬菜和豆类尤为敏感。因此，需要处理时，用石灰净化废气以除去 SO_2 是最有效的传统方法。在某些情况下，当要去除的 SO_2 浓度很低时，使用氢氧化钠或碳酸钠是很有效的。

③ 钠碱吸收法处理回收含二氧化硫烟气。钠碱吸收法采用 Na_2CO_3 或 $NaOH$ 来吸收烟气中的 SO_2 并可获得较高浓度的 SO_2 气体和 Na_2SO_4。

碱性吸收剂具有更多优点：a. 吸收剂在洗涤过程中不挥发；b. 具有较高的溶解度；c. 不存在吸收系统中结垢、堵塞问题；d. 吸收能力强。根据再生方法不同有亚硫酸钠循环法、钠盐-酸分解法、亚硫酸钠法。其中，亚硫酸钠循环-热再生法发展较快。

亚硫酸钠循环法是利用 $NaOH$ 或者 Na_2CO_3 溶液作初始吸收剂，在低温下吸收烟气中的 SO_2 并生成 Na_2CO_3，Na_2CO_3 再继续吸收 SO_2 生成 $NaHSO_3$，将含 Na_2CO_3-$NaHSO_3$ 的吸收液热再生，释放出纯 SO_2 气体，可送去制成液态 SO_2 或制硫酸和硫，加热再生过程中得到 Na_2CO_3 结晶，经固液分离，并用水溶解后返回吸收系统。

④ 氨法脱硫。氨法脱硫是一种高效、低耗能的湿法脱硫方式，脱硫过程是气液相反应，反应速率快，吸收剂利用率高，能保持脱硫效率为 95%～99%。氨在水中的溶解度超过 20%。主要化学反应如下：

$$SO_2 + H_2O \Longrightarrow H_2SO_3（亚硫酸）$$

$$NH_3 + H_2O \Longrightarrow NH_4OH(氨水)$$
$$2NH_4OH + H_2SO_3 \Longrightarrow (NH_4)_2SO_3(亚硫酸铵) + 2H_2O$$
$$(NH_4)_2SO_3 + 2H_2SO_3 \Longrightarrow 2NH_4HSO_3(亚硫酸氢铵) + H_2O$$

氧化：

$$(NH_4)_2SO_3 + \frac{1}{2}O_2 \Longrightarrow (NH_4)_2SO_4$$

$$NH_4HSO_3 + \frac{1}{2}O_2 \Longrightarrow NH_4HSO_4$$

$$NH_4HSO_4 + NH_4OH \Longrightarrow (NH_4)_2SO_4 + H_2O$$
$$2NH_4OH + SO_3 \Longrightarrow (NH_4)_2SO_4 + H_2O$$

对硫化氢的吸收如下。

烟气中有 H_2S 存在时，氨水吸收 H_2S，将其还原成单质 S，反应如下：

$$NH_4OH + H_2S \Longrightarrow NH_4HS + H_2O$$

经催化氧化，氨水再生，并得单质 S。

$$2NH_4H_2S + O_2 \Longrightarrow 2NH_4OH + 2S$$

氨水和烟气中的 NO_x 发生反应生成氮气：

$$2NO + 4NH_4HSO_3 \Longrightarrow N_2 + 2(NH_4)_2SO_4 + 2SO_2 + 2H_2O$$
$$4NH_3 + 4NO + O_2 \Longrightarrow 6H_2O + 4N_2$$
$$4NH_3 + 2NO_2 + O_2 \Longrightarrow 6H_2O + 3N_2$$
$$4NH_3 + 6NO \Longrightarrow 6H_2O + 5N_2$$
$$8NH_3 + 6NO_2 \Longrightarrow 12H_2O + 7N_2$$

氨法具有丰富的原料。氨法以氨为原料，其形式可以是液氨、氨水和碳铵。目前我国火电厂年排放二氧化硫约 1000 万吨，即使全部采用氨法脱硫，用氨量也不超过 500 万吨/年，供应完全有保证。

氨法的最大特点是 SO_2 的可资源化，可将污染物 SO_2 回收成为高附加值的商品化产品。副产品硫铵是一种性能优良的氮肥，在我国具有很好的市场前景。

a. 完全资源化——变废为宝、化害为利。氨回收法技术将回收的二氧化硫、氨全部转化为化肥，不产生任何废水、废液和废渣，没有二次污染，是真正意义上的将污染物全部资源化，符合循环经济要求的脱硫技术。

b. 脱硫副产物价值高。氨回收法脱硫装置的运行过程即是硫酸铵的生产过程，每吸收 1t 液氨可脱除 2t 二氧化硫，生产 4t 硫酸铵，按照常规价格液氨 2000 元/t、硫酸铵 700 元/t，则烟气中每吨二氧化硫体现了约 400 元的价值。因此，相对运行费用小，并且煤中含硫量愈高，运行费用愈低。企业可利用价格低廉的高硫煤，同时大幅度降低燃料成本和脱硫费用，一举两得。

c. 装置阻力小，节省运行电耗。利用氨法脱硫的高活性，使液气比较常规湿法脱硫技术降低。脱硫塔的阻力仅为 850Pa 左右，无加热装置时包括烟道等阻力脱硫岛总阻力在1000Pa 左右；配蒸汽加热器时脱硫岛的总设计阻力也只有 1250Pa 左右。因此，氨法脱硫装置可以利用原锅炉引风机的潜力，大多无需新配增压风机；即便原风机无潜力，也可适当进行风机改造或增加小压头的风机即可。系统阻力较常规脱硫技术节电 50% 以上。另外，循环泵的功耗降低了近 70%。

d. 防腐先进、运行可靠。氨回收法采用国外先进的重防腐技术，并选用可靠的材料和设备，装置可靠性达 98.5%。脱硫剂及脱硫产物都是易溶性物质，装置内脱硫液为澄清溶液，无积垢、无磨损，更容易实现 PLC、DCS 等自动控制，操作控制简单易行。

e. 装置设备占地小，便于老锅炉改造。氨回收法脱硫装置无需原料预处理工序，副产物的生产过程也相对简单，总配置的设备在 30 台/套左右，且处理量较少，设备选型无需太大。脱硫部分的设备占地与锅炉的规模相关，$75\sim1000t/h$ 的锅炉占地 $150\sim500m^2$；脱硫液处理即硫铵工序占地与锅炉的含硫量有关，但相关系数不大，整个硫铵工序正常占地在 $500m^2$ 内。

f. 既脱硫又脱硝——适应环保更高要求。氨对 NO_x 同样有吸收作用。另外脱硫过程中形成的亚硫铵对 NO_x 还具有还原作用，所以氨法脱硫的同时也可实现脱硝的目的，天津碱厂环保实测数据氮氧化物去除率为 22.3%。

g. 自主知识产权技术，适合长远推广。氨回收法烟气脱硫技术是拥有我国自主知识产权的脱硫技术，因此投资更少，从长远角度更有利于在我国长期和全面推广。目前应用较多的钙法基本上都是从国外引进，不但要支付较高的先期技术转让费和项目实施时的技术使用费，而且常常是多家国内脱硫公司引进同一种技术，造成资源浪费。

氨法技术本身已经通过专家及工程实践证明是成熟可靠的，如果企业采用合成氨生产过程中产生的废氨水作脱硫剂，将更符合循环经济和节能要求，可以申报国家发展改革委员会专项资金奖励。脱硫副产的亚硫铵溶液既可以通过后续装置干燥结晶制成硫铵化肥出售，也可以不用干燥，将亚硫铵溶液直接运去氮肥厂做复合肥原料，进一步降低能耗，成本低廉。

3.2.3　防止大气污染的规划和措施

大气污染控制是一门综合性很强的技术，影响大气环境质量的因素很多，仅考虑各个污染源的单项治理是不足够的，还必须考虑区域性的综合防治。下面简述防治大气污染的一些规划措施，即从全面规划、合理布局、充分利用环境自净能力等方面来减少矿山环境的大气污染。

3.2.3.1　利用地形减少污染

我国许多金属矿山多位于山区丘陵地带，有与平原地区不同的污染和自净特点。

（1）丘旁、河谷沟地地区的规划布局　从方便交通运输和减少土石工程量出发，生产工艺设施包括锅炉或炉窑最好布置在河谷地段，居民区宜布置在山坡。但这种布置，由于生活区位于与烟囱排放口大致相等的高度，烟气可能污染居民；如果将生活生产区易地布置，即生产区位于山坡，生活区位于沟底，除带来交通不便和建设费用增大等缺点外，在傍晚以后出现的山坡风将携带烟尘沿坡面下泻，造成谷地生活区的大气污染，此时若出现地形逆温，污染将更为严重。生活区在背山布置的方法亦不取，因为山前烟囱排出烟流，绕过山巅沿山背坡地下泻，这样，居民便处于涡旋区之中，常遭污染。因为山风和谷风是气流在小范围内昼夜有规律地变换而形成的稳定的局部环流，在山谷风占优势的地区，可视为盛行风向。因此，如果产生有害物质的工厂和居民位于同一山谷时，不论居民位于工厂上方或下方它都会受到烟尘的袭击，且工厂布置在沟底，对职工的身体健康亦极为不利。考虑到上述原因，居民区布置在山风风向的上风侧、高出谷底的台地上较为合适，当居民区必须布置在下风侧时，则需加大居民区和工厂间的距离，工厂的位置宜与居民区高度大致相等。

（2）山间盆地间的规划布置　在地形封闭、全年静风时间长、污染物可向各个方向传播扩散的情况下，可能出现较大范围的大气污染。此外，在这里容易出现逆温层，使污染加剧。因此，工厂区与居民区不宜布置在一起，不宜布置在盆地中，否则，应增加烟囱高度，使其超过逆温层。

（3）在海滨、湖滨地区的规划布置　要注意水陆风夜环行可能造成的污染。为此，居民区与生产区连线宜与水域岸线平行。同时，为避免可能出现的"雨风"的不利影响，居民区应位于雨的上风侧。

（4）平坦开阔地区的规划布置　由于矿区人口、厂房集中，热释放亦较集中，可能出现

"热岛"效应。此时矿区较热的空气上升，并向矿区外围流动，外围冷空气流向矿区，形成小范围内的环流。此时如果矿区外围有严重的大气污染源，则环流会把污染物带至矿区，污染矿区大气。此外，环流还可能促使矿区大气污染物逐渐积聚，使浓度增高。

3.2.3.2 按车间功能合理布局

一个矿区或工业区是由生产区、仓库、居住区等功能各异的建筑物和设施组成的，其中有的功能区是污染源，有的则要求环境不受或少受污染。在生产区，为了避免或减轻各污染源间的相互协同影响，并有利于生产联系，亦有一个合理布局的问题。对于矿山环境来说，更应特别注意防止地表被污染的空气进入井下或排风井排出污染物污染地面厂房和生活区。工区对周围环境影响不大，仓库不产生污染物，对环境质量的要求亦不高，生活区及办公区要求环境质量较高，这些因素是按功能合理布局时必须考虑的。

在功能区域布置时，应注意以下几点。

(1) 废气排放量大、毒性较大、产尘强度大的车间，应尽量布置在矿井入风井的下风侧，并设置在地势较高、通风良好的地段。

(2) 为了避免大气污染叠加，要尽量使排放有毒气体和粉尘的各车间的连线与主导风向接近垂直。

(3) 产生二氧化硫或氟化氢的车间不宜与产生水蒸气、雾或粉尘的车间邻近布置，这两类车间也不宜布置在与非采暖季节主导风向一致的同一直线上，以避免污染物的"协同作用"，例如二氧化硫与水蒸气结合会生成硫酸；粉尘也会吸附二氧化硫，与水结合成硫酸覆盖尘粒，人体吸入危害更大。

(4) 热车间和排放有害气体、粉尘的车间应布置在非采暖季节主导风向下风侧的边缘地带，并尽量减少对该类车间迎风面的遮挡影响，为此，车间迎风面至遮挡体的距离不应小于遮挡体高的 3 倍。

(5) 以穿堂风为主要自然通风方式的热车间，其中污染源以位于车间背风面为宜。若当地非采暖季节主导风向与夏季白天主导风向相差大于 45°时，以穿堂风为主的自然通风的热车间轴线，宜与夏季白天主导风向接近垂直，在山区则宜与主导风或下坡风接近垂直，在水陆交邻地区宜与水陆风接近垂直。

3.2.3.3 按照气象规律合理布局

风流的主要特征参数是风向频率（简称风频）、风向和风速。风向决定着污染的方向，在污染源上风侧污染轻，下风侧污染重；风速大，污染物输送、稀释快，下风侧污染也较轻；风频则决定着一定时间内污染的次数，下风侧受污染的机会与风频成正比。在规划布局时应结合风频、风向和风速三者综合考虑。例如，在风频较大的风向，如果经常出现较大的风速，则造成污染危害可能较轻，而在风频较小的非盛行风向，如果常出现小风速，则污染危害反而严重。风频较大的风向和风速较小的风向二者结合，才是某个地区造成污染较重的风向。

我国处于低中纬度的东亚大陆东岸，地形复杂。一般来说，冬季较盛行偏北风，夏季较盛行南风。所以，一年中有两个风频相当、风向大体相反的盛行风向。因此，在规划布置时，必须结合地形、气候条件，分析全年占优势的盛行风向、最小风频方向、静风频率，以及盛行风向随季节变化的规律，进行具体分析，合理布局。在布局时应结合风向、风速综合考虑，二者的结合可用"污染系数"表示，即

$$污染系数 = \frac{风向频率}{风向平均速度}$$

3.2.3.4 矿区绿化、合理布局

（1）矿区绿化对环境的保护作用　绿化在防止污染、保护和改善环境方面起着特殊的作用。绿化植物具有较好的调温、调湿、吸尘、吸毒、净化空气、减弱噪声等功能。例如每公顷阔叶林每天能吸收 1.0t CO_2，放出 0.73t O_2。每公顷绿地每天能吸收 0.9t CO_2，产生 0.13t O_2。一个成年人每天需氧约 0.123kg，产生 CO_2 约 1kg。

（2）绿色植物对环境还有监测作用　试验证明，可用于监测二氧化碳的敏感植物有美洲五针松、紫花苜蓿、灰菜及苔藓等植物；用于监测光化学烟雾的敏感植物有早熟禾、矮牵牛、烟草等植物；用于监测氟化物的敏感植物有唐菖蒲、郁金香和雪松等植物。南京植物研究所利用金荞麦做成的氟化物和二氧化硫"植物监测计"，其测定精度达到仪器测定的精度水平。

3.3　重金属污染治理

在一些矿区，选矿后的大量废弃物堆放在矿区旁边的尾矿库内，这些重金属尾矿中含有的大量重金属，在地表生物地球化学作用下释放和迁移到土壤及河流中。而这些受污染的水又通过灌溉方式进入农田，并通过食物链进入人体，从而对矿区附近人民的健康和生存环境构成严重威胁。

由于重金属在环境中具有相对稳定性和难降解性，因此很难从环境中清除。重金属污染治理一直是国内外研究的热点和难点。

重金属矿山开采过程中将井下矿石搬运到地表，并通过选矿和冶炼使地下一定深度的矿物暴露于地表，使矿物的化学组成和物理状态发生改变，从而使重金属元素向生态环境释放和迁移。随着矿山开采年份的增加，矿区环境中重金属不断积累，使矿区重金属污染日趋严重。矿区土壤是重金属污染的最严重环境介质，因此可以认为土壤最具有潜在的危险来源。土壤重金属污染是一种不可逆的污染过程。重金属污染不仅对植物的生长造成影响，还通过食物链在人体内富集，引发癌症和其他疾病等，影响人体健康。

近年来，众多学者对南方重金属矿区重金属污染进行了大量的研究，发现南方重金属矿区重金属污染十分严重。王庆仁等对我国重工业区、矿区、开发区及污灌区土壤重金属污染状况的调查表明，土壤重金属含量绝大部分高于土壤背景值，Cd、Zn 等明显超标。金属冶炼厂附近土壤中 Pb、Zn、Cd 含量皆与离污染源的距离相关。宋书巧等对广西刁江沿岸受矿山重金属污染的研究表明，受上游矿山开采的影响，刁江沿岸存在严重的 As、Pb、Cd、Zn 复合污染，其污染区与洪水淹没区高度一致；农田也受到了严重的 As、Pb、Cd、Zn 复合污染，土壤重金属污染严重。蔡美芳等对广东大宝山矿区周围土壤、植物和沉积物中重金属的研究发现，矿山废水流入的河流沉积物中 Pb、Zn、Cu 和 Cd 的质量分数分别为 1.84102×10^{-3}、2.32628×10^{-3}、1.52261×10^{-3} 和 1.033×10^{-5}；用此河水灌溉的稻田中重金属 Cu、Cd、Pb 和 Zn 的质量分数也远远超出了土壤环境二级标准；同时发现生长在矿区周围的植物也受到不同程度的污染，且不同植物吸收和积累重金属的能力相差很大，土壤重金属污染严重。常青山等对福建尤溪铅锌矿、连城锰矿、连城铅锌矿矿区的调查发现，福建重金属矿区 Mn、Zn、Pb、Cd 的最高质量分数分别达到 9.2546×10^{-2}、2.7454×10^{-2}、2.3792×10^{-2}、2.4819×10^{-4}，都高出对照土壤的几倍甚至几十倍。根据国家土壤环境质量三级标准，按照重金属单项污染指数进行评价，Zn、Pb、Cd 三种元素均达到单元素重度污染。根据综合污染指数评价标准，连城铅锌矿、连城锰矿、尤溪铅锌矿 3 个地区的综合污染指数平均值分别高于重度污染临界标准的 16.54 倍、10.63 倍和 53.57 倍，达到重度污染。

据不完全统计，我国仅有色金属金属矿山积存尾矿 40 多亿吨，并以每年 1 亿多吨的速度在增加，这些尾矿中含有大量的有用组分。如云锡公司有 28 个尾矿库、35 座尾矿坝，现有累计尾矿 1 亿多吨，含锡达 20 多万吨，还有伴生的铅、锌、铟、铋、铜、铁、砷等。八家子铅锌矿从 1969 年投产至 1990 年已堆存尾矿 260 万吨，该尾矿含 6.994×10^{-5}（质量分数）Ag、2.335%（质量分数）S、0.19%（质量分数）Pb、0.187%（质量分数）Zn、0.027%（质量分数）Cu。铜官山铜矿的响水冲尾矿库从 1952 年到 1967 年共堆存尾矿 860 万吨，尾矿平均含 5.82%（质量分数）S、含 28.73%（质量分数）Fe。

20 世纪末，中国每年因采矿造成的废弃地面积达 3.3 万公顷。如果被破坏土地总量的一半能被恢复并用于农业生产，那么我国每年粮食产量会增加 400 亿千克。

长期以来国内外学者对土壤重金属污染治理进行了大量研究。目前常用的重金属污染治理方法有物理方法（客土法、淋滤法、吸附固定法）、化学方法（生物还原、络合浸提法）及玻璃化、土壤冲洗、电动修复等，但这些方法工程量大、投资昂贵、修复成本极高、影响土壤结构、治理面积小。近年来对环境扰动少、修复成本低且能大面积推广应用的植物修复（phytoremediation）技术应运而生，为重金属污染治理提供了新途径。在美国采用植物修复法种植和管理的费用比采用物理、化学处理法低几个数量级，如每年 1m² 土壤的修复处理费用仅为 0.02～1.0 美元。

植物修复就是利用植物提取、吸收、分解、转化或固定土壤、沉积物、污泥或地表、地下水中有毒有害污染物的技术的总称。广义的植物修复技术包括利用植物修复重金属污染的土壤、利用植物净化空气、利用植物清除放射性核素和利用植物及其根际微生物共存体系净化土壤中有机污染物 4 个方面。狭义的植物修复技术主要指利用植物吸收污染土壤中的重金属。它由三部分组成：①植物提取技术（phytoextration）；②植物挥发作用（phytovolatilization）；③根际过滤技术（rhizofiltration）。

植物提取就是利用重金属超富集植物从土壤中吸取金属污染物，随后收割其地上部分并进行集中处理，并通过连续种植该植物而达到降低或去除土壤中重金属污染的目的。目前已发现有 700 多种超富集重金属植物，积累 Cr、Co、Ni、Cu、Pb 的量一般在 0.1% 以上，积累 Mn、Zn 的量可达到 1% 以上。

国外对重金属污染的植物修复研究开展得比较早，Chaneyetal 在 1983 年首次提出利用某些能够超富集重金属的植物清除土壤中的重金属。1977 年 Brooksetal 提出超富集植物（hyperaccumulator）的概念，定义其为地上部分富集 Ni 含量大于 10^{-4}（干重）的植物。后来随着其他重金属超富集植物的陆续发现，科学家对此定义做了修改。Brakeretal 在 1989 年重新定义了超富集植物，即对重金属元素的积累量超过一般植物的 100 倍以上的植物为超富集植物。超富集植物积累的 Co、Ni、Cu、Cr 和 Pb 一般在 10^{-5}（干重）以上，而积累的 Mn 和 Zn 一般在 10^{-6}（干重）以上。到目前为止，世界上已发现的超富集植物有 500 多种，主要是遏蓝菜属、九节木属、蓝云英属植物。

近年来我国对重金属污染植物修复技术也进行了不少研究。魏树和等的研究表明，狼把草和龙葵地上部分对 Cd 和 Zn 的富集系数均大于 1，具备重金属超富集植物的特征。黄朝表等对金华地区 11 种杂草吸收重金属的研究表明，早熟禾、裸柱菊、北美独行菜和北美鬼针草对 Cu 的吸附能力较强；北美车前、早熟禾、裸柱菊和蚊母草对 Cd 的富集能力较强；早熟禾、蚊母草和裸柱菊等对 Pb 的吸收能力强。这些重金属超富集植物可大面积应用于南方重金属矿区重金属污染的治理，既符合环境保护的要求，又有巨大的市场潜力，必将成为重金属污染修复的主要技术手段。常青山等对福建重金属矿区及其尾矿库上生长植物的调查发现，柳叶箬、金丝草、毛轴莎草、无芒稗、二歧飘拂草这 5 种植物地上部分的 Pb 含量均达到超富集植物临界标准；无芒稗、二歧飘拂草、毛轴莎草、金丝草除对 Pb 具有较高的富集能力外，对 Mn、Zn、Cd 也有一定的富集作用，可应用于污染程度较轻的矿区重金属的污染修复；五节芒、长圆叶艾纳香、长蒴母草、渐尖毛蕨、笔管草、驳骨丹、斑茅、细毛鸭嘴草等植物可以用于修复污染程度较轻矿区的重金属污染。

而治理重金属污染的植物修复技术成本较低，具有以下优点：①绿色净化，并可储存可利用的太阳能；②经济有效，只占机械、热或化学处理费用的 $10\% \sim 50\%$；③污染物在原地处理而不产生移动污染；④产生的超富集体的残体可再循环和回收，具有很大的经济发展潜力；⑤美化环境。

但植物修复技术也存在以下一些不足：①因重金属超富集体是在重金属胁迫环境中长期诱导和驯化下形成的适应性突变体，往往生长缓慢、植株矮小、生物量低、修复效率低；②目前筛选的超富集体对环境要求比较严格、区域性分布较强，使其引种受到限制；③超富集体的专一性很强，往往只对某些特定重金属表现出超富集能力，对其他重金属没有超富集能力。

鉴于目前重金属矿区重金属污染治理中存在的问题，根据重金属矿区重金属污染现状，今后应加强以下几方面研究。

（1）重金属矿区污染源头的整治是关键　要尽可能采用清洁的生产工艺，降低采、选矿过程中污染物的产生量；污水必须进行处理，达标排放，避免污染物的扩散；加强尾矿库的管理，避免尾矿库塌坝事件及其酸性废水的排放；降低在采、选、冶过程中的粉尘和废渣污染。

（2）注重重金属超富集植物的筛选与培育　超富集植物是在重金属胁迫条件下的一种适应性突变体，往往生长缓慢、生物量低、气候环境适应性差，具有很强的富集专一性。因此筛选和培育吸收能力强（能同时吸收多种重金属元素）、生物量大的植物是采用生物修复的关键。可通过应用分子生物学和基因工程技术，将筛选、培育出的超富集植物和微生物的基因导入生物量大、生长速度快、适应性强的植物中。

（3）深化应用基础理论研究　包括植物中重金属的赋存形态、植物积累或超量积累金属的机理、土壤学和土壤化学因子对增加金属植物可利用性的控制机理等研究。

（4）开展矿区复垦和尾矿综合利用研究　采矿、排石和存放尾矿占用大量的耕地，如唐山大中型铁矿开发占地 $5280.60hm^2$，其中露天采矿占地 $1127.8hm^2$，排石场占地 $1939.3hm^2$，尾矿场占地 $650.2hm^2$。

铁矿开采破坏耕地 $1357.9hm^2$、林地 $490.5hm^2$、草地 $47.8hm^2$。同时，矿山开采会产生大量的尾矿和废石，除了回收其中有用组分外，还可以将其作为铺路材料、井下充填料以及生产建筑材料，这方面的开发也是重金属矿区重金属污染治理的方向。

3.4　其他污染控制

3.4.1　噪声污染控制

3.4.1.1　选矿厂的噪音源

选矿厂集中许多设备，特别是选煤厂，设备多安装在楼层、大厅的建筑物内，结果使所有工作地点（车间）的声音汇合在一起。声波从声源直接向车间各向扩散，同时，从防护围挡装置表面反射出来的声音使直达声音加强，部分声波穿过墙壁向四围辐射。机器的振动通过基础传给建筑物结构而分散，变为结构噪声。在许多设备运转的同时，直达声与反射声音叠加就形成复杂的声场。

工作场所的声级和声压由所安装设备的声能、工作制度、车间的声音特性、设备机器的技术条件和安装条件以及其他因素组成，而且各个因素的变化范围很大。因此，实际上选矿厂车间和设备的噪声声源可以分为下列三类。

（1）直达声音

① 撞击声（矿仓、自流运输设备、破碎机、磨矿机、筛分机的筛网）。

② 机械声（减速器、机器的链条和皮带传动装置、振动设备、筛分机和振动给矿器）。

③ 空气动力和流体动力声（送风机、鼓风机、真空泵、真空过滤机、滤液缸、脉动跳汰机、管道）。

④ 电磁声（电动机、发电机、变压器、电磁选矿机）。

（2）结构声音　如金属结构、土建结构。

（3）反射声音　如车间墙面反射、机器表面的反射。

但是大部分设备同时有几个噪声源，如电动机、发动机等，同时产生电磁、空气动力和机械噪声。弄清这些噪声源有助于制订一套降低设备噪声的措施。离选矿厂各种噪声源 1m 距离处测量的各种设备声级如表 3-6 所示。

表 3-6　选矿厂主要设备声级

设备	声级/dB(A)	设备	声级/dB(A)
磨矿机	99～113	振动给矿机	88～98
破碎机	87～108	通风机、鼓风机	91～105
自流运输	93～110	真空过滤机、真空泵	84～99
筛的筛网	88～99	跳汰机	84～94
减速器	96～102	电动机	84～98
筛子	90～100	变压器、电磁选矿机	76～86

综上所述，大部分设备的声级都超过了 85～110dB（A），属于高噪声声源，但工作条件不同，采取措施之后，设备声级之间差异可相差 8～10dB（A）。

3.4.1.2　噪声的控制

选矿前设备有破碎、筛分、磨矿和分级设备，这些设备的噪声控制措施由各种结构的类型及其加工处理的物料和工作条件而定。

（1）破碎机　大多数破碎设备的声级都超过允许值 10～25dB（A）。破碎机运转破碎不同性质和不同粒度的物料时产生噪声，在破碎机中，破碎物料的撞击和挤压产生弹性变形，引起破碎机整个机体的振动。圆锥破碎机传动装置齿轮、可动破碎机锥齿轮的啮合也会产生振动，引起噪声。破碎机中的撞击噪声实际都来自给料撞击受料装置（漏斗）和分料板，以及所破碎物料撞击机内衬板所致，衬板因动力负荷变化而产生声振、衬板磨损、破碎机可动锥或颚板（颚式破碎机）传动部件都会产生噪声。国外选矿企业防治破碎机噪声的办法有：①加装具有高度内摩擦的材料作为垫衬，降低衬板振动传递给相连的各个部件和零件；②在所破碎物料撞击处加装耐磨的橡胶衬；③仔细平衡零件，减少圆锥轴套和偏心轴间隙；④给料装置要隔声，破碎机安装在防振器上；⑤各部件和机体外表面都覆有特殊的防振材料，减少辐射噪声的面积。

经验证明，采取各种防治破碎机噪声的综合措施，破碎机的噪声可以降低 10～12dB（A）。

（2）磨矿机　包括球磨机和棒磨机，磨矿机及其所配的电动机都是噪声源。磨矿机的声级视磨矿机的结构类型、磨矿机内物料的负荷（填充率）、所磨物料的类型、工作条件、磨矿介质类型、球径、衬板的磨损程度而定。

磨矿机的噪声一般来自：①磨矿介质（球或棒）撞击磨机筒体和端盖衬板；②传动装置齿轮啮合处；③齿轮磨损；④磨矿机两端（给矿端和排矿端）轴颈没有密闭，传出噪声；⑤衬板造成的声振，传给筒体外表面和端盖；⑥齿轮箱防护装置不密闭；⑦给料、排料装置上物料的撞击声。

钢球撞击磨矿机筒体产生噪声最强，给料一侧稍差，其中筒体噪声为 90~100dB，齿轮啮合处噪声为 102~105dB，排矿一端噪声在 98~100dB 以上。

降低磨矿机噪声的办法，最好采用无介质磨矿法或减少磨矿介质撞击磨矿机筒体。自磨机、半自磨机和砾磨机的噪声较小。现在的工艺就是要减少磨矿介质的撞击，减少齿轮啮合的噪声、采取措施减小排矿端的噪声。

目前，许多企业采取措施，大大降低了噪声，这些措施有：在筒体和钢板之间垫以橡胶材料；筒体、排矿端和磨矿机装置部件都采取隔声装置；以橡胶衬板代替钢衬板。现在许多国家广泛采用橡胶板代替磨矿机中的钢衬板。如俄罗斯生产 14112、14478 和 18016 混合橡胶。瑞典斯克加和特列博格公司生产的各种衬板在北欧和北美洲各国广泛应用，效果良好。橡胶衬板与钢或合金钢板相比，不仅降低噪声，而且还可增长使用寿命，减少安装衬板时间，减少安装劳动量。使用橡胶衬板可降低 1/2 的噪声。为了降低开启排矿端发出的噪声，可在旋转的排矿轴颈处安装一个隔声板或是装有带隔声垫的带罩的隔声屏。隔声屏用 8~12mm 的钢板制成，屏的直径与轴颈的外径相同。在筒体的内表面衬有厚 40~50mm 的毡垫，以金属网（网格 20~30mm）使毡垫固定于筒壁上。

为了降低因筒体内旋转物料不平衡、齿圈周边形状变形、齿圈上齿的磨损不匀、齿轮啮合时引起的撞击噪声，在传动电动机和轴齿轮之间采用弹性联轴节，使齿圈、筒体、轴齿轮装上防护隔声装置，在筒体内表面衬 10~15mm 厚的橡胶，采取这些措施之后可降低噪声声级 10~15dB。如采用摩擦啮合代替齿轮啮合或人字齿轮时，噪声还可能降低 10dB。

（3）筛分机　筛分机的噪声往往都超过所允许值。筛分机的噪声特性视筛分机的结构、筛分机筛数（面）的形式、工作条件、所筛的物料粒度和硬度而定。

中频和低频筛分机中，由传动装置不平衡块旋转产生的离心力引起筛框侧壁的振动、振动器轴承部件的撞击以及物料对筛板的撞击都是筛分机噪声源。

筛分振幅增大一倍，声压提高 3~4dB。筛分机的噪声声级也与负荷有关。筛分物料层增高可降低噪声，降低噪声最有效的办法是使筛网上运动的料层高度为矿石块度的两倍。如筛分物料粒度和硬度增大，筛分机的噪声也增大。

振动器、溜槽面、筛框和筛板是筛分机噪声的主要声源，当然物料落下也是噪声源。筛分振动器产生噪声的地方是在齿轮圈和轴承部件处。

俄罗斯 ГСЛ42、ГСЛ62 和 ГИСЛ 筛分机，采用一种结构经改进的自同步振动器，而不用齿轮传动，使噪声降低 5~6dB。目前俄罗斯已成批生产这种振动器。在振动器和筛架之间安装一种减振器也可降低筛分机筛框和轴承部件的噪声。俄罗斯采用橡胶减振器代替金属弹簧，也能降低噪声。日本在实践中采用橡胶金属减振器，降低了筛分机的噪声，这种减振器是把弹簧连在橡胶底座中。

国外许多选矿企业在光滑的筛板面上粘上厚 10~12mm 的硬橡皮，可降低噪声 3~6dB。俄罗斯和其他国家采用橡胶筛板（橡胶网筛板和冲压筛板）代替金属筛网，大大降低了噪声。各企业的橡胶筛板使用经验表明，橡胶筛板与金属筛网相比，除了使用寿命增长以外，还可提高工艺指标，降低噪声 10dB。

3.4.1.3　跳汰机、真空过滤机、真空泵和管道噪声及其防治

跳汰机的脉动器、真空过滤机、真空泵都是选矿厂车间中空气动力噪声的主要来源。空气分配装置、脉动器电气传动装置、排料器和提升机的传动装置等等所产生的声音决定设备的噪声特性。

为了降低噪声，在新型和改进型跳汰机中，采用阀门型的脉动器代替瞬时作用的脉动

器。目前，国外采用电磁风动阀，降低了噪声。

真空过滤器在吹气时造成空气动力学噪声。真空过滤机吹滤饼时产生的噪声超过了允许值。此外，真空泵、鼓风机、空气分配器工作时也产生空气动力噪声。俄罗斯和其他国家的研究表明，改进空气分配器配件，或将其换为阀型的分配器，在吹气时降低空气速度和利用外壳使空气分配器部件隔声，都可以降低真空过滤器的声级。为了降低结构噪声，最好采用噪声小的材料制造真空过滤机的各个部件。泵装置、管道和管件也是选矿厂车间中的噪声源。真空过滤机在排出气水混合物时也产生噪声。

降低空气动力噪声最有效的方法是在真空泵的排出处安装消声器。为了较有效地降低噪声，最好安装特制的噪声消声器。为了降低结构噪声和振动，安装泵时，要采用减振器和隔声材料。泵的工作噪声也取决于装配精度、工作条件、基础安装的方法以及与管道连接的方法。安装得当，可使泵运转平稳，因此要仔细加以调节。同时，流体通过管道时，也产生强烈的振动，为了降低噪声，在管道处利用特殊的隔声垫。采用滑动轴承，提高制造和安装精度，安装隔声外壳和防振的垫片，采取这些措施后噪声可降低 $10\sim15dB$。

3.4.1.4 降低运料设备的噪声

选矿厂车间装有多种运料设备，如皮带运输机、斗式提升机、刮板斗式运输机和自流运输设备（如流槽漏斗等等）。通常在流槽和分矿箱上衬橡胶或旧胶带，以降低大块物料的撞击噪声。尽量利用物料层来缓冲、减少矿块对仓壁的撞击。矿仓内尽量不放空。皮带运输机头部采用吸声的覆盖面材料，可以降低噪声。

降低选矿厂噪声的主要措施有以下几方面。

（1）在噪声源处降低噪声　改进设备结构消除噪声源，减少设备部件和零件的辐射面积；采用特定材料消声、吸音。

（2）在传声中减少噪声　设备和部件整个隔声；设备防振；安装消声器。

（3）降低工作地点的噪声　在服务地点采用吸声材料；采用隔声屏、观察室和远距离工作；操纵柜隔声；采用个人防护方法；合理配置设备。

（4）一般组织和技术措施　采用低噪声的设备；自动化和远距离控制设备；组织生产操作时应尽量减少噪声对人体的影响；改进设备的维修安装工艺。

3.4.2　放射性污染控制

放射性物质进入人体的途径主要有三种：呼吸道进入、消化道食入、皮肤或黏膜侵入。铀矿以及各种伴生放射性矿（稀土矿、铝矿、铅锌矿、钽铌矿、锆英矿、煤矿、磷矿等）含有较高水平的放射性核素，在开采、冶炼、加工利用的过程中，其中的天然放射性物质也将被迁移、浓集和扩散，含有天然放射性核素的产品、废弃物也将对环境造成一定程度的影响。

被放射性核素污染的土壤，采用传统的修复方法常破坏环境，因此，对土壤放射性污染的防治对策或修复技术是要视污染情况而定。目前采取的方法，大致分为间接防治法、直接治理法和生物修复技术三种。

3.4.2.1　土壤放射性污染的间接防治法

间接防治就是先采用机械、物理、化学、电化学和物理-化学联合去污等方法对放射性污染水源、大型设备、车辆等进行去污，然后将放射性污染物焚烧、固化、掩埋，防止放射性污染物质进入土壤。

（1）机械物理法　目前主要有：吸尘法，用吸尘器吸除放射性污染物；擦拭法，对污染面进行远距离擦拭或打磨，并可配备排气净化系统；高压喷射法，利用高压喷头射出水或者蒸气，用机械力破坏污染层，达到去污目的；超声波法，该法利用 18～100kHz 机械振动在固液交界面产生空化作用，达到去污目的。

（2）化学法　化学法就是利用化学清洗剂溶解、疏松、剥离设备表面的放射性拔索污腻物、涂层、氧化膜层等，从而达到去污目的。所用化学药品包括无机酸类、有机酸类、氧化还原类、螯合剂类、碱类、表面活性剂（如烷基磺酸盐、烷基吡啶等）以及溶剂、缓蚀剂、促进剂等。清洗方式可用浸泡法、循环法、剥离膜法，从而去除放射性污染物。

（3）电化学法　该法将去污部件作阳极，电解槽作阴极，在电流作用下污染表面层均匀溶解，污染核素进入电解液中。该法去污效率高，电解液可重复使用，二次废物量少，可用于结构复杂部件的去污，可远距离操作。

（4）物理-化学联合去污法　该法利用化学药剂的溶解作用加之机械力去除放射性污染物，例如，在化学浸泡法清洗时配以超声波，在高压射流水中加入化学药剂等。

3.4.2.2　土壤放射性污染的直接治理法

目前土壤放射性污染的直接治理法主要有自然衰减消除法、化学处理法和物理填埋法。

（1）自然衰减消除法　自然衰变可使放射性污染土壤降至可接受的程度。达到这种程度所需的时间取决于作为污染作用的一种或多种特定同位素的衰变率。对于半衰期短的放射性同位素，自然衰减消除是特别有效的，如 89Sr（50.5d）、95Zr（64d）、103Ru（39.35d）、106Ru（368d）、131I（8.02d）、144Ce（284.8d）等经过若干年后已经全部消亡，残留下来的是 90Sr（28.5a）、137Cs（30.17a）以及铀、钍等寿命较长的核素。在偏僻的试验区、核事故场地均可采用自然衰减消除法。

（2）化学处理法　对于小规模放射性污染土壤的处理，如一般核事故、核工业污染土壤，采用化学处理法速度快、效果好。由于化学处理法成本高，对土壤的结构破坏大，不能单独用于大区域土壤放射性污染的治理，通常需要与其他修复技术结合使用，同时，对处理产生的污水不得产生二次污染。

3.4.2.3　土壤生物修复

放射性核素污染土壤可利用耐辐射微生物、超积累植物和森林的吸附、截持作用等修复技术进行修复。

（1）利用耐辐射微生物的作用　随着科技不断发展进步，包括耐辐射微生物在内的极端微生物的特殊生命现象、生理特征、代谢机制等备受世界各国科技界的重视。如接种菌根真菌能够显著提高植株体内放射性核素的含量；利用基因工程改良植物，能够调整植物吸收、运输和对核素的耐受性，从而提高其富集放射性核素的能力。

Entry JA 等发现，巴哈雀稗、宿根高粱和柳枝稷自身能吸收土壤中的 137Cs 和 90Sr，接种菌根真菌摩西球囊霉和根内球囊霉后，能增加每种草的地上部分生物量，提高植物组织中 137Cs 和 90Sr 的浓度和积聚率，尤其以摩西球囊霉接种宿根高粱效果最为明显。接种后的草类有效除去了土壤中的放射性核素。

（2）利用超积累植物的特性　资料表明，适用于植物修复技术的放射性核素主要有137Cs、90Sr、H 以及 Pu 和 U 的同位素等。目前对超积累植物研究较多的是 137Cs 和90Sr，主要是因为 137Cs 和 90Sr 都是水溶性的长寿命金属核素，分别与营养元素 Ca、K 的化学行为相近，而 Pu、U 的超积累植物的物理化学性质比较特殊，研究较少。切尔诺贝利事件之后，对 137Cs 和 90Sr 的植物修复进行了许多研究和试验，发现反枝苋在大面积土壤放射性污染植物修复时可富集土壤中 20.7％的 137Cs，对发生切尔诺贝利事故附近的野生植物进行调查后发现，唇形科、菊科、木灵藓科、蔷薇科等科属中的植物对 Cs 的积累量大于1000Bq/kg。

（3）利用森林的吸附和截持作用　森林是陆地生态系统的重要组成部分，具有独有的特点和功能，能够富集大量的放射性核素和阻止放射性核素向周边地区扩散，因此，利用森林修复放射性核素污染的土壤具有重要的意义。森林生态系统对放射性核素的容量大，当风经过林缘时，一部分越过林冠层，另一部分则透过林冠层，经林冠层过滤，由于林冠接触面大，能够有效地吸附和保持放射性核素，并且绝大部分的放射性核素沉降在离林缘 500m 的范围内，产生所谓的边缘效应。小块森林比大面积的森林截持量大，有时高 30 多倍。有数据证明，放射性核素（32P、40K、60Co、90Cr、106Ru、106Rn、137Cs、144Ce）往往通过森林植物体表面吸附而被森林截持，在放射性核素刚开始释放的一定时期内，森林能截持 95％～97％ 的放射性核素，特别对气态和颗粒状的放射性核素截持效果特别好；落叶树种能截持年空气沉降放射性核素总量的 10％～20％，针叶树种能截持 20％～30％，因此，森林对放射性核素的截持和容量是相当大的。

依据《中华人民共和国放射性污染防治法》（2003 年），放射性污染主要防治对策如下。

（1）加强环保监管力度，规范放射性矿产的开采、冶炼和加工，对污染大户和土法冶炼进行整顿，使得在矿产的开发利用过程中，社会、经济和环境保护协调发展，保护放射性环境、保障公众身体健康。

（2）放射性矿产的开采应当合理规划，严格建设项目的辐射环境影响报告书（表）和环境保护审批制度。对于放射性矿产开发项目，根据监测评价结果采取相应的放射性环境保护措施，改变放射性环境污染失控状态，杜绝旧的不管、新的不断增加的状况。

（3）放射性矿产矿山居民区应远离作业场所，避免居民区作为放射性矿产开发利用过程中的运输通道和"三废"排放场所。经常进行放射性环境监测分析，防止污染水体；并保护好饮用水源，防止放射性污染。

（4）分片区建立统一的放射性矿产废弃物堆放场地，集中处理放射性矿产开发利用过程中产生的废弃物质，并严加管理，防止乱扔乱放。同时也要防止废弃物堆放坝坝体的倒塌和渗漏，使废弃物的管理纳入经常化、规范化。

（5）加强放射性原矿管理，防止矿石散落和扩散，在矿区和选矿厂都建设专用堆场及专用运矿车，并设有原矿专职管理员，负责原矿出矿区、进选矿厂和使用的过磅、登记。开采的矿石经矿区粗选车间粗选，一可以减少选矿厂的固体废物排放量，二废矿石集中堆放在矿区废矿坝内便于集中管理，防止废矿石向环境扩散。粗选过的原矿由专用运矿车经专用运矿道路运往选矿厂，或集中存放在矿区和选矿厂的原矿堆场。

（6）建立健全环境保护制度和机构，切实落实放射性污染防治工作。把放射性污染防治与保证正常生产放在同等地位，与生产管理一起计划、一起落实、一起检查，成立环保科，制定放射性污染防治、环保设施运行管理等制度，配备放射性测量仪器和专职技术人员。选矿厂的选矿基本生产工艺为：原矿—破碎—磨矿—摇床筛选—磁选、电选、浮选—精矿，选矿生产线越往下，伴生在原矿中的放射性核素越来越被浓缩在各段工艺的产品中，所以，各生产线的辐射水平越往后超高，最后的产品精矿的辐射水平最高。为做好选矿生产线的放射性防护和放射性污染防治，选矿厂对选矿生产线实行分级管理。建设专用库储存精矿，选用责任心强的工作人员担任保管员，实行双人双锁制度，二十四小时保安值班，并安装有监控报警装置。组织一线生产人员开展放射性防护培训、应急演练，经常检查落实各项放射性污染防治措施，认真做好矿区、选矿厂和周边环境的放射性跟踪监测，以及工作人员的照射剂量跟踪监测，定期进行身体检查，生产一线人员定期轮岗，控制好一线生产人员的放射性照射剂量，确保工作人员的年照射剂量在规定的管理限值以下，确保环保设施安全正常运行。

（7）及时做好项目的竣工环境保护验收，检验放射性污染防治设施的运行效率，竣工环境保护验收是环保部门检验项目是否达到环境保护要求的强制行政手段，其目的是检查项目环境保护设施的"三同时"落实情况、防治环境污染和生态破坏的情况。放射性矿产应重视竣工环境保护验收，在项目投入试生产后，按照有审批权的环保行政主管部门要求，委托有资质书的环境监测单位进行现场验收监测，编制建设项目竣工环境保护验收监测报告。

思考题

1. 选矿废水常用处理方法有哪些？
2. 简述酸碱废水中和处理法的主要工艺流程。
3. 简述含氰废水的处理方法。
4. 选矿厂排入大气中的污染源主要有哪些？
5. 简述各种除尘器的使用范围。
6. 矿山主要的噪声污染有哪些？
7. 简述常用的放射性污染控制技术。

第 **4** 章

尾矿处理与处置

尾矿是矿石选矿中分选作业的产物之一，其中有用目标组分含量最低的部分称为尾矿。在当前的技术经济条件下，尾矿已不宜再进一步分选。但随着生产科学技术的发展，有用目标组分还可能有进一步回收利用的经济价值。尾矿并不是完全无用的废料，往往含有可作其他用途的组分，可以综合利用。实现无废料排放，是矿产资源得到充分利用和保护生态环境的需要。

4.1 尾矿资源特点

尾矿是选矿中分选作业的产品之一，在此作业的产品中，其有用成分的含量最低。在当前的技术经济条件下，不宜再进一步分选的矿称最终尾矿。

表 4-1　2000～2009 年尾矿产生量　　　　　　　　　　　　单位：亿吨

种类	2000 年	2001 年	2002 年	2003 年	2004 年	2005 年	2006 年	2007 年	2008 年	2009 年	总计
铁尾矿	1.37	1.32	1.41	1.59	1.89	2.57	3.58	4.31	4.92	5.36	28.32
黄金尾矿	0.98	1.01	1.05	1.11	1.18	1.24	1.33	1.50	1.57	1.74	12.73
铜尾矿	1.49	1.49	1.44	1.53	1.88	1.93	2.21	2.41	2.46	2.56	17.45
其他有色金属尾矿	0.65	0.65	0.63	0.67	0.82	0.85	0.97	1.06	1.08	1.12	7.65
非金属尾矿	0.42	0.46	0.51	0.60	0.68	0.74	0.87	0.95	0.97	1.14	7.34
合计	4.91	4.93	5.04	5.50	6.45	7.33	8.96	10.23	11.00	11.92	73.49

目前我国已发现矿种 171 个，包括能源矿产（如煤、石油、地热）、金属矿产（如铁、锰、铜）、非金属矿产（如金刚石、石灰岩、黏土）、水气矿产（如地下水、矿泉水、二氧化碳气）。到 2009 年，开发建立了 8000 多座矿山，累计尾矿量达 5917 亿吨，占用了土地和造成了资源的浪费，给人类生活环境带来了严重污染和危害。把这些沉睡多年、数量惊人的尾矿进行开发利用，彻底实现"无尾、无废、无污染"的现代化生产，达到推进矿山环境的综合治理，这是我国及世界各国共同关心的重要课题。

2007～2009 年连续 3 年尾矿产出量在 10 亿吨以上，2009 年产出 11.92 亿吨，比上年增长 8.4%（表 4-1）。2011 年产出 15.81 亿吨，比上年增长 13.5%。最新（2015 年）统计数据显示，我国尾矿和废石累积堆存量已接近 600 亿吨，其中废石堆存 438 亿吨，75% 为煤矸石和铁铜开采产生的废石；尾矿堆存 146 亿吨，83% 为铁矿、铜矿、金矿开采形成的尾矿，综合利用潜力巨大。近 5 年来，我国尾矿利用增速明显高于排放增速，但利用量仍赶不上新增量，并且受矿业市场影响，与"十一五"（2006～2010年）期间相比，尾矿利用增速出现大幅下降。数据显示，我国尾矿综合利用率仅为18.9%，主要用于充填开采和建材。为尽快实现矿产资源高效、清洁、绿色开发，尾矿规模利用亟待提速。

黄金尾矿、铜尾矿、其他有色及稀贵金属尾矿以及非金属矿尾矿在2003年以前都呈缓慢增长趋势，2004年后增长较快，黄金尾矿2009年比2000年增长了77.6%，铜尾矿及其他有色稀贵金属尾矿增长了71.8%，非金属矿尾矿增长了71.4%。

我国2009年产出尾矿接近12亿吨，其中铁尾矿5.36亿吨，铜尾矿2.56亿吨，黄金尾矿1.74亿吨，其他有色及稀贵金属尾矿1.12亿吨，非金属矿尾矿1.14亿吨。2009年我国各类尾矿产生量所占比例见图4-1。

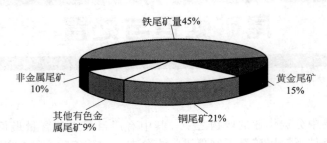

图4-1　2009年我国各类尾矿产生量所占比例

随着生产科学技术的进步与发展，尾矿中有用目标组分还可能有进一步回收利用的经济价值。尾矿并不是完全无用的废料，往往含有可作其他用途的组分，可以综合利用。选矿生产中减少二次污染，实现无废料排放，是矿产资源得到充分利用和保护生态环境的需要。

（1）矿山尾矿直接造成环境污染

① 携带超标污染物质，如放射性元素及其他有害组分。

② 选矿过程中使用的化学药剂残存于尾矿并与其中某些组分反应，产生新的污染源。

③ 在地表堆放条件下，尾矿发生氧化、水解和风化等表生变化，转变为污染组分，如有色金属矿山存在的某些重硫化物。

④ 流经尾矿堆放场所的地表水，通过与尾矿相互作用，溶解某些有害组分并携带转移，造成大范围污染。

⑤ 由于金属矿山尾矿颗粒极细，排出的尾矿干涸后经风力携带极易扬尘造成污染。

⑥ 某些矿山尾矿直接排泄于湖泊、河流，污染水体，堵塞河道，引发大灾害。

（2）矿山尾矿破坏生态环境　包括废石废渣占用大量土地，由于大规模开采锰矿、金矿、钛砂矿、花岗岩、石灰岩、大理石，加快了水土流失，植物破坏，造成大量山塘、水库泥砂淤积，河床抬高，"青山头"变成"白山头"。

（3）尾矿堆存存在安全隐患　尾矿堆放易产生流动、塌陷和滑坡，尤其是坝高超过100m的大型尾矿库，一旦发生事故，其造成的破坏是相当巨大的。

4.2　尾矿库

选矿厂尾矿的堆存方式有干式堆存和湿式堆存两种。

干式选矿后的尾矿或经脱水后的粗粒尾矿，可采用带式输送机或其他运输设备运到尾矿库堆存，这种方法称为干式堆存法；湿式选矿的尾矿矿浆一般采用水力输送到尾矿库，再采用水力冲积法筑坝堆存，这种方法称为湿式堆存法。目前我国绝大部分选矿厂的尾矿都采用这种堆存方法。作为尾矿堆积场所的尾矿库，一般由以下设施组成，如图4-2所示。

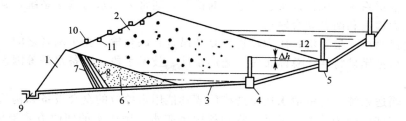

图 4-2　尾矿库纵剖面示意图

1—初期坝；2—堆积坝；3—排水管；4—第一排水井；5—后续排水井；6—尾矿堆积滩；7—反滤层；
8—保护层；9—排水沟；10—观测设施；11—坝坡排水沟；12—尾矿池

4.2.1　尾矿设施的组成

尾矿设施由尾矿库、尾矿输送系统、回水输送系统和尾矿水净化系统四部分组成，见图4-3、图4-4。

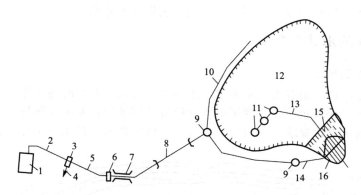

图 4-3　尾矿设施构筑物平面布置图

1—选矿厂；2—自流尾矿输送溜槽；3—砂泵站；4—自流尾矿事故排出管；5—压力尾矿输送管；
6—矿浆池；7—管桥；8—管道穿越山岭的隧洞；9—静压力矿浆池；10—尾矿沉淀池后岸分散溜槽；
11—尾矿沉淀池排水井；12—尾矿沉淀池；13—尾矿沉淀池排水管；
14—静压力尾矿管及尾矿分散管；15—尾矿堆积坝；16—尾矿沉淀池初期坝

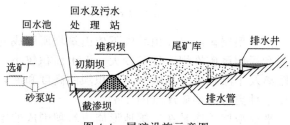

图 4-4　尾矿设施示意图

（1）尾矿库　尾矿库是存放尾矿的场所。固体沉于池底积存起来，澄清水排入下游的水泵中或回收到生产系统中。

尾矿库是指筑坝拦截谷口或围地构成的用以堆存金属或非金属矿山进行矿石选别后排出尾矿或其他工业废渣的场所。

尾矿库是一个具有高势能的人造泥石流危险源，存在溃坝危险，一旦失事，容易造成重特大事故。

（2）尾矿输送系统　包括砂泵、管道、溜槽等，通常采用水力输送系统，其运输方式有自流输送、压力输送和两者联合输送。

自流输送最简单、最经济；压力输送较复杂昂贵；联合输送介于两者之间。具体采用何种输送方式要根据尾矿特性、总体布置、地形条件、技术手段、装备水平等因素，经技术经济比较后确定。

（3）回水输送系统　将澄清水送至选矿厂或其他用水单位的全套设备和构筑物。

在选矿工艺许可的条件下，尽量回收和利用尾矿水。尾矿水的回收方式有浓缩机（池）的溢流回水，尾矿库的澄清水，两者的混合水。其中尾矿库的回水较好，回水率可达50%～80%，它的取水构筑物形式有固定水泵站、浮船水泵站、库内缆车三种。

（4）尾矿水净化系统　尾矿库澄清水排入公共水源（如江、河）时，必须符合《工业企业设计卫生标准》的规定。若超过标准，必须采取净化措施。

尾矿水净化系统包括将尾矿池排出的澄清水中所含有的有害成分进行净化的全套设备和构筑物。如 pH 值调节、使重金属盐沉淀等。净化措施包括自然沉淀、物理化学净化、化学净化。

若回水供选矿厂生产用水时，则以不影响工艺指标为原则。

4.2.2　尾矿库的形式与参数

4.2.2.1　尾矿库的形式

（1）山谷型尾矿库　山谷型尾矿库是在山谷谷口处筑坝形成的尾矿库。它的特点是初期坝相对较短，坝体工程量较小，后期尾矿堆坝较易管理维护；库区纵深较长，尾矿水澄清距离及干滩长度易满足设计要求；我国现有的大、中型尾矿库大多属于这种类型（图 4-5）。

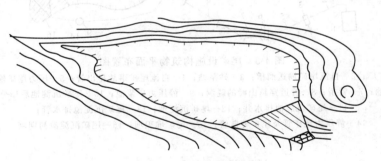

图 4-5　山谷型尾矿库

（2）傍山型尾矿库　傍山型尾矿库是在山坡脚下依山筑坝所围成的尾矿库。它的特点是初期坝相对较长，初期坝和后期尾矿堆坝工程量较大；汇水面积较小，调洪能力较低，库区纵深较短，尾矿水澄清距离及干滩长度受到限制，堆积坝的高度和库容一般较小。国内低山丘陵地区中小矿山常选用这种类型的尾矿库（图 4-6）。

（3）平地型尾矿库　平地型尾矿库是在平缓地形周边筑坝围成的尾矿库。其特点是初期坝和后期尾矿堆坝工程量大；堆坝高度受到限制，一般不高，但汇水面积小，排水构筑物相对较小。国内平原或沙漠戈壁地区常采用这类尾矿库（图 4-7）。

（4）截河型尾矿库　截河型尾矿库是截取一段河床，在其上、下游两端分别筑坝形成的尾矿库。它的特点是库区汇水面积不大，但尾矿库上游的汇水面积通常很大，库内和库上游都要设置排洪系统，配置较复杂。这种类型的尾矿库维护管理比较复杂，国内采用的不多（图 4-8）。

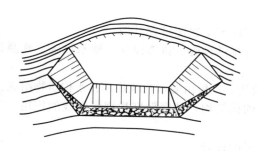

图 4-6　傍山型尾矿库

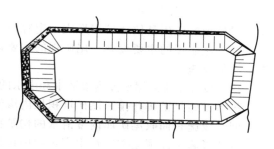

图 4-7　平地型尾矿库

4.2.2.2　尾矿库库容

（1）全库容　尾矿坝某标高顶面、下游坡面及库底面所围空间的容积（图 4-9）。

（2）有效库容　某坝顶标高时，初期坝内坡面、堆积坝外坡面以里（对下游式尾矿筑坝则为坝内坡面以里），沉积滩面以下，库底以上的空间，即容纳尾矿的库容。

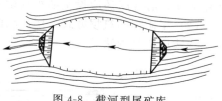

图 4-8　截河型尾矿库

（3）调洪库容　某坝顶标高时，沉积滩面、库底、正常水位三者以上，最高洪水位以下的空间。

（4）总库容　设计最终堆积标高时的全库容（理论）。

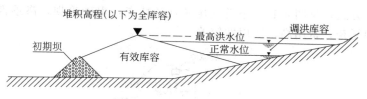

图 4-9　尾矿库库容示意图

4.2.2.3　尾矿坝

尾矿坝是挡尾矿和水的尾矿库外围构筑物，常泛指尾矿库初期坝和堆积坝的总体（图 4-10）。

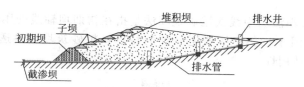

图 4-10　尾矿坝示意图

尾矿坝通常包括初期坝和后期坝（尾矿堆积坝）。前者是尾矿坝的支撑棱体，具有支撑后期堆积体的作用和疏干堆积坝的作用；后者是选矿厂投入生产后，在初期坝的基础上利用尾矿本身逐年堆积而成，是拦挡细粒尾砂和尾矿水的支撑体。

初期坝包括不透水初期坝和透水初期坝。不透水初期坝是用透水性较小的材料筑成的初期坝。因其透水性差，不利于后期坝的稳定。这种坝型适用于挡水式尾矿坝或尾矿堆坝不高的尾矿坝。透水初期坝是用透水性较好的材料筑成的初期坝。因其透水性强，有利于后期坝的稳定性。它是比较合理的初期坝坝型。初期坝的坝型包括均质土坝、透水堆石坝、废石坝、砌石坝、混凝土坝。

尾矿坝的作用是使尾矿库形成一定容积，便于尾矿矿浆能堆存其内。

(1) 尾矿坝的主要设施　尾矿坝的主要设施有排洪设施、排渗设施、回水设施、观测设施及其他设施。

排洪设施是排泄尾矿库内澄清水和洪水的构筑物，一般由溢水构筑物和排水构筑物组成。

排渗设施是汇集并排泄尾矿堆积坝内渗流水的构筑物，其降低堆积坝浸润线的作用。

回水设施是回收尾矿库内澄清水的构筑物。

观测设施是监测尾矿库在生产过程中运行情况的设施。

其他设施有为排泄尾矿库堆积边坡和坝肩地表水的坝坡、坝肩排水沟；通讯照明设施；管理设施；交通设施；筑坝机具等。一些大型尾矿库还有简易的检修设施；距选矿厂比较远的尾矿库，必要时还应设生活福利设施。

(2) 尾矿坝的筑坝方式　尾矿坝的筑坝方式分为上游式尾矿筑坝法、下游式尾矿筑坝法和中线式尾矿筑坝法。

① 上游式尾矿筑坝法　上游式尾矿筑坝法是指在初期坝上游方向充填堆积尾矿的筑坝方式，见图 4-11。上游式尾矿坝的特点：工艺简单、管理方便，费用低，浸润线高；缺点是"上粗下细"结构不尽合理。

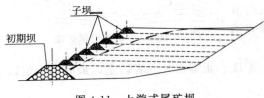

图 4-11　上游式尾矿坝

② 下游式尾矿筑坝法　下游式尾矿筑坝法是指在初期坝下游方向用旋流分级粗尾砂冲积尾矿的筑坝方式，见图 4-12。下游式尾矿坝的特点：粗砂筑坝，渗透性强，稳定性好；工艺复杂，管理复杂，费用高；实用性较差。

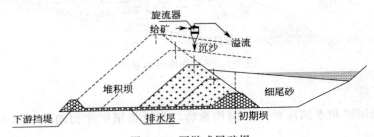

图 4-12　下游式尾矿坝

③ 中线式尾矿筑坝法　中线式尾矿筑坝法是指在初期坝轴线处用旋流分级粗尾砂冲积尾矿的筑坝方式，见图 4-13。中线式尾矿坝的特点：粗砂筑坝，渗透性较强稳定性较好；管理较复杂；有一定适用性。

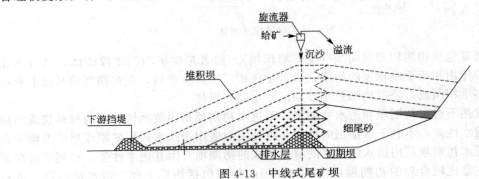

图 4-13　中线式尾矿坝

4.2.2.4 尾矿库的主要参数

尾矿库的主要参数包括以下几项。

（1）坝高 对初期坝和中线式、下游式筑坝为坝顶与坝轴线处坝底的高差；对上游式筑坝则为堆积坝坝顶与初期坝坝轴线处坝底的高差。

（2）总坝高 与总库容相对应的最终堆积标高时的坝高。

（3）堆坝高度（堆积高度） 尾矿堆积坝坝顶与初期坝坝顶的高差。如图 4-14 所示。

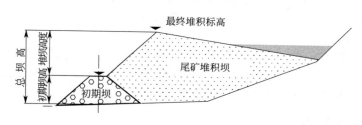

图 4-14 坝高示意图

（4）超高、滩长（图 4-15）

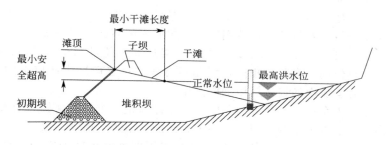

图 4-15 滩顶、滩长、超高示意图

① 沉积滩。水力冲积尾矿形成的沉积体表层，常指露出水面部分。
② 滩顶。沉积滩面与堆积坝外坡的交线，为沉积滩的最高点。
③ 滩长。由滩顶至库内水边线的水平距离。
④ 最小干滩长度。设计洪水位时的干滩长度。

4.2.2.5 尾矿库等别

尾矿库根据坝高和库容的大小分为 5 个等别。

尾矿库各使用期的设计等别应根据该期的全库容和坝高分别按表 4-2 确定。

表 4-2 尾矿库等别

等别	全库容（V）/10⁴m³	坝高 H/m
一	二等库具备提高等别条件者	
二	$V \geqslant 10000$	$H \geqslant 100$
三	$1000 \leqslant V < 10000$	$60 \leqslant H < 100$
四	$100 \leqslant V < 1000$	$30 \leqslant H < 60$
五	$V < 100$	$H < 30$

当两者的等差为一等时，以高者为准；当等差大于一等时，按高者降低一等。

尾矿库失事将使下游重要城镇、工矿企业或铁路干线遭受严重灾害者，其设计等别可提高一等。

4.2.3　尾矿库的作用

（1）保护环境　选矿厂产生的尾矿不仅数量大、颗粒细，且尾矿水中往往含有多种药剂，如不加处理，则必造成选厂周围环境严重污染、生态遭到破坏。将尾矿妥善储存在尾矿库内，尾矿水在库内澄清净化后回收循环利用，可有效地保护环境。

（2）充分利用水资源　选矿厂生产是用水大户，通常每处理 1t 原矿需用水 4～6t，有些重力选矿甚至高达 10～20t。这些水随尾矿排入尾矿库内，经过澄清和自然净化后，大部分的水可供选矿生产重复利用，起到平衡枯水季节水源不足的供水补给作用。一般回水利用率达 70%～90%。

（3）保护矿产资源　有些尾矿还含有大量的有用矿物成分，甚至是稀有和贵重金属成分，由于技术、经济等方面的种种原因，一时无法全部选净，将其暂时储存于尾矿库中，可待将来技术进步后再进行回收利用。

4.2.4　尾矿库的特点

（1）尾矿库是矿山选矿厂生产不可缺少的设施　尾矿库是矿山企业最大的环境保护工程项目，可以防止尾矿向江、河、湖、海、沙漠及草原等处任意排放。一个矿山的选矿厂只要有尾矿产生，就必须建有尾矿库。所以说尾矿库是矿山选矿厂生产必不可少的组成部分。

（2）尾矿库基建投资及运行管理费用巨大　尾矿库的基建投资一般占矿山建设总投资的30%以上，占选矿厂投资的50%以上，有的几乎接近甚至超过选矿厂投资。尾矿设施的运行成本和管理成本也较高，有些矿山尾矿设施运行成本占选矿厂生产成本的30%以上。为了减少运行费用，有些矿山的选矿厂厂址取决于尾矿库的位置。

（3）尾矿库是矿山企业生产最大的危险源　尾矿库是一个具有高势能的人造泥石流危险源。在长达十多年甚至数十年的期间里，各种自然的（雨水、地震、鼠洞等）和人为的（管理不善、工农关系不协调等）不利因素时时刻刻或周期性地威胁着它的安全。事实一再表明，尾矿库一旦失事，将给工农业生产及下游人民生命财产造成巨大的灾害和损失。

4.2.5　尾矿库安全管理

尾矿库是指筑坝拦截谷口或围地构成的用以堆存金属或非金属矿山进行矿石选别后排出尾矿或其他工业废渣的场所。尾矿库类型分为山谷型、傍山型、截河型和平地型 4 种。山谷型尾矿库是一个具有高势能的人造泥石流危险源，存在漫顶、溃坝等危险，一旦失事，容易造成重特大事故，是最危险的一类型尾矿库。

美国克拉克大学公害评定小组的研究表明，尾矿库事故的危害，在世界 93 种事故、公害的隐患中，名列第 18 位。它仅次于核武器爆炸、DDT（dichloro-diphenyl-trichloroethane，二氯二苯三氯乙烷，杀虫剂的一种）、神经毒气、核辐射以及其他 13 种灾害，而比航空失事、火灾等其他 60 种灾害严重，直接造成百人以上死亡的尾矿库事故已不鲜见。不论该评定小组的结论是否准确，是否危言耸听，世界史上确实发生过特别严重的尾矿库事故。1972 年 2 月 26 日，美国某尾矿坝溃坝，造成 125 人死亡、4000 人无家可归；1985 年 7 月中旬，意大利某尾矿库溃坝，造成 250 人死亡。

我国历史上也曾发生过多起尾矿库重特大事故，给人民的生命财产安全造成了重大损失。1962 年 9 月 25 日，云南某尾矿库溃坝，造成 171 人死亡、92 人受伤，受灾人口达13970 人；1994 年 7 月 13 日，湖北某尾矿库溃坝，造成 28 人死亡；2000 年 10 月 18 日，广西某尾矿库垮塌，造成 28 人死亡、56 人受伤。2006 年 4 月 30 日陕西某尾矿库溃坝，造成17 人失踪、5 人受伤。2008 年 9 月 8 日，山西某尾矿库溃坝，造成 277 人死亡、4 人失踪。

2009 年到 2014 年年底，尾矿库发生事故 22 起，死亡 17 人。

2017 年 3 月 12 日凌晨 2 时 20 分，湖北省某尾砂库西北角发生局部溃坝事故（图 4-16），造成 2 人死亡、1 人失踪、6 人受伤。溃坝长度 228m，溃坝高 23m，坝体体积 7.87 万立方米，尾砂量 23 万立方米，淹没下游鱼塘近 400 亩（1 亩≈667m²），没有危及周边村庄。尾砂库溃坝事故发生后，疏散周边标高 17.8m 以下区域的群众 15 户 50 人，在库内布置 6 台 280m³/h 的排水泵，采取缓降方式逐步排空采坑内积水，防止坝体崩塌；成立工作组留守现场，密切监控事故后续情况；对尾砂库区域加强监管，要严格按照《尾矿库安全技术规程》（AQ 2006—2005）和《尾矿库安全监测技术规范》（AQ 2030—2010）进行监测和检查，防止受灾群众和其他人员进入危险区域。开展尾矿库专项检查工作，重点对扩容后的尾矿库进行检查。

图 4-16　尾矿库溃坝现场

近年来国际上尾矿坝的溃坝和破坏事故时有报导。据专家推算，西方工业发达国家的矿山尾矿坝 70%～90% 均有不同程度的损坏，从较小的滑坡到灾难性的溃坝破坏都发生过。溃坝破坏时，尾矿坝往往即刻发生液化，不断扩大坝体的缺口，尾矿浆沿山沟向下游倾泻，它不仅直接威胁人们的生命财产安全，而且还有淤泥、化学物质和放射性等污染物。尾矿中超标水还可能绕过尾矿坝渗出，污染河流或地下水。

矿山每年都要为尾矿坝的安全担心，尾矿坝已经成为重灾危险的对象，其原因除了设计上粗心、施工质量上差及管理疏忽大意之外，人们对它的认识和危害的不确定性至今还没有予以足够的重视和把握。

以下就国内外尾矿坝溃坝及破坏情况做简单介绍，包括对各种类型的破坏、破坏影响范围及损失程度等的简单介绍。

（1）洪水漫顶　洪水漫顶，通常指在遇到大暴雨时，对洪峰流量估算不足，或由于排水构筑物的泄水能力不足，或由于泄水口被堵塞，或由于调洪库容及坝的安全超高不足等，而导致洪水漫溢坝顶，冲刷坝面，并在极短时间内造成溃坝。因洪水漫坝而失事的比例为 35%～50%，居首位。

① 美国亚弗吉尼亚州某尾矿坝，1972 年 2 月 26 日，因洪水漫顶而溃决。该坝用煤矸石、低质煤、页岩、砂岩等堆筑，坝高 45m，顶宽 152m，坝长 365m。上游 180m 和 364m 处又用煤矸石建两座新坝，坝高 13m，顶宽 146m，坝长 167m，库内设直径 610mm 的管道

控制上游库水位。

失事前 3 天连续降雨 94mm，库内水位上涨，水位高过坝顶 2m，坝体出现纵向缝，继而发生大滑动，塌滑体挤压第二库容，造成库内泥浆涌起而越过坝顶，高达 4m，泥浆急流将下游坝冲开宽 15m、深 7m 的缺口，使上游库内 48 万立方米煤泥废水在 15min 内泄空，3h 下泄 24km，抵达布法罗河口，造成 125 人死亡、4000 人无家可归，冲毁桥梁 9 座，公路一段，损失 6200 万美元。导致失事的技术原因是库内无溢洪道，泄水管的能力不能抵挡洪水漫顶，缺乏必要的防洪抢险措施。

② 原苏联某选矿厂尾矿坝，于 1959 年 12 月因水位超过坝顶导致坝体溃决。

③ 我国江西某钨矿尾矿坝，1960 年 8 月 27 日凌晨，基础土坝因洪水漫顶而溃决。初期坝高 17m，坝长 198m，初期库容 50 万立方米，设计上采用库内建一条直径 1.6m 排水主管，后期利用排水斜槽排洪。8 月 26 日暴雨前已连续降雨 16h，达 136mm，库内已是一片汪洋，库水位离坝顶只有 2.5m，下暴雨时排水斜槽盖板已被泥沙覆盖，而排水管出口的充满度只有 0.8，远不能满足排洪需要。虽然垮坝前人工挖沟，仍然没能挽回漫顶溃坝的局面。溃坝的主要技术原因是设计上对江西地区暴雨认识不足，汇水面积大而库容小的尾矿库其排洪措施欠妥，排洪能力不足。

④ 我国湖南某铅矿尾矿坝，于 1985 年 7 月 23 日因洪水漫顶而溃坝，下泄的泥石流将东坡区洗劫一空，47 人死亡，200 多户居民受灾，矿区直接经济损失达 1300 万元。

⑤ 我国江西某铅锌矿尾矿坝，1962 年投产，当年 7 月发生洪水漫顶而溃坝。初期坝高 12m，汇水面积 1.05km²，排水斜槽断面只有 (0.6×0.5)m²，排水涵管 $D=600$mm。主要技术原因是设计上洪水资料偏低，排洪设施断面积偏小，施工质量差，管理不善，暴雨时未及时打开斜槽盖板，造成排洪能力降低而溃坝。

⑥ 我国湖南某金锑矿尾矿坝，于 1988 年 9 月 2 日遭大暴雨袭击，降雨量 100mm，由于山谷两侧 18 处民采废石及泥石流俱下，直冲矿区六三一工业场地，阻塞了尾矿库内泄水涵洞，洪水漫过拦洪坝，以 64m³/s 强大泥石流涌入尾矿库，由于尾矿库失去排洪能力而造成洪水漫坝，经济损失达 395 万元。主要技术原因是矿区乱采滥挖，废石弃土经暴雨冲刷汇集成泥石流阻塞排水涵洞、淤平河床和拦洪坝，使尾矿库失去排洪能力。

鉴于洪水漫坝的严重性，矿山应对尾矿坝（库）的基本技术资料予以核实。如：上下游情况（包括上游民采废石量；下游居民点、溃坝可能造成损失等）；降雨量与集水面积，结合当地实际条件确定符合防洪标准的降雨量（集水面积指坝址以上至上游分水岭界限内所有乌黑的地形面积，即降落在此面积上的雨水都将流入尾矿库内，降雨量和集水面积是计算洪水三要素的主要依据）；库容量，包括有效库容、死库容、蓄水库容、调洪库容和安全库容等；排水构筑物泄洪能力等。

(2) 坝坡稳定性差而失事　由于多种原因而造成坝体施工质量不合格，或坝体外坡过陡或坝体浸润线过高而引起坝坡出现裂缝、坍塌、滑坡等进而使坝体丧失稳定性。

① 日本某尾矿坝，于 1936 年 11 月因堆积坝坡陡、坝体抗剪强度低产生滑坡而溃坝。初期坝为堆石坝，高 36.4m，后期坝总高 63m，坝长 150m，库容 43 万立方米。该尾矿坝溃决是日本最严重的一次惨案。

② 原东德某尾矿坝，于 1933 年因边坡塌滑导致几万立方米的尾矿流入查阿拉河。尾矿堆高 20m，由于尾砂颗粒过细，200 目以下的占 80% 以上，坝内无排渗设施而造成滑坡。

③ 我国云南某尾矿坝，于 1962 年 9 月 26 日凌晨溃坝。决口顶宽 113m，底宽 45m，深 14m，3h 流出库水 38 万立方米，泥浆 330 万立方米，造成下游村民伤亡 263 人、受灾 12970 人，万亩良田淹没，河道淤塞 1700m，地方一批厂矿停产，是我国尾矿史上最大的事故。

该库 1958 年投产使用，尾矿库后自流排放使坝前积存大最尾水和矿泥。二期工程为临时性土坝，坝坡陡，坝体断面单薄，未夯实，溃坝前坝高 29m，外坡 1:1.6，内坡 1:1.5。1962 年 3 月发现坝体纵向裂缝，宽 3m，长 84m。失事前 3 天降雨 28.8mm，均水位上升较快。9 月 20 日坝体发现两条裂缝，内坡也出现裂缝。溃坝时最大下泄流量达 300m³/s。

事故原因：失事的前兆如坝顶开裂、渗水、滑坡等异常险情未能予以重视，对库水位过高、坝体质量差、浸润线过高、抗剪强度低、排水能力小等未能采取应急措施。

④ 郑州某灰渣库，1989 年 2 月 25 日下午 17 时出现塌方，23 时 30 分西涧沟灰渣库西侧垭口突然溃决，决口上宽 190m，下宽 90m，切深 15m，30 万立方米灰渣浆水直冲而上，决口下 600m 处铁路专线及一列机车冲毁，调车员遇难，荥阳县峡窝、高山、汜水三乡 6593 亩（1 亩≈667m²）农田过水，居民住房进水。

事故原因：坝内积水过多，坝体浸泡软化，塌陷而失去稳定性。

（3）坝体振动液化　坝体振动液化主要指发生地震时坝体丧失稳定性而破坏。

① 智利某尾矿坝，于 1928 年 10 月因附近发生强地震，导致尾矿液化造成滑坡，坝高 61m，流失尾矿达 400 万立方米，伤亡 54 人。

② 智利埃尔、科布雷（EL、Cobre）等 12 座尾矿坝，因 1965 年 3 月 28 日圣地严哥以达 140km 处发生 7.25 级强烈地震而溃坝。坝高 5～35m，坝坡（1:1.43）～（1:1.75），其中包括一座 15m 高、坝坡 1:3.73 的低坝，尾矿流失最多的一座为 190 万立方米，失事原因是坝坡过陡，堆积坝体内含水量过高，尾矿过细，颗粒 200 目以下的占 90%。

失事时矿浆冲出决口涌到对面山坡上高达 8m，短时间里下泄 12km，造成 270 人死亡，是世界尾矿史上最严重的事故之一。

③ 我国某尾矿坝，位于唐山市东北方向 40km 处。1976 年 7 月 28 日 3 时 42 分，唐山丰南发生 7.8 级强地震，同日下午 18 时 45 分，离矿仅 15km 的野鸡坨发生 7.1 级地震，使尾矿坝和尾矿沉积滩产生裂缝，出现喷砂冒水及向澄清水域塌滑等震害。由于震前进行坝坡排渗水处理，施工 13 眼无砂混凝土管排渗井才使坝体趋于稳定。

唐山地震使天津碱厂白灰埝发生大滑坡，并全部溃决。绝大部分土坝和尾矿坝在地震时都产生裂缝，尤其产生平等于坝轴线的纵向裂缝。

（4）渗流造成管涌、流土而破坏　渗漏往往被忽视，它却能引起管涌、流土、跑浑、滑坡、塌坑、坝脚沼泽化等现象，进而导致溃坝。

① 我国安徽某铁矿尾矿坝，坝高 22m，坝长 400m，初期坝内坡 1:2，外坡 1:2.5，堆积坝外坡 1:6。由于澄清水距离不足，生产中坝两端放矿，使坝体中部细粒矿泥增多而形成软弱坝壳，外坡出现沼泽化。于 1986 年 4 月 30 日，因渗流破坏导致溃坝，死亡 19 人，经济损失严重。溃坝前库水位接近坝顶，相差 0.74m，决口顶宽 160m、下底宽 140m。

② 我国吉林省某发电厂灰碴坝，于 1985 年 5 月 20 日凌晨 3 时，因灰浆饱和发生渗流破坏而溃坝。造成电厂停运，直接损失 120 万元，灰浆形成洪峰冲毁沿河一切设施，淹没大片稻田，污染水系，死亡 3 人。初期坝为定向爆破堆石坝，坝高 21.85m，内坡 1:2，外坡 1:1.5，坝长 90m，坝前无反滤层，后期灰碴坝高 15.3m，储灰 60 万立方米，自坝北端平等于坝轴线排放灰浆，坝南端近 1/3 段积水，水深 110mm，坝体浸润线升高，坝壳软弱。

③ 意大利某尾矿坝，于 1985 年 7 月 15 日因坝体内水饱和、溢洪道破坏淤堵而引起渗漏溃坝。初期用萤石粉砂堆筑，该坝位于地震区，且下游居民密集。溃坝前几周已有水淹没坝顶现象，溃坝时 150 万立方米尾砂席卷整个河谷冲出 3km，所有建筑物包括宾馆全毁，250 人丧生。

④ 南非某铂矿尾矿坝，于 1974 年 11 月 11 日凌晨因坝外坡渗漏破坏而溃坝。坝高 2/3 处出现渗漏并发展成大面积喷射泄漏，尾矿浆 250 万吨下泄流出，摧毁附近全部地面建筑物

并灌入矿井，造成 12 人丧生。

⑤ 原苏联某选矿厂尾矿坝，1955 年因沿程管涌而发生局部破坏。初期坝为土坝，高 10m，无排渗设施，后期堆积坝高 40m，库内水位高，上游滩面较短，坝前形成透水夹层和细矿泥沉积体，造成坝体浸润线从初工坝顶逸出。堆积坝外坡过陡也是不稳定原因之一，后经加固才防止破坏发展。

⑥ 鞍钢东某烧结研制西果园尾矿库，1981 年 8 月上旬西沟一期子坝出现直径 10m、深 8m 陷坑。事故原因是坝体反滤层出现穿洞现象，长期渗水带走尾砂而造成大空洞。

鞍钢某选矿厂某尾矿库，坝体浸润线逐年升高，长期渗漏水，造成坝外披饱和松软、水草丛生、明显沼泽化，极大地威胁着坝体稳定。

本钢某选矿厂某尾矿，1984 年渗漏严重造成跑矿，渗漏面积 2 万平方米，塌陷面积 450m²。事故原因是尾矿坝堆高 103m，排渗设施失效，浸润线抬高。

⑦ 贵州铝厂赤泥 2 坝，1986 年 6 月因回水管坍塌堵塞，导致库内积水，7 月连降大雨水位上升，坝外坡出现多处渗水点。1986 年 7 月 19 日坝底泄漏扩大，南坝肩因重力无法承受，决口顶宽 17m，底宽 6m，深 12m，呈 V 形。赤泥以 $10m^3/s$（碱水 Nt 3.5g/L）的速度涌出，泄入麦架河，进入猫跳河。1258.5 亩（1 亩 $\approx$ 667m²）农田受淹，20km 以内均受污染，直接经济损失达 700 万元。

事故主要原因：坝基工程地质复杂，设计和施工均未采取处理措施，管理上未及时处理坝前积水。

（5）坝基过度沉陷　主要由于工程地质的原因，造成坝体的沉陷、塌坑、裂缝、滑坡等及排水涵管等排水构筑物的断裂而失事。

① 我国江西省某钨矿尾矿坝，因施工时未挖出坝基下部淤泥层，导致筑坝后下沉 1.8m，边坡局部滑动，下部隆起，幸好坝坝脚处有一台地阻挡，才未造成溃坝大祸。

② 我国陕西省某钼矿某尾矿坝，于 1988 年 4 月 13 日因排洪隧洞基础塌陷破坏造成库区尾砂大量外泄，1500t/d 规模的百花岭选矿厂停产，损失 3200 万元，污染栗峪河、西麻坪河、石门河、伊洛河及洛河达 440km。

③ 我国吉林省某铁矿尾矿库，因库区喀斯特溶洞塌陷及排水井基础破坏而二次出险，冲走尾砂 150 万立方米，经抢修处理后稳定。

我国湖南省某些尾矿坝建在熔岩发育地区，生产中多次出现渗水漏砂现象，影响坝体安全，对下游人民的生命财产构成威胁。

④ 河北省某钢铁厂某尾矿库，投产初期两根 φ500mm 排水管中的一根断裂，只能将其堵塞，造成排水能力不足的问题。

1980 年 3 月 17 日，第二条排水系统的 φ800mm 混凝土排水管错位断裂，导致大量跑矿，坝内尾矿沉积滩面出现塌陷，形成漏斗状坍塌坑，大量泥浆涌入附近村庄，居民的生命财产受到严重威胁。抢救人员及时向沉陷地点投入 600 多千克麻捆，止住漏砂，在 φ800mm 排水管里，用 φ700mm×10 钢管内衬断裂处，分片安装，喷浆加固。断裂原因是排水管一段直接建在尾砂上，一端又置于隧洞口基岩上，造成不均匀沉陷。

（6）无正规尾矿坝　个别矿山在急功近利等错误思想的指导下，忽视尾矿排放和堆存，甚至不建尾矿坝，给当地安全、环保造成威胁。

① 我国湖南省某铅锌矿，曾利用河道逐段截取堆放尾矿，雨季山洪暴发，大量尾砂淹没两岸农田，甚至饮水也成严重问题。

② 我国河南、陕西一些个体采矿点无正规尾矿坝，将尾矿、氰化废渣等随意排放到河滩、路边，严重污染环境。

统计资料表明，堆石坝、砌石坝和混合坝的事故率较低，而土坝、尾矿堆积坝的事故率较高。洪水漫顶造成溃坝的概率为50%；渗流破坏为40%；泄洪构筑物破坏为10%。尾矿坝必须经常维护、定期加固，否则工程质量再好的尾矿坝也难免出现险情。

尽管溃坝破坏的直接原因多种多样，实践证明，通过精心设计、合理施工及经常性监控管理，溃坝破坏是可以避免的，对于那些有严重隐患的尾矿坝，只要及时采取因地制宜的补救工程措施，强化管理，是可以转危为安的。

鉴于我国尾矿坝多为上游法筑坝、坝高逐年上升、坝下居民区设施密集、隐患又不断增加的现实，有必要组织专业技术检查组，对管辖内矿山尾矿坝逐个进行技术检查鉴定，确定安全等级，分别制定安全措施，限期加固改造。

4.3 尾矿处置

4.3.1 我国尾矿综合利用基本情况

我国现有尾矿库12655座，其中三等以上大中型尾矿库为533座，占4.2%，四、五等小型尾矿库12122座，占95.8%。

尾矿已成为我国目前产出量最大、堆存量最多的固体废弃物，已经引起严重的环境问题和存在巨大的安全隐患，成为我国矿业经济和矿业城市可持续发展的瓶颈问题。

2009年利用尾矿总量为1.6亿吨，综合利用率为13.3%。其中从尾矿中回收有价组分约470万吨，占尾矿利用总量的3%；生产建筑材料利用尾矿约5800万吨，占33%；充填矿山采空区利用尾矿约1亿吨，占63%；其他利用<1%。2009年全国尾矿综合利用产值约300亿元，利润34亿元（不含充填）。

矿山尾矿具有可利用的价值，如下所述。

（1）主体矿物在尾矿中尚有可观的存储　某金矿选矿厂每年排出的尾矿含金达0.8～1.2g/t，损失黄金达2.3t以上。目前，稀土矿的尾矿中稀土元素均在50%以上。

（2）伴生矿物存量大、价值高　我国金属矿产的一个重大特点就是"单一矿少，综合矿多"。由于"单一开发，丢弃其他"的开采利用方式，大量共、伴生矿物资源未能回收，囤居在尾矿之中，故称为"人工矿床"，是一笔宝贵的财富。如果借助选矿技术的新发展，将这些金属回收利用，经济效益不亚于建立一个新矿山。

（3）尾矿中脉石矿物的价值不可低估　金属矿尾矿中的大量岩屑及非金属矿物和煤的尾矿、煤矸石及其他围岩等也都是有用物质，是采掘到地面、堆积到一起的财富。北京科技大学用一家铁矿细粒尾矿制作免烧砖、建筑装饰材料，已制成机压及浇注表面金属化及涂化饰面砖、墙体砌块及铺路砖。

尾矿是有待挖潜的宝藏，我国矿业循环经济当前的任务就是要开发利用长期搁置的大量尾矿。

广西南丹的锡等金属矿有61个尾矿库，在总量2522万吨的尾矿中，含有大量的有色金属锡、锑、铅、锌、银、金、铟、镉以及非金属矿砷、硫等，品位都在国家工业品位指标之上，有些已达到大型或特大型规模，初步测算有30亿元的资源量。湖北省某铁矿尾矿库中含有价值上亿元的铁、铜、硫、金、银、钴等有价元素。

攀枝花铁矿的尾矿中含有铜、镍、钛、钒等十几种有益组分，相当于一座大型有色矿山。煤矿的煤矸石和其他围岩等也都是有用物质，而且是采掘到地面、堆聚到一起的财富。

4.3.2 尾矿处理工艺技术

尾矿是指矿山企业在选矿完成后排放的废渣、矿渣，多以泥浆形式外排，日积月累形成尾矿库。尾矿库占地面积大，而且极具安全隐患，另外在尾矿库中富含选矿药剂的尾矿水渗透到地下，对环境、地下水也会造成极大的污染。因此选矿尾矿处理是摆在矿山生产者面前的一大问题。

尾矿是采矿企业在一定技术、经济条件下排出的"废弃物"，但其中大多含有各种有色、黑色、稀贵、稀土和非金属矿物等，是宝贵的二次资源，当技术、经济条件允许时，可再次进行有效的开发。尾矿如何进行科学化处理呢？

目前，对尾矿的处理方法一般是作为矿山地下开采采空区的充填料，即水砂充填料或胶结充填的集料；或者有的直接在尾矿堆积场上覆土造田，种植农作物或植树造林。其实尾矿最具经济效益的处理方法还是尾矿制砂和作为建筑材料的原料，例如经过处理的尾矿可以作为水泥、瓦、加气混凝土、耐火材料、玻璃、陶粒、混凝土集料等的原料，尾矿砂可以替代一部分的机制砂用来制作混凝土、修筑公路、路面材料等。

国内外目前对尾矿资源的综合利用可以概括为下列几种途径。

（1）首先要尽量做好尾矿资源有用组分的综合回收利用，采用先进技术和合理工艺对尾矿进行再选，最大限度地回收尾矿中的有用组分，这样可以进一步减少尾矿数量。有些选矿厂向无尾矿方向发展。

（2）尾矿用作矿山地下开采采空区的充填料，即水砂充填料或胶结充填的集料。尾矿作为采空区的充填料使用，最理想的充填工艺是全尾矿充填工艺，但目前仍处于试验研究阶段。在生产上采用的都是利用尾矿中的粗粒部分作为采空区的充填料。选矿（皮带输送机）厂的尾矿排出后送尾矿制备工段进行分级，把粗砂部分送入井下采空区，而细粒部分进入尾矿库堆存。这种尾矿处理方法在国内外均已得到应用。

（3）尾矿（制砂机）作为建筑材料的原料制作水泥、硅酸盐尾砂砖、瓦、加气混凝土、铸石、耐火材料、玻璃、陶粒、混凝土集料、微晶玻璃、溶渣花砖、泡沫玻璃和泡沫材料等。

（4）用尾砂修筑公路、路面材料、防滑材料、海岸造田等。

（5）在尾矿堆积场上覆土造田，种植农作物或植树造林。

（6）把尾矿堆存在专门修筑的尾矿库内，这是多数选矿厂目前最广泛采用的尾矿处理方法。

4.3.3 尾矿再选

尾矿中大多含有各种有色、黑色、稀贵、稀土和非金属矿物等，是宝贵的二次矿产资源，有待进一步的开发及回收利用。例如，从铜尾矿中可选出铜、金、银、铁、硫、萤石、硅灰石、重晶石等多种有用成分；从锡尾矿中也能回收铅、锌、锑、银等金属元素。就从铁尾矿中回收精铁矿而言，全国铁尾矿品位平均11%，最高达27%，如以回收品位达61%的铁精矿，产率按2%~3%计算，每年从铁尾矿中就可增产（300~400）×10^4 t铁精矿，相当于投资几十亿元建设的一个大型联合矿山企业。

过去受思想认识和技术条件的限制，矿山选矿回收率不高，矿产综合利用程度不足，现已堆存甚至正在排出的尾矿中含有丰富的有用元素。回收其中的有用物质和伴生元素是对尾矿综合利用最直接的方法。如晋南地区比较丰富的矽卡岩型铁矿尾矿资源含金量一般在0.3~0.7mg/kg，并且大部分为中粗粒金，单体解离度可达71.5%，开发制造了集金重选设备，经生产验证取得了满意的效果，达到了在搅拌的同时富集金的目的，与摇床配套使用，形成了一套较完善的选矿流程，最终可获得含量为18.17mg/kg的金精矿产品。

河南某金矿尾矿中的金、银平均品位分别为1.75g/t和39g/t，含金1.5t，银17t。采用全泥氰化炭浆提金工艺，综合回收老尾矿库中的金和银，浸渣金、银品位分别为0.21g/t、11.64g/t，金、银浸出率分别为87.65%、69.84%。

采用浮选工艺综合回收氰渣中的铅、金、银和硫，铅精矿含 Pb 40%、Au 15～25g/t、Ag 250～300g/t，Pb、Au 和 Ag 的回收率分别为 72%、82% 和 69%。

丰山铜矿对其尾矿经重选—浮选—磁选—重选联合工艺试验，可得含铜 20.5% 的铜精矿、含硫 43.61% 的硫精矿、含铁 55.61% 的铁精矿、含 WO_3 82.7% 的钨粗精矿。

4.3.3.1 铁尾矿资源综合利用

随着钢铁工业的迅速发展，铁矿石尾矿在工业固体废弃物中占的比例也越来越大。据不完全统计，目前我国发现的矿产有 150 多种，开发建立了 8000 多座矿山，累计生产尾矿超过 80 亿吨，其中堆存的铁尾矿量占全部尾矿堆存总量的 45%。

全国 100 多个大中型铁矿选矿厂尾矿综合利用中，尾矿再选回收多种有价金属是当前铁矿选矿厂尾矿综合利用的重要途径，是矿山企业增产创收的有效措施，是矿山污染治理、净化环境的重大举措。

近年我国铁矿选矿厂在尾矿再选试验研究的基础上，采用多种措施对尾矿进行再选回收有用的矿物，降低了最终尾矿品位，获得了可观的经济效益。

我国铁尾矿资源按照伴生元素的含量，分为单金属类铁尾矿和多金属类铁尾矿两大类。

其中单金属类铁尾矿，根据其硅、铝、钙、镁的含量又可分为以下几类。

(1) 高硅鞍山型铁尾矿　数量最大的铁尾矿类型，尾矿中含硅高，有的 SiO_2 含量高达 83%。这类尾矿一般不含有价伴生元素，平均粒度 0.04～0.2mm。这类尾矿的选矿厂有本钢南芬、歪头山、鞍钢东鞍山、齐大山、弓长岭、大孤山、首钢大石河、密云、水厂、太钢峨口、唐钢石人沟等。

(2) 高铝马钢型铁尾矿　年排出量不大，主要是分布在长江中下游宁芜一带。如江苏吉山铁矿、马钢姑山铁矿、南山铁矿及黄梅山铁矿等选矿厂。特点是 Al_2O_3 含量较高，多数尾矿不含有伴生元素和组分，个别尾矿含有伴生硫、磷，小于 0.074mm 粒级的尾矿含量占 30%～60%。

(3) 高钙、高镁邯郸型铁尾矿　主要集中在邯郸地区的铁矿山，如玉石洼、西石门、玉泉岭、符山、王家子等。主要伴生元素为 S、Co，还有极微量的 Cu、Ni、Zn、Pb、As、Au 和 Ag 等，小于 0.074mm 粒级的尾矿含量占 50%～70%。

(4) 低钙、镁、铝、硅酒钢型铁尾矿　该类尾矿中主要非金属矿物是重晶石、碧玉，伴生元素有 Co、Ni、Ge、Ga 和 Cu 等，尾矿粒度小于 0.074mm 的占 73.2%。

多金属类铁尾矿分布在攀西地区、包头地区和长江中下游的武钢地区。矿物成分复杂，伴生元素多，除含丰富有色金属外，还含一定量的稀有金属、贵金属及稀散元素。从价值上看，回收这类铁尾矿中的伴生元素，已远远超过主体金属铁的回收价值。如大冶型铁尾矿中除含有较高的铁外，还含有 Cu、Co、S、Ni、Au、Ag、Se 等；攀钢型铁尾矿中除含有数量可观的 V、Ti 外，还含有 Co、Ni、Ga、S 等；白云鄂博型铁尾矿中含有 22.9% 的铁矿物、8.6% 的稀土矿物及 15.0% 的萤石等。图 4-17 为钒钛磁铁矿尾矿回收钛铁工艺流程。

我国铁矿资源多为贫矿，含铁品位为 30%～35% 的贫铁矿约占 80%，其中还有部分与多金属的共生矿、赤铁矿等。针对不同类型的贫铁矿石，需采用不同的选别工艺流程，进行一种或多种有用金属的回收。

根据矿床的地质资料，铁矿石中的不可用铁含量一般在 5% 左右，高于这一指标的尾矿中仍含有可以进一步回收的铁矿资源，如何将这些可用资源进一步回收利用，仍是今后攻关的重点。

在研究尾矿中铁矿物类型的基础上，可选择强磁选、弱磁选、浮选、重选等合适的选矿方法，或采用联合选矿方法，进行尾矿再选；对赤铁矿、褐铁矿含量高的尾矿，可探讨焙烧后再选的可能性。

利用钒钛磁铁矿选铁后的尾矿作为原料，经一段强磁抛尾后得含 TiO_2 17%～19%的粗钛精矿。将粗钛矿进行一段闭路磨矿后经弱磁扫铁，再给入二段强磁，获得含 TiO_2 22%～24%的钛精矿。二段强磁尾矿经反浮选除硫作业后，进入全粒级浮钛作业，主要药剂为 R-2 及硫酸，经过一粗四精的选别作业后，可获得含钛 47.00%以上的钛精矿，钛精矿经烘干即为成品钛精矿（图 4-17）。

攀枝花铁矿每年从铁尾矿中回收 V、Ti、Co、Sc 等多种有色金属和稀有金属，回收产品的价值占矿石总价值的 60%以上。

4.3.3.2 有色金属尾矿的再选

我国有色金属矿产 80%是共（伴）生矿，金属品位低，有色金属采选回收率为 50%～60%（比发达国家低 10%～15%），伴生有色金属回收率为 40%（比外国低 20%）。

我国现有 300 多个大中型有色金属尾矿坝，堆存的尾矿量在 22 亿吨以上，并以每年 1.4 亿吨的速度增长，而正常运行的尾矿坝仅占 52%，尾矿平均利用率为 8.2%。有色金属的尾矿一般由矿石、脉石及围岩中所含的多种矿物组成，其主要组成成分为 SiO_2、CaO、MgO、Al_2O_3、Fe_2O_3 等。特点如下。

(1) 颗粒极细，多数小于 0.074mm。

(2) 尾矿中多达 40 种金属元素且关系复杂。

(3) 大多是硫化物尾矿，易氧化形成酸性水。

(4) 有少量的有毒有害物质，包括矿石中带来的如铜、铅、砷、锡、汞、镍等；药剂中带来的氰化物、重铬酸盐、硅氟化钠、硫酸铜、硫酸锌和黄药、黑药、松醇油等。

(5) 数量大、易流动、输送浓度很低。由于选矿过程需大量的水，尾矿排放后多呈尾矿浆，含 20%的固体质量，80%以上为水，一般每得到 1t 金属量的铜精矿，产出近 1000t 矿浆，其中含有 100 多吨固体尾矿。

近年来，有色金属行业通过科技创新，攻克了有色金属尾矿有价组分的回收技术，并取得了一定成绩，使得我国有色金属尾矿回收率得到很大的提高，也给企业带来巨大的经济效益。

实现方法有：完善回收工艺、进行简单的预选、采用高效选别设备、优化产品方案。

根据尾矿成分，从铜尾矿中选出铜、金、银、铁、硫、萤石、硅灰石、重晶石等多种有用成分。铜官山是有色金属行业中最早再选尾矿的矿山，采用先选硫后选铁的工艺，年最高利润达 281 万元。

近年来，江铜集团攻克"含铜废石"堆浸技术难关，掌握了当今世界先进的"堆浸—电萃取—电积"湿法冶金提铜技术，最大限度地利用铜资源，并形成规模化生产。德兴、永丰、武山、东乡、城门山铜矿都在回收铜、硫以及伴生的银、金、硒、锑。

德兴铜矿 2004 年的铜、金、银选矿回收率依次为 86.60%、62.32%、65.09%，分别比 1995 年提高了 6.6%、0.31%、5.45%，用水力旋流器对铜尾矿进行分级并重力选硫，年回收硫精矿 1000t，Cu9.2t，Au33.4kg。

红透山铜矿有 2 座尾矿库，现有存量 300 万吨，每年可增加尾矿量 10 万吨，尾矿中含有黄铁矿、磁黄铁矿，硫品位为 6%左右。经浮选，得硫精矿品位 36%，回收率 50%。

我国铅锌等金属矿产资源丰富，矿石常伴生有铜、银、金、铋、锑、硒、碲、钨、钼、锗、镓、铊、硫、铁及萤石等。我国 70%的银来自铅锌矿石。江西铜业公司的银山铅锌矿从铅锌尾矿、铜硫尾矿以及老尾矿经硫化物浮选回收铅、锌、铜后，再浮选回收绢云母。

凡口铅锌矿 1 号尾矿库尾矿再选表明，尾矿经 0.074mm 细筛分级、摇床重选和浮选后，得到了含硫 35.70％、总回收率为 63.50％的硫精矿产品。

　　低品位含铜废石可以采用化学硫化集成技术回收利用（图 4-18）。

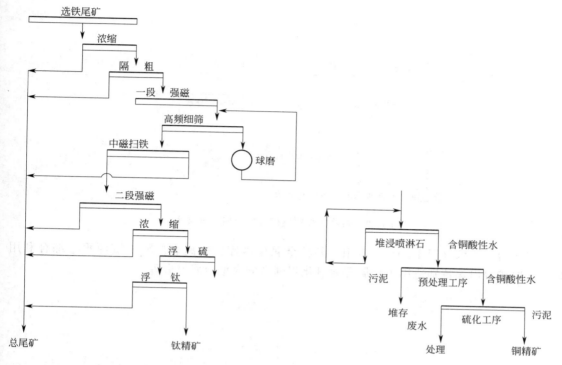

图 4-17　钒钛磁铁矿尾矿回收钛铁工艺流程　　　　图 4-18　低品位含铜废石化学硫化集成技术

　　金堆城钼矿中铜地质平均品位为 0.028％，对钼尾矿采用浓密脱药—活化—浮选工艺，铜回收率达 80％；对铜尾矿在不进行脱药浓缩的情况下，采用一次粗选、一次扫选、两次精选工艺即可获得品位 48％以上的硫精矿；该矿磁铁矿地质平均品位为 0.77％，嵌布粒度细，尾矿采用磁选—再磨—脱泥—筛分工艺流程可获得品位大于 62.00％、含硫小于 0.20％的铁精矿。

　　河南栾川某钼矿从浮选钼后的尾矿中，用磁选—重选流程再选、回收钨精矿，选钨后的尾矿再回收长石精矿和石英精矿，使得尾矿量不足原矿的 30％。

　　针对尾矿含锡品位低，含泥量大，细粒锡石多，锡、铁结合致密，难磨难选，其他有价金属含量低，综合利用难度较大等特性，采用选冶联合新技术回收尾矿中的锡、铁、铅等有价金属。

　　锡尾矿经过预处理，粗砂采用载体富集技术使尾矿中锡、铁、铅等有价金属得到富集，再采用磁选、重选技术使锡（锡铅）矿物和铁矿物分离，得到锡富中矿和含锡铁物料；细泥经脱泥、分级，采用窄级别分选技术回收微细粒锡金属矿物，得到锡富中矿产品。图 4-19 为高效回收锡尾矿有价金属组分技术流程图。

　　锡富中矿经烟化炉处理，获得含锡 40％的烟尘锡；含锡铁产品物料再经氯化挥发与还原分离技术，使锡、铅、铟等多种有价金属挥发得到回收；挥发后的物料进行还原，直接作为冶炼原料，利用炼铁技术在熔融态中实现金属铁和炉渣的熔融分离，最后得到生铁产品。

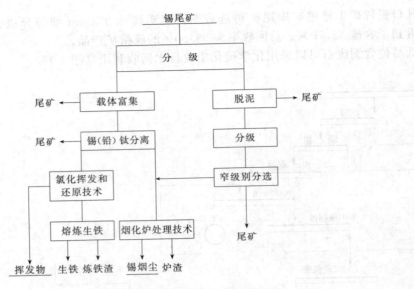

图 4-19　高效回收锡尾矿有价金属组分技术

湿法冶金技术（图 4-20）可应用于各种金属尾砂库、剥离表皮矿的资源再生综合利用和氧化原矿浸出，特别适用于金属元素氧化程度高的大型金属尾砂库。

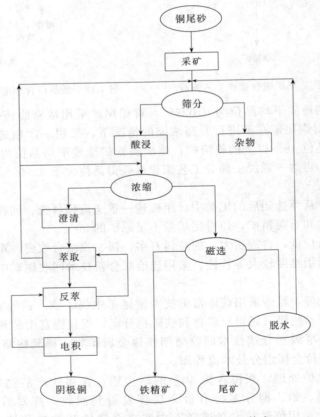

图 4-20　金属尾矿综合利用湿法冶金技术

"酸浸—萃取—电积"法简称"L—SX—EW"法，具有效率高、成本低、无"三废"

排放（萃余液全部返回循环使用）、绿色环保、低碳节能、金属回收率高等特点，具有巨大的应用发展前景。

石录铜矿尾砂真密度为 $3.05t/m^3$，堆密度为 $1.4t/m^3$；含铜品位 0.75%（其中酸溶铜占 56%，其余为不可溶结合氧化铜），含铁品位 22.93%；粒度非常细，小于 400 目的颗粒占 42.47%，小于 200 目的所占比例高达 83.05%；铜、铁主要分布在细粒级中，小于 400 目粒级中铜和铁的分布率分别为 68.8% 和 65.19%；氧化率极高，泥化很严重，氧化组分主要为 SiO_2、Fe_3O_4、Al_2O_3、$CaCO_3$、$MgCO_3$ 等。

从尾砂库采回的铜矿尾砂，经水冲进下料装置，用部分萃余液和循环回用的中水调浆并除去石块、树枝、草根等杂物后，自流进入提升式矿浆搅拌槽，用经浓硫酸稀释器稀释的工业硫酸进行硫酸浸出作业，将尾砂中的酸溶铜全部浸出，酸浸矿浆自流进入几台串联配置的浓密机，用部分萃余液作为洗涤水进行酸浸矿浆的逆流洗涤作业。

一级浓密机溢流即为萃取工段的铜料液，经沉淀澄清后送入萃取工段经过"两萃一反一洗涤"的萃取流程，把铜料液中低品位的铜富集到富铜液中成为高品位铜液，排出的萃余液作为调浆水和洗涤水返回上料和末级浓密机中循环使用。

富铜液作为电解液自流进入电积工段的电解槽，通入直流电进行电积作业，液体中的铜沉积在阴极板上生产出国标 1 号阴极铜板，从电解槽流出的贫电解液作为反萃液返回萃取工段的反萃槽，经反萃负载有机相提高铜品位后成为富铜液，再流入电积工段的电解槽再次进行电积循环作业。

末级浓密机底流加入部分清水稀释后送选铁工段，经过三级磁选作业，产出铁精矿，铁尾矿矿浆经卧螺离心机脱水后，干尾矿直接售建材厂和水泥厂作为生产矿渣环保砖和水泥的主辅材料，中水返回上料调浆Ⅰ段循环使用。

铜矿尾砂中的有价金属铜和铁，经过"L—SX—EW"法湿法冶金流水线，源源不断地以阴极铜板和铁精矿形态被提炼出来

4.3.3.3 金尾矿再选

由于金的特殊作用，从金属尾矿中再选金受到较多重视。实践证明，由于过去的采金及选冶技术落后，相当一部分金、银等有价元素丢失在尾矿中。

据有关资料报道，我国每生产 1t 黄金，大约要消耗 2t 的金储量，回收率只有 50% 左右，大约还有一半的金储量留在尾矿、矿渣中。国外的实践表明，尾矿、渣矿中有 50% 左右的金都是可以再回收的。我国 20 世纪 70 年代前建成的黄金生产矿山、选矿厂，大多采用浮选、重选、混汞、混汞＋浮选或重选＋浮选等传统工艺选金，金的回收率低。

尾矿中金的品位多数在 1g/t 以上，有些矿山甚至达到 $2\sim3g/t$；少数矿石物质组分较复杂的矿山或高品位矿山，尾矿中的金品位达 3g/t 以上，而目前技术经济条件下，金矿回收的临界经济品位（一般是指矿山生产达到盈亏平衡时的最低品位要求。经济品位是一个平均值的概念，是由多个工程组合或一定生产期间的平均要求，而不是孤立的一个工程的最低品位要求）为 0.53g/t。

随着选冶技术水平的提高，引进并推广了全泥氰化炭浆提金生产工艺（图 4-21）后，老尾矿再次成为黄金矿山的重要资源。

如按照全泥氰化炭浆生产工艺计算，在尾矿输送距离小于 1km 的条件下，一般盈亏平衡点品位为 0.8g/t。尾矿金品位大于 0.8g/t 者，均可再次回收。金尾矿中的伴生组分如铅、锌、铜、硫等的回收也应得到重视。

银洞坡金矿于 1981 年建成投产了 100t/d 的选矿厂，1985 年以后选矿工艺为炭浆工艺，生产能力提高到 250t/d。在 1992 年，老尾矿库堆存了达 90 万吨左右含金较高的可回收尾矿

资源，含金量约 1665kg，含银 25t。

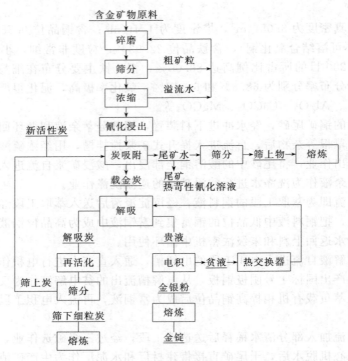

图 4-21　炭浆法提金原则流程

选矿厂于 1996 年开始利用原有的 250t/d 的炭浆厂进行处理尾矿的工业实践，采用全泥氰化炭浆提金工艺回收金、银（图 4-22）。

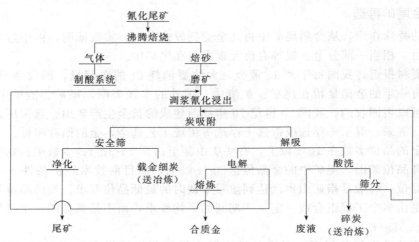

图 4-22　尾矿炭浆法提金选冶流程

（1）生产工艺流程　尾矿在采矿船上调浆后由砂泵输送到 250t/d 炭浆厂，磨矿分级溢流给入浓缩池，经浓缩后浸出吸附，在浸出吸附过程中，为扩大处理能力，用负氧机代替真空泵供养，采用边浸边吸工艺，产出的载金炭送解吸电解后，产出成品金（图 4-22）。

（2）生产实践　生产能力为 250t/d 以上，尾矿浓度为 20％左右，细度小于 0.074mm 的尾矿占 55％左右，双螺旋分级机溢流小于 0.074mm 的占 75％，旋流器分级溢流小于

0.074mm 的占 93%，浸出浓度为 38%～40%，浸出时间为 32h 以上，氧化钙用量 3000g/t，氰化钠用量 1000g/t，五段吸附平均底炭密度为 10g/L。各主要指标如下：金浸原品位为 2.83g/t，银浸原品位为 39g/t；金浸出率为 86.5%，银浸出率为 48%；金选冶总回收率为 80.4%，银选冶总回收率为 38.2%。

4.3.4 尾矿在建材工业中的应用

建材工业在国民经济中占有重要地位。建材工业的上游是矿产资源产业，每年都要消耗大量的不可再生矿产资源，是典型的资源、能源消耗型产业，但同时也是利用废弃物种类最多、实施"减量化、再利用、资源化"潜力最大的行业之一。随着我国可持续发展战略的提出以及人们对健康人居环境的要求，越来越多的有色金属尾矿被开发应用于水泥、墙体材料、微晶玻璃等许多绿色建材中。

各类尾矿的组成虽然千差万别，但基本组分和开发利用途径是有规律可循的。矿物成分、化学成分及其工艺性能三大要素构成了尾矿利用可行性的基础。

磨细的尾矿构成了一种复合矿物原料，加上其微量元素的作用。形成工艺特点：尾矿在资源特征上与传统的建材、陶瓷、玻璃原料基本相近，对于已经加工成细粒的不完备混合料，加以调配即可用于生产，因此可以整体利用，由于节省了磨矿成本，可以替代传统原料，制造出别具特色的新型原料，经济效益显著。

高硅尾矿（SiO_2＞60%）可用作建筑材料、公路用砂、陶瓷、玻璃、微晶玻璃、花岗岩及硅酸盐新材料原料；高铁（Fe_2O_3＞15%）或含多种金属的尾矿可作色瓷、色釉、水泥配料及新型材料原料。

对于采用一段磨矿选矿后的尾矿产品，由于颗粒粒度均匀，可用作烧结类尾矿建材或水化合成类尾矿建材；对于阶段磨矿产品，尾矿呈多粒级混杂状态可用作混凝土骨料或生产无粗骨料的硅酸盐建筑制品。

经过焙烧处理的矿石尾矿，由于焙烧过程中积存了一定能量，因而显示一定的化学活性，适合用作生产水化合成材料或混凝土材料的混合料。

尾矿在建材中的主要应用领域包括以下几方面。

（1）利用尾矿制砖　普通墙体砖是建筑业用量最大的建材产品之一，国家为了保护农业生产，制定了一系列保护耕地的措施，因此制砖的黏土资源愈来愈显得紧张，利用选矿尾矿制砖不失为一条很好的途径。

从砖体结构和加工工艺上研究尾矿制砖，生产出经济耐用轻质的产品。

我国铁矿资源嵌布粒度细，一般需经二段磨矿，少数需三段磨矿、选别，除预选抛出部分粗粒尾矿外，大部分选矿排出和堆存的尾矿粒度较细，一般尾矿粒度小于 0.074mm 的占 50%～75%，仅长江中下游一带尾矿粒度较粗。

铁尾矿是一种复合矿物原料，是铁矿石经加工、磁选后以泥浆状排放的矿物废料。其成分包括化学成分和矿物成分，其主要成分是石英，主要含 SiO_2、Al_2O_3、Fe_2O_3、CaO、MgO 等（表 4-3），还含有少量其他元素；铁尾矿化学成分接近建筑用陶瓷材料、玻璃、砖瓦等所需要的成分，为开展尾矿用于制作建筑材料创造了条件。

大部分尾矿的成分主要都是 SiO_2，对作建材原料的尾矿来说，活性是指其在 $Ca(OH)_2$ 溶液中所表现出来的化学反应活性。

铁尾矿本身几乎没有水硬胶凝的特性，加水后，铁尾矿粉末在常温或者水热养护条件下，与 $Ca(OH)_2$ 反应形成水硬胶结性能很好的化合物。

矿质混合材料的作用主要是与胶凝材料反应生成凝胶或微晶矿物，以增加胶结相的数量，其原理与水化合成尾矿建材相似。

表 4-3　国内某些企业铁尾矿多元素分析　　　　　单位：%

企业名称	SiO$_2$	Al$_2$O$_3$	Fe$_2$O$_3$	CaO	MgO	TFe	MnO
唐钢石人沟铁矿	72.79	6.08	6.20	4.85	3.16	4.48	0.085
上海梅山铁矿	27.88	7.27	25.0	14.62	1.78		
程潮铁矿(筛上)	50.38	10.27	7.80	10.15	5.24		
鞍山齐达山铁矿	75.91	0.65		1.82	1.51	11.69	
金岭铁矿	36.47	5.32	8.27	19.48	13.21		
安徽黄梅山铁矿	43.58	12.21		1.0	2.7	17.54	
他达铁矿	21.06	6.57		0.5	0.50	38.00	0.64
鞍山三烧选矿厂	70.35	1.06		2.44	2.74		
邯郸铁矿	31.98	6.49	10.23	30.77	13.84		0.12
歪头山铁矿	74.92	1.80	10.20	3.27	3.69		
吉林通化铁矿	63.07	5.60	13.82	8.18	0.23		

试验表明，大多数尾矿可以成为传统原料的替代品，乃至成为别具特色的新型原料。

铁尾矿不仅可以制普通烧结砖，还可制免烧砖、地面装饰砖、双免砖、三免砖等一些符合走"绿色矿业"之路的具有巨大社会、经济价值的砖。

免烧免蒸砖属于胶结型尾矿建材，是指在常温下或不高于 100℃ 的条件下，通过胶结材料将尾矿颗粒结合成整体，而制成的有规则外形和满足使用条件的建筑材料或制品。

在这类材料中，尾矿主要起骨料作用，一般不参与材料形成的化学反应，但其本身的形态、颗粒分布、表面状态、机械强度、化学稳定等性质，却对材料的技术性能有重要的影响。水化硅酸钙 CSH、水化铝酸钙 CAH 及钙钒石是免烧免蒸砖的强度来源。

唐山地区铁矿尾矿制备铁尾矿砖的过程如下。以铁尾矿为主要材料，通过掺加适量的水泥（普通硅酸盐水泥）、粉煤灰、粗骨料（唐钢石人沟铁矿采剥岩细碎石块）和一定的外加剂（AS 减水剂、粉末硫酸钠作为激发剂），经常温常压养护 28d 后，抗压强度可达到 28.30MPa，抗折强度为 5.63MPa。所采用的尾矿除了 Al$_2$O$_3$ 含量偏低以外，其他成分均符合上述生产建筑制品的要求（图 4-23）。

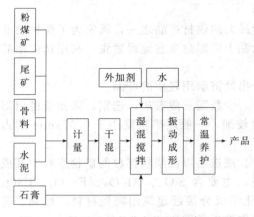

图 4-23　铁尾矿制免蒸免烧尾矿砖工艺流程

铁尾矿制作装饰面砖，工艺简单，原料成本低，物理性能好，表面光滑、美观，装饰效果相当于其他各类装饰面砖（如水泥地面砖、陶瓷釉面砖）。

邵东铅锌选矿厂尾矿分级溢流的主要成分为 SiO$_2$、Al$_2$O$_3$，其耐火度为 1680℃，配加部分黏土熟料和夹泥，混炼成形后自然风干，在 80℃ 和 120℃ 条件下烘干，在重烧炉中焙烧即得到最终产品，性能达到国家高炉用耐火砖标准。

回收萤石产生的部分尾矿含 SiO$_2$ 和 CaF$_2$，若返回萤石浮选回路将会影响萤石精矿质量，因此单独作为尾矿，利用该尾矿进行烧制红砖试验。将尾矿与黏土按 3:2 的比例混合，120℃ 烘干 4h，1000℃ 烧制 3h，即可得到成品。某黄金尾矿堆浸提金尾矿生产混凝土砌块与蒸压砖流程图见图 4-24。

利用尾矿配以水泥及其他辅料生产新型节能混凝土加气砌块、混凝土空心砖、彩色混凝土瓦、混凝土普通砖，其中尾砂用量占 40%～60%。

利用尾矿生产新型环保建材，替代实心黏土砖、瓦，一方面可以充分利用尾矿资源，另一方面减少尾矿堆存占地，减少能耗，降低大气和环境污染。

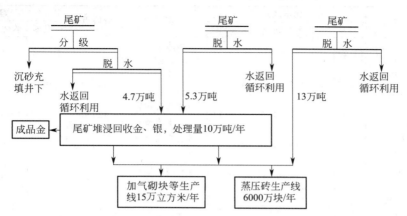

图 4-24　黄金尾矿堆浸提金尾矿生产混凝土砌块与蒸压砖

（2）利用尾矿生产水泥　水泥是建筑行业中十分重要、使用广泛且使用量大的材料。制作水泥对原料配比和原料物相有一定要求。尾矿用于制作水泥：一是利用尾矿中含铁量高的特点，以尾矿代替通常水泥配方使用的铁粉，在这种情况下，尾矿在水泥原料配方中的用量不超过 5%，消耗尾矿的量不大；二是利用尾矿代替水泥原料的主要成分，一般尾矿成分不会完全符合水泥配方，需要配入一些成分才能符合制作水泥的要求，尾矿消耗量大。

水泥品种取决于尾矿原料的属性。理论和实践证明，SiO_2 含量在 50% 以下的尾矿适合水泥的生产应用。石英含量过高的尾矿作为水泥配料时，存在两大缺陷：首先是配入的校正原料量大；其次生料难以烧成。生产的水泥成本也比较高，不适合工业化生产。

尾矿属性不同，研制出的水泥类型不一样。铝含量高的尾矿适宜生产高铝水泥和铝酸盐水泥；白色水泥原料可选择含铁低的尾矿；快硬水泥则考虑硫和铝成分较高的尾矿。

我国水泥产量连续多年居世界之首，年产量接近 25 亿吨，但水泥工业仍沿用能源的过度消耗和粗放型生产的传统发展战略，造成资源的极大浪费和环境的严重破坏。

扶持和发展利用如金属尾矿、粉煤灰等工业废渣生产高性能水泥，可以将多种行业用循环经济联系起来，为在受资源、能源、环境和成本的制约下的中国水泥工业调整和发展探索寻找一条可持续发展途径。

目前国内外利用铅锌尾矿和铜尾矿煅烧水泥的企业比较多，这两种尾矿不仅可以代替部分水泥原料，而且还能起到矿化作用，能够有效提高熟料产量、质量以及降低煤耗。除铜、铅锌、尾矿之外，其他如金、硫铁、锰铁以及铜铂尾矿烧制水泥在我国也有所尝试。

尾矿用于烧制水泥的优势有以下几方面。

① 尾矿是分解点、熔点最低的原料。分解点、熔点是由表征原料内各矿物元素结合键型的离子键、共价键、金属键等决定的。不同地区尾矿分解点、熔点实验数据见表 4-4。

分解点、熔点低，对于烧水泥的优点是能耗低，固相、液相反应完全。尾矿的熔点（平均 1200℃）比黏土、沉积岩（1580℃）的熔点低 300℃，即液相提前，液相反应能耗降低。

尾矿分解点为 450～650℃（硫化物分解和脱水分解），比黏土、沉积岩（页岩、泥质岩、粉砂岩）（600～900℃）低 200～300℃，分解点低促进同相反应完全，3 天强度提高。

② 尾矿是潜在能量最高的原料。金属硫化矿物是能量矿物的标志。由于这种矿床是多种硫化矿物共生，尾矿中的能量矿物含量远要比黏土、沉积岩中的多。

黏土中由于空气中 O_2 的风化作用，几乎没有硫化矿，在还原环境中形成沉积岩，这类矿物如黄铁矿（FeS_2）、磁黄铁矿（$Fe_{1\sim x}S$）很少。

表 4-4 不同地区尾矿分解点、熔点实验数据

序号	尾矿名	尾矿化学成分/%					母岩类型	分解点/℃	熔点/℃			
		SiO$_2$	Al$_2$O$_3$	Fe$_2$O$_3$	CaO	MgO			变形	软化	半球	流动
1	福建建阳市建筑管镇铅锌尾矿	51.21	3.10	19.89	17.10	4.51	母岩为变质岩矽卡型(矽卡岩)	630-800	1142	1181	1183	1187
2	广东梅县丙村镇铅锌尾矿	54.24	6.94	11.56	11.05	2.10	母岩为变质岩(矽卡岩型)	420-600	1094	1152	1157	1161
3	广东连平县铅锌尾矿	26.49	4.78	37.06	5.08	2.74	母岩为沉积岩(矽卡岩型)	420-480	1062	1068	1084	1092
4	江西水平钢尾矿	59.25	7.61	11.65	10.78	3.25	母岩为变质岩(矽卡岩型)	420-630	1121	1162	1168	1179
5	安徽滁州铜尾矿	41.00	7.15	15.20	25.07	2.44	母岩为沉积岩(矽卡岩型)	610-650	1 151	1168	1172	1176
6	江西德兴市德兴钢尾矿	68.49	13.31	6.72	0.98	2.46	母岩为酸性岩浆岩	410-650	1295	1385	1405	1420
7	浙江诸暨铅锌尾矿	50.01	8.38	9.09	11.80	4.44	母岩为变质岩(矽卡岩型)	410-650	1145	1149	1149	1151
8	云南新平县大红山铜尾矿	35.17	11.00	20.62	5.16	5.10	母岩为超基性岩	450-600	1101	1116	1119	1124
9	贵州南丹灯镇拉么锌矿	44.22	1.6	15.70	7.46	1.98	母岩为超基性岩	400-600	1074	1114	1186	1393
10	福建建阳市水吉镇塔下铅锌尾矿	53.76	9.7	15.31	4.88	4.7	母岩为基性岩	410-640	1109	1169	1175	1179
11	福建蒲县铜尾矿	74.11	11.04	8.76	4.88	4.70	母岩为沉积细砂岩	450-600	1311	1457	1476	1494
12	广西修德胜县铜尾矿	57.68	23.67	7.62	3.73	1.21	母岩为中性岩浆岩	480-620	1311	1395	1411	1463

注:1. 400~500℃为金属硫化物分解。

2. 600~700℃为结晶水、结构水脱水分解。

3. 700~900℃为碳酸盐或高温脱结构水分解。

尾矿放热的温度区间(450~550℃)是在配入的主配燃煤(无烟煤)着火点(550~650℃)的前位,是形成连续性燃烧、激发出高温反应场、达到低煤耗高温烧成的主要条件。

③ 尾矿是唯一能够岩石供氧的原料。尾矿是热液交代而成的矿种。受地质能量和交代反应强制机制的限制,形成很多与氧(O)结合键较弱的硅酸盐矿物。这些矿物在水泥烧成快速升温到800℃以上时,会分解放出氧(O),此特性对烧制水泥表现出新的优点:可克服立窑料球内部还原煅烧的缺点。

形成里应外合的煅烧机理:回转窑中用岩矿放出的氧为解聚剂,从原料硅酸盐矿物Si—O结构中解离出 SiO$_4$ 的硅活性体,加速 SiO$_4$-CaO 钙硅酸熟料矿物烧成反应。

④ 尾矿易解聚出熟料生成反应活性体。烧水泥时最惰性的成分是 SiO$_2$,惰性来自稳固的 Si—O 结构。烧成中除 CaCO$_3$ 分解能耗最高外,SiO$_2$ 解聚能耗也占着很关键的地位。水泥熟料烧得好不好、产量高不高、能耗高不高,要关注原料中硅酸盐矿物 Si—O 结构解聚出 [SiO$_4$]$^{4-}$ 反应活性体的能力。选择水泥原料一定要抓住这个硅(SiO$_2$)的主体,传统原料一般用黏土。沉积的页岩、泥质岩、粉砂岩,这些原料中硅酸盐主体矿物石英、高岭石、云母、长石等都是三维空间(架状)、二维空间(层状)延伸的复杂 Si—O 结构体。要解聚开这种 Si—O 结构成为 [SiO$_4$]$^{4-}$ 反应活性体,需要很高的温度,让它热分裂;要多加解聚剂,如 O$_2$、CaF$_2$ 等。以 [O] 解聚剂为例,这类矿物解聚出 [SiO$_4$]$^{4-}$,层状要用 3 [O],架状要用 4 [O]。尾矿中能量矿物及放热情况见表 4-5。

表 4-5　尾矿中能量矿物及放热情况表

岩石类	能量矿物	分子式	硫含量 S/%	放热量（约数）/(kJ/kg)
沉积岩	黄铁矿	FeS_2	53.45	6956
	白铁矿	FeS	53.45	5784
	有机碳	C	—	—
岩浆岩变质岩	黄铁矿	FeS_2	53.45	6956
	方铅矿	PbS	13.40	7078
	闪锌矿	ZnS	32.90	7995
	黄铜矿	$CuFeS$	34.90	5784
	镍黄铁矿	$(FeNi)_9S_8$	33.23	3480
	斑铜矿	Cu_5FeS_4	25.55	4800
	磁黄铁矿	$Fe_{1-x}S$	36.23	3600
	辉锑矿	Sb_2S_3	28.62	3200
	辉铋矿	Bi_2S_3	28.62	3200
	黝铜矿	$Cu_{12}Sb_4S_{13}$	25.09	3005

尾矿中的主要矿物是角闪石、辉石等链状 Si—O 结构，绿帘石、黝帘石等岛状 Si—O 结构和锥石、红柱石等的环状 Si—O 结构体。这些 Si—O 结构体在水泥烧成中可以在较低温度下和少量 O_2、CaF 解聚剂下完成，环状、链状只需 2 ［O］ 解聚剂便可解出一个 $[SiO_4]^{4-}$ 活性体，绿帘石 Si—O 结构可不用解聚剂。因此，用尾矿烧水泥能加快解聚 Si—O 结构的速度，促进 $[SiO_4]^{4-}$——CaO 反应。

⑤ 尾矿是矿化剂集合最多的原料。尾矿中 FeS_2（黄铁矿）、$CuFeS_2$（黄铜矿）、$CuFeS_4$（斑铜矿）、ZuS（闪锌矿）、PbS（方铅矿）、Sb_2S（辉锑矿）等硫型矿化剂较丰富。

在水泥熟料煅烧过程中，凡是能使生料易烧性改善、并加速化合物结晶过程或物理化学反应的少量外加剂称为矿化剂。试验证明，ZnS、PbS 矿化能力要优于 CaF_2、$CaSO_4$ 的矿化剂。

【实例】　江西某水泥厂原用（CaO 50%）石灰石＋黏土＋沸腾炉渣，烧成热耗 4180 kJ/kg，熟料 1000kcal（1kcal＝4.18kJ，下同）。改用邻近弋阳铜尾矿之后，烧成热耗最低到 2299kJ/kg，熟料 550kcal，产量提高 17%。在浙江、安徽、云南、新疆、广西等省（区）应用尾矿也取得了很好的效果。1991 年浙江某水泥厂用铅锌尾矿经国家测试热耗为 2508 kJ/kg，熟料 600kcal。

2002 年开始在兆山新星集团 2500t/d 新型干法窑上应用，产量提高到 3091t/d，煤耗降低 15%，粉磨电耗降低 10%，3 天强度提高 35MPa，28 天抗压提高 24MPa。

（3）尾矿应用于陶瓷材料　利用尾矿研制生产陶瓷打破了以黏土为原料的传统，在有效利用废弃尾矿、减轻环境压力的同时，使陶瓷性能得到了很大的改善。一般考虑利用化学成分与陶瓷瓷坯化学成分相近的尾矿可烧制陶瓷。陶瓷瓷坯的化学成分为：SiO_2 59.57%～72.5%，Al_2O_3 21.5%～32.53%，CaO 0.18%～1.98%，MgO 1.16%～1.89%，Fe_2O_3 0.11%～1.11%，TiO_2 0.01%～0.11%，K_2O 1.21%～3.78%，Na_2O 0.47%～2.04%。

根据化学组成，建筑陶瓷可以分为钙质陶瓷和镁质陶瓷，尾矿建筑陶瓷大多为钙镁质陶瓷。

由于组成尾矿的常见造岩矿物大都具备作为陶瓷坯体瘠性原料或熔剂原料的基础条件，因此，只要针对不同的生产工艺和产品进行合理的设计就能够制出性能较好的陶瓷。

焦家金矿尾矿 SiO_2 含量较高，Al_2O_3、Na_2O、K_2O 含量一般，铁硫严重超标，如果尾矿用于制备白色陶瓷，质量会受到影响，因此，决定首先去除有害元素。采用的方法为螺旋溜槽分级（重选）—（弱+强）磁选—浮选，经处理后得到的长石粉原料可以进行一次快烧实验，采用的流程见图 4-25。

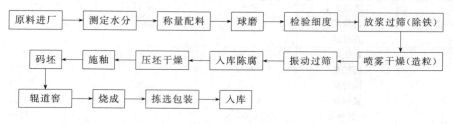

图 4-25　焦家金矿尾矿制备陶瓷工艺流程

日本某企业利用某尾砂作为陶瓷的原料烧制陶管、陶瓦、熔铸陶瓷、耐酸耐火质器材等。

某选矿厂的尾砂化学成分与国内生产的陶管、陶瓦等陶制品所用的原料化学组成十分接近，因此，专家们进行了研究，取得了比以黏土为原料所制成的陶制品强度还高的产品。尾砂生产陶瓷制品是用隧道窑连续烧制的，这种尾砂制得的产品用于做下水通用的厚陶管。

（4）尾矿生产新型玻璃材料　制造玻璃的主要原料为石英砂或石英砂岩，其次是长石、石灰石、白云石、萤石、芒硝、重晶石、钾碱等。凡是含有以上成分的金属尾矿和废石都可以作为制造玻璃的原料和配料。当制造对原料质量要求不高的一般玻璃器具时，富含二氧化硅的石英脉型金矿、钨矿和富含石英、长石的伟晶岩型铌钽矿等金属矿山的尾矿都可以作为生产玻璃的原配料。

含铝较高的尾矿可熔制瓶缸玻璃、纤维中碱球、低碱无硼玻璃等。用金属矿山尾矿研发的新型玻璃还包括高铁铝型尾矿制造的饰面玻璃、黑色玻璃等。

由于尾矿是一个复杂的多组分体系，完全可以用来生产对透明度要求不高的玻璃建材制品，比如有色玻璃装饰板、微晶玻璃装饰板、玻璃马赛克等。目前，研究较多的是利用尾矿生产微晶玻璃和玻璃马赛克等。

北京市密云铁尾矿的成分主要为 SiO_2、Al_2O_3、Fe_2O_3，并含一定量的 CaO、MgO、Na_2O、K_2O，且含铁量高。在铁尾矿中添加适量的 CaO、MgO，形成 $CaO\text{-}MgO\text{-}Al_2O_3\text{-}SiO_2$ 系微晶玻璃；加少量硫黄使部分铁转化成硫化亚铁，有助于晶化。采用图 4-26 的工艺流程，铁尾矿的用量达到 60% 以上，成品的抗折强度为 50.2MPa，显微硬度平均值为 675.4，大理石和花岗岩的抗折强度只有 17～19MPa，显微硬度平均值为 153.6。

图 4-26　铁尾矿生产微晶玻璃工艺流程

尾矿中含有制备微晶玻璃所需的 CaO、MgO、Al_2O_3、SiO_2 等基本成分，因此，可以利用尾矿制备各种性能的微晶玻璃。

近几年，我国利用尾矿生产微晶玻璃已得到一定的研究应用。以大孤山铁尾矿和攀钢钛渣为主要原料，外加一种含钠废弃物，研制出了以钙铁辉石为主晶相、颜色为蓝黑、光泽度好的微晶玻璃。铁尾矿和钛渣中含有的 Fe_2O_3 和 TiO_2 是优良的晶核剂，不需再添加晶核剂。由于该类微晶玻璃全部采用废弃物，因此其废料的利用率可达 100%。用含 CaO、MgO 和 FeO 的尾矿，添加适当砂岩等辅助原料，并采用合适的熔制工艺制成高级饰面玻璃，铁尾矿利用率达 70%～80%，生产的玻璃理化性能好，主要性能优于大理石。

（5）尾矿生产其他建筑材料　比如制作耐火材料、制作无机人造大理石、用作混凝土骨料和建筑用砂以及用于铺筑路基等等。

对北京地区的尾矿进行了检验，证明绝大多数尾矿制成的人工砂材料性质是合格的。因此，只要采用合适的工艺就可取代天然砂石用来配制混凝土。

我国马鞍山铁矿利用粗粒级尾砂作硅骨料，尾矿中不含云母、硫酸盐、硫化物、有机物、黏土、淤泥等有害杂质，其抗拉强度、抗渗性、收缩性、抗疲劳、弹性模量及与钢筋的粘接力均符合国家有关骨料技术标准的要求，具有较好的经济效益。因此尾矿用作建筑骨料潜力极大。

尾矿可用于混凝土生产。目前，作为建筑骨料的尾矿多为铁矿和石灰石矿的废弃物，尾矿成分绝大部分为硅质和钙质氧化物，由于骨料的颗粒级配、针片状含量、石粉含量、泥块含量这些指标是可以在生产过程中通过改变设备和工艺参数来调整和控制的，利用各种废渣微粉掺合料的交互叠加效应，通过各种掺合材料的合理匹配，能提高混凝土的致密性，形成低渗透、高密度、低缺陷的混凝土结构，大大提高混凝土的使用寿命。

生产加气混凝土时对铁尾矿的要求：$SiO_2 > 65\%$，游离 SiO_2（石英形式）$> 40\%$，$Na_2O < 1.5\% \sim 2.0\%$，$K_2O < 3\% \sim 3.5\%$，$Fe_2O_3 < 18\%$，烧失量 $< 5\%$，黏土含量 $< 5\%$（尾矿中 SiO_2 含量 75%，游离 SiO_2 为 40%）。

尾矿骨料由于其颗粒级配、粒形甚至颜色都与天然骨料有明显的不同，在全国推广使用的还较少，大多数的使用单位还不认识和不接受尾矿骨料，特别对尾矿砂的使用较陌生。

天津市 1987 年在近万米的工程上使用了首钢迁安矿山的尾矿人工砂。北京市 1996 年也在住宅工程、工业厂房和道桥工程上应用了河北三河的尾矿人工砂，不仅在当时取得了良好的经济效益，而且到目前工程质量依然良好。

铺路材料是最基本的建筑材料，对化学成分没有严格要求，只要求材料有一定的硬度和粒度。铺路材料一般用量较大，用尾矿作为生产原料可以弥补价格较低的缺点。

马鞍山矿山研究院利用齐大山选矿厂尾矿，加入一定的配料（碎石、砂子、粉煤灰及黏土）及石灰，经一定的处理后作为路面基料，并在沈阳至盘山的 12km 路段进行了工业试验，经测定表明，已达到了二级公路对路基的强度要求。1 万公里国家二级公路，仅砂石就需要数亿立方米，以尾矿代替砂石作路基垫层筑路，费用可节省 1/3。

4.3.5　采空区充填

采矿作业中，随着回采工作面的推进，逐步用充填料充填采空区的采矿方法称为充填采矿法。

充填采空区的目的：利用充填体进行地压管理，以控制围岩崩落和地表下沉，并为回采工作创造安全和方便条件，预防有自燃性矿石的内因火灾。

随着人们环境保护、资源不可再生意识的提高和循环经济的不断发展，充填法采矿已是今后采矿业发展的趋势。

充填采矿法在现有的地下矿山得到了广泛的应用，如下所述。

① 矿石回采率高，贫化率低，采选投入综合经济效益比较好。充填法可以最大限度地将地下的矿体采出。

② 减少地面尾矿库的占地面积，很多矿山废石用于采空区的充填，做到了废石不出坑，很好地保护了生态环境。

③ 充填采矿法适用的岩石条件比较宽松，对顶板的要求不是太苛刻，用于开采地面需

要保护的矿床。使用充填法可保护地面不发生陷落；充填法开采有自燃倾向的矿床，可有效地防止火灾的发生。

④ 随着矿山的发展，全面机械化如采用凿岩台车打钻凿岩、铲运机出矿、锚杆台车支护锚杆、锚索护顶等，使充填法成为高效率广泛使用的采矿方法；大力开展了充填理论的研究，推广了充填料输送管路化、充填系统的自动控制，寻找代替水泥的胶凝材料，采用高浓度均质流的浆体输送，从而使充填体强度提高，成本下降。

⑤ 随着矿山的不断开采，很多矿山由地下逐渐转至深部。例如三山岛金矿、红透山铜矿等开拓工程已到地下 1000m 左右。而充填法是深部开采的有效方法，可以很好地控制地压和岩爆活动。

尾矿充填采矿技术的发展方向有以下几个。

(1) 创造新型采矿工艺 充填采矿技术要结合矿山特点、矿床开采技术条件，发明和创造一些与其他采矿技术相结合的新型采矿方法。

对于缓倾斜极薄矿脉的开采，可用矿岩分掘、废石抛掷充填空区，即削壁充填与暴力远矿相结合的采矿法。

对于厚大且矿岩较稳固的矿体，可用浅孔或中深孔空场采矿法开采，采后空区用尾砂胶结、块石胶结或高水材料充填，即阶段连续回采快速充填采矿工艺。既降低成本，又增大效率，做到空区及时处理。

(2) 加强高水材料长期性能研究 高水材料是一种新型支护材料，其质量水固化比达(2.5～3.0)∶1，体积含水率 90%，并具有短时间内凝固、早期强度高等特点。高水材料除在采矿工艺中应用外，还可在楼房基础注浆加固、堵漏防渗、巷旁充填支护等工程中应用。

(3) 新型充填材料、化学添加剂应用扩大 矿山充填材料主要由骨料和胶结剂两部分组成。骨料大多数就地选取廉价的可用物料，不足部分就地选料破碎加工。绝大多数矿山选用普通硅酸盐水泥或矿渣水泥作胶结剂，少量矿山掺入粉煤灰、赤泥、石灰等物料。

目前适用于矿山充填特点的专用水泥还不多见，高水速凝材料是一种典型的专用充填胶结剂，其在硬岩矿山的应用仍处于试验研究和推广阶段。

除常规的充填材料，如砂石集料、水泥、粉煤灰、炉渣以及水之外，在充填料制备之前或混合之后直接加入除材料以外的添加剂，已在国内外一些矿山开始研究和试用。如速凝剂用来缩短凝固时间；缓凝剂用来延长凝固时间；减水剂用来改善和易性和提高强度；减阻剂用来降低高浓度物料的管道输送阻力等。其目的是提高充填料的物理性能，包括强度、稳定性、可输送性、可泵性、和易性以及浇注性等。这些特性满足了充填与采矿工程的需要，减水技术和水化过程控制技术已在国外矿山生产中应用，许多化学添加剂如絮凝剂、减水剂、减阻剂、泥浆杂物快速固化剂等也得到了应用，依赖水泥单一品种的局面将会得到改变，逐渐开发研制低成本、高强度的新型充填固化材料。

高水材料的优点是可以使用全尾砂，充填体固结速度快，充填料无重力水排出，避免井下环境污染并节约了排水费用，充填料可以低浓度、远距离输送，充填效率高。

充填体强度不高，部分固结材料在应用过程中极易风化，脱水后强度有所降低，国外材料成本价格高。在矿山和其他工程应用中，没有证明其有抵抗爆破震动性与冲击性、抵抗各种性质渗滤水的腐蚀性、抵抗地应力作用变形破坏与地热作用、冰冻作用等特性。

(4) 充填设施、机械、监测仪表将不断更新 在充填设施中，充填料储仓的作用是十分重要的，储存干料的卧式储仓较为简单。

采用湿法处理技术产出的分级尾砂或全尾砂的储存通常用立式储仓，要求储仓中高浓料浆（例如 65%～70%）稳定地、可靠地排出，且制备优质充填料十分重要。因此，对现代两相散体流动特性与理论的研究十分必要。

对现行使用的几种立式储仓如半球形底部结构多点放砂型、锥形底部单点放砂型以及带搅拌器的储罐型进行综合分析评价，并开发研究和设计出无搅拌器重力排放充填料储仓。

充填料制备的专用混合搅拌机得到发展，出现了立式强力搅拌机、卧式叶片搅拌机、卧式圆筒旋转搅拌机、卧式双轴螺旋搅拌输送机及水泥活化搅拌机、高剪力高速搅拌机等。

由于尾砂充填的广泛应用，处理尾砂的分级脱泥设备，各种类型、各种尺寸的水力旋流器，输送尾砂的各种耐磨砂泵、油隔离泵、隔膜泵等都得到发展。

全尾砂技术的开发，促进了连续脱水技术和脱水设备的发展，大型盘式过滤机和大型水平带式真空过滤机研制水平有了较大的提高，过滤效率和处理能力可以满足生产需要。

（5）充填力学研究向现场连续监测与预报发展 许多应用充填采矿法的矿山，对充填体的作用及其对采场围岩稳定性影响的研究都比较重视。主要通过原岩应力测量和矿岩的物理力学性质检测及在井下采场充填体中和上、下盘围岩中埋设各种应力、应变仪器来实测相关参数。再将这些参数按预定建立的数学模型输入计算机进行演算，从而得出一定的结论。

1995 年，白银有色（集团）有限责任公司和瑞典昌律欧大学合作，完成了中国-瑞典关于小铁山铅锌矿矿区的岩石力学研究报告，主要对机械化上向进路式尾砂胶结充填采矿法采场及附近围岩进行大量数据整理分析，得出了小铁山铅锌矿的地压基本规律。

1994 年，美国矿务局月一佛岩石力学研究中心与中国合作开展矿山岩石力学研究，其中拟在金川建立一套宽频带微振监测系统，对地下开采过程中的地压活动进行长期的监测。这说明类似金川这样工程地质条件复杂的大型矿山，建立长期的地压活动连续监测与 GPS 预报系统来进行地下开采稳定性的研究是十分必要的。

（6）充填模式向生态化、无公害化发展 矿山固体废料不向地面排放及采空区被有效充填已是急待研究解决的重大课题。按照工业生态学的观点，解决矿山环境问题最有效的途径是将矿山废料转化为资源被重新利用。

生态的充填模式就是要将矿山的各个工序作为一个系统对待，把矿山充填作为固体废料资源化的一个有效手段，实现矿山固体废料排放最小化，从根本上解决矿山环境保护问题。

新的充填模式由三个基本要素组成：①内循环技术；②经济效益；③废料流量。第一要素是必要条件，即该充填模式必须以低成本、高效率和高可靠性能的充填技术作为支撑，是其核心要素。第二要素为充分条件，在该充填模式下能够实现经济平衡甚至获取新增效益。第三要素则表征废料的资源化程度。这一充填模式将实现固体废料排放量最小甚至为零的目标。

（7）提高机械化作业水平及效率 在薄矿脉开采矿山，有条件者使用国产机械或微型无轨设备进行机械化作业研究，提高生产能力，促进技术进步。

现代充填采矿技术已将低效率的充填工艺改造成为大规模、高效率的先进采矿工艺。斜坡道与各种类型无轨采掘设备的应用，使井下作业面貌发生巨大变化，井下工人劳动条件得到很大改善，采场生产能力和劳动生产率大幅度提高。

国内矿山已有 53 种型号、800 多台铲运机（LHD）在运行，铲斗容积最小的为 0.38 码，最大的已达 6.1 码，其中柴油驱动占 70%，电力驱动占 30%。拥有铲运机的矿山不断增加。

白银有色金属（集团）有限责任公司小铁山铅锌矿先后引进地下无轨采掘及辅助设备 12 台（套），实现了采掘无轨机械化，装备有瑞典水星 14 单臂液压凿岩台车 4 台，美国 EST 2D 铲运机 4 台，中国金川 JCCY 2A 铲运机 4 台，铲斗容积为 2 码，每年采出矿石 30 万吨，生产能力达到 800～1200t/d。安庆铜矿采用 120m 以上高阶段大孔径崩矿嗣后一次充填采矿法。瑞典 Simba-251 潜孔钻机钻凿直径为 165mm 的垂直下向深孔。美国 ST-SC（斗容 3.8 耐）铲运机出矿及大规模连续振动出矿，采场综合能力达到 750～800t/d。

（8）深部充填采矿技术　我国金属矿山石嘴子铜矿，从上部 25m 阶段到闭坑深度达 950m，始终使用浅孔留矿采矿法，该采矿方法在中等深度（530m 以上）开采中获得较好效果。采深增加时，矿区压力大，作业条件困难，相应改变矿块结构参数。由上部大矿房小间柱到中部小矿房大间柱，再到深部大顶柱均未能很好地解决回采困难及大量矿石损失的问题。

借鉴国外深部矿体开采经验，充填法是唯一可行的回采工艺。充填采矿法多种多样，充填技术五花八门，采用何种回采方法及充填工艺是今后应根据具体矿床开采条件而开展研究的主要课题。

武钢程潮铁矿是位于湖北省鄂州市的国内特大型的地下金属矿山，是武汉钢铁集团矿业有限责任公司重点投资发展的矿山。该矿一直采用分段高度为 17.5m、进路间距为 15m 的无底柱分段崩落法开采，该矿东区地表已经塌陷。由于矿体向西南方向倾斜，深部矿体主要位于矿区西部，开采工作也逐渐向西区转移。开采是引起地表塌陷的主要因素，采矿方法、矿体赋存条件、开采厚度、开采宽度、采场结构尺寸、开采顺序以及开采的时空关系等因素对地表塌陷有着直接的影响。武钢矿业公司考虑到程潮铁矿目前面临着如此严峻的问题，决定为程潮铁矿难采矿的开采提供充填采矿技术。

充填采矿法依据充填材料的不同可以分为干式充填法、水砂充填法、胶结充填法。它们采用的充填废料包括废石、粉煤灰、尾砂、水泥等。考虑到程潮铁矿在选矿过程中产生的大量尾砂以及尾矿库存在的安全隐患，决定采用全尾砂胶结充填技术。

整个充填工艺过程为程潮选矿厂排出的尾矿直接经尾矿管道，先流经尾矿缓冲池，再由砂泵抽至充填站尾砂仓，经过沉降、浓缩、风水造浆，最后达到一定浓度后的尾矿浆与一定配比下的水泥进行充分混合、搅拌，通过充填管路向井下采空区进行充填。整个充填工艺简图如图 4-27、图 4-28 所示。

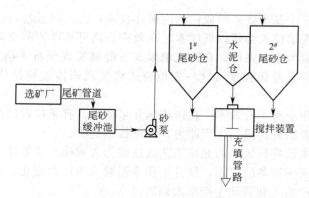

图 4-27　武钢程潮铁矿全尾砂充填工艺简图

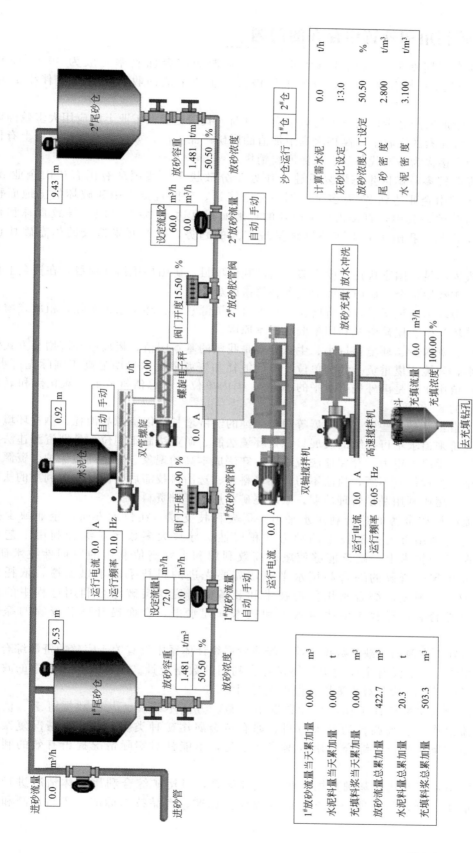

图 4-28　程潮铁矿全尾砂充填站控制图

4.4 尾矿利用和处置中存在的问题

（1）综合利用率低　目前我国大部分矿产资源的综合回收率一般为 30％～50％，一些个体采矿回采率不到 10％，资源浪费极大，企业未能回收利用共生或伴生的有用元素。

（2）高附加值产品少，缺乏市场竞争力　目前，我国尾矿在工业上的应用大多数停留在对尾矿中有价元素的回收上，高档次高附加值的尾矿产品极少，如广西在尾矿应用上有价元素的回收和直接作为砂石代替品、水泥原料销售。

（3）废矿较多，矿区生态恢复重建工作处于分散状态　我国现有国有矿山企业 8000 多个，个体矿山企业达到 23 万多个。据不完全统计，矿区直接占用和破坏的土地面积已达 300 多万公顷，其中，直接占用和破坏的林地面积已达 50 多万公顷，导致森林和林地退化。根据预测，我国矿业生产将继续呈现扩大的趋势，矿产开采造成的生态破坏也在不断增长。

（4）投入不足，国家扶持力度不够　尾矿利用项目、矿山环境治理项目，在资金上得不到保证。尾矿利用资金、矿山环境治理资金筹措困难。

（5）资源环境意识不强，经济增长方式不对　资源意识、环境意识不强，粗放式增长方式是产生环境问题、尾矿资源利用率低的根本原因。

人口多、资源少、环境容量小、生态脆弱是我国的基本国情，粗放型经济增长方式使资源难以为继，环境不堪重负。我国单位产出的能耗和资源消耗水平明显高于国际先进水平，工业万元产值用水量是国外先进水平的 10 倍，国内单位生产总值排放的二氧化硫和氧化物是发达国家的 8～9 倍。

主观因素：一是一些地方将发展等同于单纯的经济增长，以资源高消耗、牺牲环境和群众健康为代价来追求不可持续的发展。二是环境法制、矿业法制不到位，处罚资源违法、环境违法行为的手段不得力，存在违法成本低、守法成本高的现象。三是环境保护、资源保护机制不健全，管理体制不顺，执法不力，环境科学、选冶科技滞后。四是资源利用的法律法规建设落后，尾矿利用基础管理薄弱，缺乏尾矿利用的基础资料等。

（6）提高尾矿资源的综合利用水平迫切需要科技支撑　在技术方面，企业缺少投资开发尾矿综合利用重大关键技术的动力和积极性，导致大多数尾矿综合利用工艺只停留在简单易行的技术上，缺乏能够使尾矿高效利用和大宗高值利用的原创性技术研发。因此提高我国尾矿资源的综合利用水平迫切需要先进的科技手段予以支撑，依托重点和骨干企业，开展尾矿综合利用关键技术和装备的研究，突破综合利用过程中的技术瓶颈，提高综合利用过程中的决策水平和技术管理水平，全面提升尾矿资源的综合利用水平。

（7）基础工作薄弱，缺乏数据支撑　经济发展统计体系中没有关于完整的资源综合利用的基础数据统计，更没有全面的关于尾矿综合利用的数据统计。不利于提出科学的政策措施，不利于根据实际情况对政策措施做出实时调整。

已经进行的少量统计工作，统计数据不完整、方法不统一、基础数据匮乏、信息交流不畅，难以作为宏观调控的基础材料。如有色金属尾矿种类多，共伴生情况复杂，目前对该领域的尾矿的资源综合利用数据统计不足，不能针对实际情况提出有效的利用和处理方法。

因此，迫切需要建立基础数据收集和统计体系，对尾矿综合利用整体情况进行全面的摸底、收集、分类和整理，确立尾矿资源评价标准、产品技术标准、产品检测和认证体系。

思考题

1. 尾矿库的作用有哪些？
2. 尾矿的危害是什么？
3. 尾矿在建材工业中的应用有哪些？
4. 有色金属尾矿资源回收利用的关键技术有哪些？
5. 尾矿充填技术的发展方向是什么？

第 **5** 章
矿 山 复 垦

5.1 矿山土地现状

    矿业开发在促进社会进步和经济发展的同时，也对其周边环境造成了严重的污染和危害。据统计，我国采矿区每年排出废石渣约 5000 万吨，堆放占用土地 6667hm^2，全国 1500 多个露天煤矿及煤矸石占地就达 200 多万公顷；煤炭开采引起的地表塌陷面积已达 14 万公顷，并以每年塌陷 2.2 万公顷的速度递增；重点冶金矿山（未包括地方和乡镇采矿企业）占地面积为 6.5 万公顷，其中露天采场、排土场和尾矿场占地量占其面积的 70% 左右。由于缺乏必要的复垦措施，加剧了当地的水土流失程度，使矿区生态系统遭到相当程度的破坏，污染地表水体，同时使部分区域地下水位下降，造成水源枯竭或河水断流，诱发地震、山体开裂、滑坡等多种自然灾害。为了在开发矿产资源的同时最大限度地减少对土地的占用，减少对水、大气的污染，有效的方法之一就是通过土地复垦恢复矿区土地的使用功能，保护现有耕地，恢复生态环境。某矿山土地污染如图 5-1 所示。

图 5-1　某矿山土地污染

    我国矿区土地复垦工作开始于 20 世纪 50 年代末，当时一些矿产企业迫于矿区土地紧缺的压力，陆续开展了不同规模的技术粗放的土地复垦工作。由于国家长期以来没有指导土地复垦工作的专门立法，也缺乏相应的复垦技术体系和资金作为支撑，矿山土地复垦工作举步维艰。到 20 世纪 80 年代后期，全国开展复垦工作的矿山企业不足 1%，已复垦利用的土地不到被破坏土地的 1%。为了保护国土资源、改善矿区生态环境，国务院 1988 年 12 月第 19 号令颁布了《土地复垦规定》，以法规的形式对复垦地的实施原则、责权关系、组织形式、规划、资金来源及复垦土地使用等做了原则性的规定，提高了全国各行业的复垦意识，使我国的土地复垦工作有了新的发展。从 1989 年到 1991 年，国家土地管理部门先后在河北、江苏、山东等省开展了 23 个土地复垦试点，至 1992 年年底复垦了 33 万公顷土地。1994 年国家又在江苏铜山、安徽淮北、河北唐山创建了三个复垦综合示范工程。各地土地管理部门和矿区也建立了许多复垦试验示范区，取得了良好的效果，获得了大量的宝贵经验。

5.2 矿山土地复垦基础知识

5.2.1 矿山土地复垦定义

矿山土地复垦是指对矿山生产建设过程中因挖损、塌陷、压占等造成破坏的土地采取整治措施，使其恢复到可供利用状态的活动。凡因从事开采矿产资源、烧制砖瓦、燃煤发电等生产建设活动而造成土地破坏和废弃的现象都属土地复垦范畴。由于采矿业是破坏土地最严重的行业，因此，狭义地讲"土地复垦"是专指对工矿业用地的再生利用和生态系统的恢复。它是充分利用土地资源、防止环境破坏、减少土地浪费、缓解土地供求矛盾的重要措施。

5.2.2 矿山土地复垦对象

矿山土地复垦的对象是由于企业或个人开采矿产资源、烧制砖瓦、燃煤发电等生产建设活动造成的因挖损、塌陷、压占等而被破坏的土地，包括露天采矿场、外排土场和工业场地（尾矿库、选矿厂、污水处理厂等）及土地沉陷和裂缝、拉伸变形、下沉、地表移动的一定范围的土地。

5.2.3 矿山土地复垦目标

矿山土地复垦目标可分为基本环境目标和发展利用目标。基本环境目标在工程复垦阶段完成，相应地应满足以下几个方面的要求。

（1）场地的安全与稳定，防止滑坡及泥石流等灾难性事故发生。

（2）清除矿区范围内的有毒有害废物，防止其污染水体和植物。

（3）复垦后的场地要尽可能与自然条件作用形成的地形保持一致，其景观地貌要与周围未破坏地区相协调。

（4）表层应具有可供植物生长的土壤环境。

（5）控制侵蚀与保持水土。

在生物复垦阶段完成复垦土地的发展利用目标，其最终用途可分为农业用地、林业用地、牧草地和建设用地等。各复垦方向的技术要求见表 5-1。

5.2.4 矿山土地复垦特点

矿山土地复垦是一项复杂的技术性要求很高的综合性工作，就我国目前的开展过程来看，它主要有综合性、技术性、系统性、地域性、多样性等特点。

表 5-1 复垦方向的用途与技术要求

复垦方向	用　途	技术要求
农业用地	耕地、菜园	土地平整、铺表层土,粮食作物表土层不小于 0.5m,其中腐殖土层厚度不小于 0.2~0.3m,水力条件好
林业用地	栽种树木、果园	地形可有适当坡度;需铺表层土,种植树木表土不小于 0.3m,树穴处局部深挖铺土 1m 左右
休闲娱乐	公园、体育场、人工湖等	技术要求稍低于农用地,土地需很好地夯实;有水域需设防渗层;建筑适当采取加固措施
建设用地	民用或工业建筑用地	土地需很好地夯实;建筑适当采取加固措施

（1）综合性　土地复垦具有明显的多学科性，涉及地质学、农学、林学、生物学、环境科学等自然科学，涉及采矿技术、生态技术、水土保持技术等自然科学，以及人口学和经济学等社会科学。土地复垦将各学科中的相关内容融为一体，并结合实际形成新的理论知识。同时，土地复垦的多学科性决定了土地复垦工作需要多个部门协调配合。因此，土地复垦具有综合性的特点，要从全局上准确把握此特点，以保证土地复垦工作的顺利进行。

（2）技术性　土地复垦对技术的要求很高，既包括宏观领域的技术，又包括微观领域的技术；既包括工程复垦技术，又包括生物复垦技术。土地复垦工作不仅对技术实施过程的要求很高，而且还对实施后所达到的效益要求很高。因此，在开展土地复垦工作时，要充分考虑到复垦工作的各个环节，并要在技术上不断完善、不断创新，以达到经济效益、社会效益和生态效益的统一。

（3）系统性　土地复垦区常常是煤矿、冶金矿和废弃工矿地。它们与区域内的动物、植物、微生物等诸多相互作用、相互制约的因子共同构成一个生态系统。土地复垦的一个重要目的就是恢复区域内的生态系统平衡，恢复生态环境。同时，土地复垦的各个工作环节也相互影响、相互制约，每个环节都直接或间接影响着区域内的生态恢复情况。因此，土地复垦的系统性决定了土地复垦工作要准确把握各个因子之间的相互联系，正确处理好各个环节的相互关系。

（4）地域性　我国幅员辽阔、具有多种地形地貌，因此，土地复垦具有鲜明的地域性特点。对于不同的地区，土地复垦的模式和手段不同，复垦时间和复垦后的效果（收益）也不一样。如我国东部矿区地下水位高、土壤条件好、地面水利设施齐全，开采沉陷后只要采取适当措施就可在较短的时间内恢复土地的用途，并获得较高的收益；而中西部矿区由于水资源贫乏、土壤疏松，开采沉陷后在较短的时间内很难使土地生产力提高到采前水平。

（5）多样性　土地复垦多样性常常表现为复垦手段的多样性和破坏类型的多样性。土地复垦的手段主要包括两个大的方面，即工程复垦技术和生物复垦技术。工程复垦技术包括土地平整、土地整形、土地保护、充填复垦、土壤重构等技术；生物复垦技术包括土壤改良、制备恢复、菌根技术等。

5.2.5　尾矿复垦与生态重建的涵义

到 2050 年，全国因生产建设而人为破坏的土地将达到 400 万公顷。这些被破坏的土地，不但使土地和耕地面积减少，而且使环境恶化。矿区是土地资源受破坏最严重的地区之一。采矿活动一方面使许多农用地和林地被占用，另一方面造成严重的环境破坏，如植被剥离、水土流失、河道堵塞、泥石流、土地沙化等，致使大量被开采过的矿区土地很难被再利用。此外，由于占用了耕地，还会引出农民的生产与生活安置等社会问题。基于上述问题，搞好矿区土地复垦与生态重建是实现经济、社会和生态可持续发展的客观需要，其不仅可以提高土地资源利用率，保持我国耕地总量动态平衡，改善工农关系，保障城市居民和农民群众的生产和生活，而且可以保护环境，恢复生态平衡，促进生态良性循环。

实施土地复垦产业化战略，就是将土地复垦作为工矿区可持续发展的一项基础产业，在政府部门的支持下，以专门的企业（或公司）为依托，将工矿业发展用地、遭破坏土地复垦、复垦土地的开发及生产、农副产品加工、运销等融为一体，实现工矿区土地复垦的一体化、规模化、高效化经营。把性质不同、属于不同行业的土地活动（如土地整治、土壤培肥、农业生产、农副产品加工与运销等）联合为一体，形成土地复垦的凝聚力，从而促进土地复垦规模效益的提高，有效地解决土地复垦技术推广难和规模小的问题。实施土地复垦产业化战略，有利于现有土地复垦规定和有关政策措施的实施，深化土地制度改革，进一步促进现有土地法律法规、土地管理体制与机制的不断完善；实施土地复垦产业化战略，有利于积极争取土地复垦资金和政府部门对土地复垦工作的支持；实施土地复垦产业化战略，可以为工矿企业的下岗职工开辟再就业渠道，有利于工矿区农民脱贫致富达小康。

总的来说，实施土地复垦产业化战略，可以加快工矿区土地复垦工作进程，对工矿区可持续发展具有非常重要的意义。

尾矿库闭库复垦就是恢复闭库后的尾矿库对原有占地的生态效应和经济利用价值，将其改造成为符合经济、社会、生态效益要求，并与周围环境保持协调发展的活动。尾矿库闭库复垦是以恢复生态系统功能的土地利用为定义，同时又是一个具有物理学及生态学全过程的宽泛概念。

尾矿库闭库生态重建是指对尾矿库引发的生态缺损、功能失调的极度退化的生态系统，借助人工支持和诱导，对其组成、结构和功能进行超前性的计划、规划、安排和调控，同时对逐渐逼近最终目标这一逆向演替过程中可能出现的各种问题进行跟踪评估，并匹配相应的技术经济措施，最终重建一个符合代际需求和价值取向的可持续的生态系统。

生态重建的生态学原理中最重要的是生态演替原理，即生态系统由一种类型转变为另一种类型的有顺序的变化过程。同时在生态重建过程中，还必须注意生物之间相互制约原理、结构稳定和功能协调原理，实现新生态系统物质和能量的可持续循环利用。

尾矿库闭库复垦强调的是尾矿库土地可利用能力的恢复，生态重建则是在土地可利用能力恢复的基础上，强调建立一个和环境协调的、具有稳定生物群落的人工生态系统。

尾矿库闭库复垦是生态重建的前期工程，而生态重建是尾矿库闭库复垦的最终目标，尾矿库闭库复垦应是生态重建中的核心部分。

5.2.6 国内外矿山尾矿库复垦的进展

目前，德国、加拿大、美国、俄罗斯、澳大利亚等国家矿山的土地复垦率达 80%。我国矿山的土地复垦工作起步较晚，在 20 世纪 80 年代后期进展较快。

马鞍山矿山研究院于 20 世纪 90 年代初在马钢姑山铁尾矿库和排土场开展了扬尘抑制及植被复垦的技术研究，在尾矿库坝坡和排土场进行了植被试验，并获得了良好的经济效益和社会效益。

在国外，早在 19 世纪末就开始了尾矿库闭库复垦的探讨和实践，美国、澳大利亚、加拿大等世界矿业大国的尾矿库闭库复垦均取得显著成绩。20 世纪 80 年代末至 90 年代以来，矿区土地复垦的理论探讨处于高潮时期。在生产实践中不仅进一步完善了施工技术，还促进了对土壤改造、政策法规、现场管理等方面的探讨，取得了大量的成果，积累了成功的经验，形成了庞大的技术产业。近年来，人类在矿区土地生态环境的影响机制与生态环境恢复的探讨、遥感与 GIS 在土地复垦中的应用、无覆土的生物复垦及抗侵蚀复垦工艺、矿区复垦与矿区水资源及其他环境因子的综合探讨、矿区生产的生态保护等方面均取得了很大的成果。

国外对矿山环境治理中土地复垦技术的研究主要是基于生态恢复技术手段的研究与实践，利用尾矿复垦植被及建立生态区，包括植被恢复、土地复垦中矿山排放物中有毒物质处理、土地复垦后植物生长机理、侧重矿山生态系统恢复的研究。

加拿大铁矿公司（IOC）的一个铁矿场，在自然生态环境非常优良的拉布拉多市，为解决尾矿对自然环境和生态环境的影响，确立了"尾矿生态化"（TBI）计划。

中国待复垦的尾矿库多，在"人口、土地、资源"问题日益突出的今天，恢复并再利用这一宝贵的二次资源将是必要的战略选择。尾矿库占地面积大，对周边生态环境破坏严重。尾矿中的氯化物、氰化物、硫化物等成分及残留的选矿药剂等有毒有害药剂会对地表水、地下水及周边环境造成污染，它们氧化分解产生的有害气体和大风天气下的扬尘，也会对大气环境造成污染。目前，我国因尾矿造成的直接污染土地面积已达百万亩（1 亩 $\approx 667 m^2$），间接污染土地面积 1000 余万亩。

我国矿山的土地复垦工作起步于 20 世纪 60 年代，在 80 年代后期至 90 年代进展较快。在 80 年代，由于当时的政策和技术方面的原因，废弃地生态恢复工作总体上还是处于零星、分散、小规模、低水平的状态。1988 年《土地复垦规定》和《土地复垦技术标准》（试行）的出台，使该项工作步入了法制轨道。中国矿区土地复垦经历了从自发性零星复垦到自觉性有计划复垦、从单一型复垦到多形式复垦、从无组织到有组织、从无法可依到有法可依的巨大变化。但在矿种之间和区域之间均存在较大差异。近年来，中国也结合多个专业针对中国的矿区情况特别是尾矿库闭库复垦进行土地复垦技术工艺、政策与战略探讨。对于尾矿库闭库复垦技术不仅逐渐向生态恢复转变，还对修复后的土壤肥力以及各项指标进行了探讨，使中国的尾矿库闭库复垦工作逐渐迈上了系统化、整体化和高效化相结合的生态发展阶段。

1988 年 11 月，国务院颁布了《土地复垦规定》，规定了"谁破坏，谁复垦"的原则。这一规定的出台，引起了有关部门的重视，有力地促进了矿山土地复垦工作的步伐。

马鞍山矿山研究院于 20 世纪 90 年代初，在马钢姑山铁尾矿库和排土场开展了扬尘抑制及植被复垦的技术研究，对尾矿库复垦的技术条件以及扬尘抑制的有关资料进行了收集，并在尾矿库坝坡和排土场进行了植被试验。在此基础上申报了中澳合作项目，并得到了中澳基金会的批准。

清原金铜矿尾矿库面积 22 万平方米，先后投资 100 万元进行治理，覆土面积 17 万平方米，植树种草 7 万平方米，目前这里已成为较好的休闲娱乐场所。从 2001 年起，鞍矿着手实施了以"向城市沙漠宣战"为重点的矿山复垦工程，投资 4000 多万元，完成矿山植被恢复 1559 万平方米，占矿山可恢复面积的 70%，3～5 年后，尾矿库上种植的大片经济林，其经济价值达几个亿，环境效益无法估量。

目前，我国尾矿复垦现状大致有以下三种情况。

（1）仍在使用的尾矿库复垦　这类尾矿库的复垦利用主要是在尾矿坝坡面上种植复垦植被，一般是种植草藤和灌木，而不种植乔木，原因是种植乔木对坝体稳定性不利。如攀枝花钢铁公司某尾矿库，坝体坡面上曾人工覆盖山皮土，以种草为主，并辅之以浅根灌木和藤本植物。经过试种，达到了预期效果。

（2）已满或局部干涸的尾矿库复垦　这种类型是尾矿库复垦利用的重点。如本钢南芬选矿厂老尾矿库于 1969 年新库建成后停止使用，投资数十万元，覆土厚度 30cm，造田约 18 亩，复垦后交当地农民耕种。随后将矿山各种垃圾筛选发酵后堆放到尾矿库低洼处。种植面积逐年扩大，基本上整个老尾矿库所占用的土地经复垦后都用于耕种。

（3）尾矿砂直接用于复垦　这种类型主要适合于尾矿中不含有毒有害元素的中小矿山，且在矿山周围有适宜的地形。矿山可根据当地地形条件采用灵活多样的复垦方式。如唐山马兰庄铁矿和包管营铁矿就利用此模式复垦了大量土地。

5.3　矿山土地复垦主要基础理论

5.3.1　土壤重构理论

土壤重构即重构土壤，是以恢复或重建工矿区被破坏土地的生态环境为目标，采用合适的采矿和重构技术工艺，应用工程技术手段和生物手段，重新构造一个适宜的土壤剖面与土壤肥力条件以及稳定的地貌景观，在较短时间内恢复和提高重构土壤的生产力，并提高和改善重构土壤的环境。

土壤重构理论的核心是重新建造适合的土壤剖面与土壤肥力条件，即通过改良土壤的理化特性为植物生长提供适宜的生长环境和必需的养分条件。土壤重构所用的物料既包括土壤和土壤母质，也包括各类岩石、煤矸石、粉煤灰、矿渣、低品位矿石等矿山废弃物，或者是其中两项或多项的混合物。所以在某些情况下，复垦初期的"土壤"并不是严格意义上的土壤。真正具有较高生产力的土壤，是在人工措施定向培肥条件下，重构所用的物料与区域气候、生物、地形和时间等成土因素相互作用，经过风化、淋溶、淀积、分解、合成、迁移、富集等基本成土过程而逐渐形成的。

土壤重构的实质是人为构造和培育土壤，其理论基础主要来源于土壤学科。在矿区土壤重构过程中，人为因素是一个独特的且最具影响力的成土因素，它对重构土壤的形成产生广泛而深刻的影响，可使土壤肥力特性短时间内即产生巨大的变化，减轻或消除土壤污染，改善土壤的环境质量。另外，人为因素能够解决土壤长期发育、演变及耕作过程中产生的某些土壤发育障碍问题，使土壤的肥力迅速提高。但是，自然成土因素对重构土壤的发育产生长期、持久、稳定的影响，并最终决定重构土壤的发育方向。因此，土壤重构必须全面考虑到自然成土因素对重构土壤的潜在影响，采用合理有效的重构方法与措施，最大限度地提高土壤重构的效果，并降低土壤重构的成本和重构土壤的维护费用。

土壤重构可分为工程重构和生物重构。工程重构主要是指根据复垦区的土地复垦条件，按照复垦后的土地利用方向，选择适合的土地复垦方法和技术，对区域内破坏的土地进行剥离、回填、覆土和平整的技术过程。生物重构则是为了加速重构土壤坡面的形成、土壤肥力的恢复和土壤生产力的提高，在工程重构过程中或者结束后，对重构土壤进行改良培植的技术过程。一般来说，工程重构在复垦工作初期进行，生物重构则可能在复垦工作的各个阶段进行。

5.3.2　生态恢复理论

生态恢复学，简单地说，就是生态恢复的科学。它与恢复生态学的区别在于，生态恢复学是实践活动，而恢复生态学包含了基本理论和研究计划。生态恢复学是生态理论的一个新的分支，它主要涉及对自然界的人为影响。它是社会科学和自然科学的桥梁，这个领域包括所有用生态学理论来降低人类干扰自然的损害并使自然系统恢复到能自我更新和调节状态的研究。因此，生态恢复主要进行整治和维持两个主要任务。其目标就是使得一个系统回归到接近未干扰的自然状态。

事实上，要完全恢复已经破坏的生态环境是不可能的，但要创造条件并充分利用自然系统的能力。具体地讲，是指根据生态学的基本原理，通过一定的生物、生态以及工程的技术与方法，人为改变或切断生态系统退化的主导因子或过程，调整、配置和优化系统内部及其与外界的物质、能量和信息的流动过程和时空秩序，使生态系统的结构、功能和生态学潜力尽快恢复到原态。我们要重点研究生态系统的结构、功能，研究生态系统内在的生态学过程与相互作用机制以及生态系统的稳定性、多样性、抗逆性、生产力、恢复力和可持续性等问题。

生态恢复学研究的一个核心问题就是，如何定夺生态恢复的程度，什么样的生态恢复才算是达到生态系统可自我更新和调节的状态。通常来讲，生态恢复的目标有以下四个方面。

（1）恢复生态系统属性　就是将一个生态系统恢复或恢复到接近历史轨迹中的某一状态，使恢复后的生态系统属性与历史轨迹中某一状态的系统属性相近。

（2）参照系统　由于生态资料的缺乏，很难知道未干扰前的生态系统状态，因此要选择一个合适的参照系统，只要恢复后的生态能与参照系统的潜在状态可以进行对比，则认为此系统实现了生态恢复。

（3）生态系统服务功能　生态系统服务功能可以定义为对人类社会有益的生态功能，就是要将恢复和提高生态系统服务功能作为生态恢复计划的一部分。

（4）生态恢复与其他实践活动　生态恢复的理论研究成果和经验总结要可用于类似状态的生态系统恢复过程中。

在当今的矿山土地复垦工作中，人们将生态效益与经济效益和社会效益并重，特别注重矿山土地生态系统恢复后的状态，要尽可能实现矿山土地生态系统的各要素回归到先前的未干扰状态。目前，矿山土地复垦和生态重建是土地科学领域研究的热门话题。

5.4　矿山土地复垦方法与技术

根据矿山土地复垦方法类型划分方案，可以清楚地了解现有土地复垦的各种方法。土地复垦涉及农业、林业、牧业、渔业、旅游、建筑、采矿、地质、土壤、生态、环境、经济、管理、社会等众多领域，与经济学、理学、工学、管理学、农学、法学等学科门类相关，具有很强的交叉特点。因此，随着这些相关学科的发展，矿山土地复垦也会出现许多不同的方法。本章内容就上述介绍的矿山土地复垦各个类型特征做进一步分析。

5.4.1　工程复垦

（1）挖深垫浅式土地复垦　可利用公路、铁路、河流和干渠将大面积塌陷区划分为相对较小的治理单元。在各治理单元内，根据地表塌陷量大小及分布情况，在积水较深的区域继续深挖建设深水养殖塘，水深较浅的主要用于种植莲藕、慈姑、菱白等水产经济作物，浅水域周边地区可治理为蔬菜基地。这种方法利用开采沉陷形成积水的有利条件，把沉陷前单纯种植型农业变成了种植、养殖相结合的生态农业，经济效益、生态效益十分显著。挖深垫浅的复垦方式在沉陷区复垦中，特别是华东、华北各矿区土地复垦中广泛应用，同时它也适用于废石场的复垦。

（2）拖式铲运机复垦　使用大型自我驱动式铲运机剥离和回填土壤已被广泛地应用于露天矿的土地复垦中。但在采煤沉陷地复垦中应用铲运机还鲜为人知。在某些区域的土壤中含有大量砂浆砾石，针对这种土壤条件，将中小型铲运机应用于大面积沉陷地的复垦中，可以发挥铲运机在大面积、长距离剥离和回填表土等土石方工程中的突出优势。铲运机在采煤沉陷地复垦中的应用，是一种新颖的采煤沉陷地复垦技术。拖式铲运机复垦可连续工作、速度快、工期短、效率高，每台机械平均挖土方 350m³/d，但工人劳动强度较大。采用这种复垦方式能保留熟土层，土壤养分损失较少；复垦后土壤存在压实现象，需要深耕；复垦后土地能立即恢复耕种。但其受雨季、潜水面深度及地形因素影响较大。

（3）梯式动态复垦　如矿区煤层交替回采，地表塌陷呈动态变化，按照塌陷区综合治理规划，可采用梯式动态复垦的方式。梯式动态复垦的方针，即"动态塌陷、滚动治理，先塌先复、后塌同治，挖填结合、整体平衡"。本方法根据采区内煤层赋存状况，合理布局回采工作面，厚薄煤层交替配采，使地表塌陷呈梯次动态变化。依据塌陷区综合治理规划，对浅部块段先行复垦还田；中部块段休耕期同治，"挖深垫浅"，形成精养鱼塘，发展水面养殖业；深部块段用固体废弃物充填，覆土后用于开发经济林地。塌陷区综合治理安排了煤矿下岗人员再就业和农村富余劳动力，不仅保护了矿区的生态环境，保证了矿区安全生产形势的持续稳定发展，而且繁荣了经济，取得了良好的经济效益和社会效益。梯次动态复垦是工程复垦的一种，它适用于矿区塌陷地。

（4）充填复垦　充填复垦是利用矿区的固体废渣作为充填物料，主要充填物为煤矸石和坑口电厂粉煤灰，因此又分为煤矸石充填复垦和粉煤灰充填复垦。充填复垦技术兼有掩埋矿区固体废弃物和复垦土地的双重效能，可治理煤矿地表采掘废弃地的水害和恶化的生态环境。充填复垦适用于采煤塌陷地。

（5）梯田式土地复垦　采煤形成塌陷而产生的附加土地的坡度一般比较小，大约在 $2°$ 以内，通过土地平整或不平整就能耕种；塌陷后地表坡度在 $2°\sim6°$ 之间时，可沿等高线修整成梯田，并略向内倾以拦水保墒，土地利用时可布局成农林（果）相间，耕作时可采用等高耕作，以利水土保持。这种土地复垦形式为梯田式复垦。对位于丘陵山区或中低潜水位采厚较大的矿区，耕地受损的特征是形成高低不平甚至台阶状地貌。梯田式复垦适用于地处丘陵山区的塌陷盆地，或中低潜水位矿区开采沉陷后地表坡度较大的情况。

（6）疏排法复垦　疏排法复垦要建立合理的排水系统，选择承泄区排除塌陷区内积水和降低地下潜水位，以达到防洪、除涝、降渍的目的。疏排法复垦防洪要求洪水季节承泄区河水及外围径流不倒灌或流入塌陷低洼地，通常应采取整修堤坝和分洪的方法。除涝设计取决于排水面积和排水地区的具体条件。疏排法复垦属于非充填复垦，是解决高潜水位矿区塌陷地大面积积水问题的有效办法。疏排法复垦费用低，复垦后土地利用方式改变不大，深受农民欢迎。排水系统设计方法同样适用于中低潜水位矿区及其他复垦区疏排系统的设计。

（7）矸石山复垦整形设计　井下开采煤矿矸石排放，长期以堆积成锥形的矸石山为主。近年来部分矿区开展了将煤矸石直接排往塌陷坑的实践，取得了较好的经济效益、社会效益与环境效益。但这些矿区过去遗留下的矸石山，以及仍以矸石堆积排放法为主的矿区的矸石山，形成了我国煤矿开采企业一个独特的风景。对矸石山进行整形改造，整形改造后进行种植绿化使之消除危害、美化环境，并且能获得一定的经济效益。我国有不少矿山采取了矸石山的整形复垦，如兖州兴隆庄煤矿、潞安王庄矿以及新汶、鹤岗等矿区。国外，如波兰、前苏联等是较早采取矸石山整形复垦的国家。

（8）泥浆泵复垦　造地复田往往需要挖土、装土、运土、卸土和平整地等五道工序。泥浆泵复垦方法就是利用泥浆泵这一组机械，模拟自然界水流冲刷原理，把机电动力转化成水力而进行挖土、输土和填土作业，即由高压水泵产生的高压水，通过水枪喷出一股密实的高压高速水柱，将泥土切割、粉碎，使之湿化、崩解，形成泥浆和泥块的混合液，再由泥浆泵通过输送管压送到待复田的土地上。泥浆泵复垦的适用条件主要有：一是土壤类型，沙类土最理想，淤泥土不太适用，黑黏土和疆土不适用；二是冬季不能施工；三是地下水位情况，以决定开挖深度和面积；四是塌陷深度等。

5.4.2　生物复垦

5.4.2.1　土壤生物改良技术

土壤生物改良技术通常采用下列四种不同的方法。

（1）微生物培肥技术　是利用微生物＋化学药剂或微生物＋有机物的混合剂，对将要复垦的贫瘠土地进行熟化和改良，恢复其土壤肥力。公路用地大多由于人为扰动，改变了原有土壤结构，破坏了生物生存和繁衍的条件。复垦土壤经过生物改良形成植物生长发育所必需的立地条件，迅速重建人工生态系统。微生物培肥技术是国外土壤改良研究的新热点，微生物肥料（固氮菌、磷细菌、钾细菌肥料及复合肥料等）已在复垦土壤培肥中得到工业化应用，在中国还缺少具体应用实践。

（2）绿肥法 绿肥法是改良复垦土壤、增加有机质和氮磷钾等多种营养成分最有效的方法。凡是以植物的绿色部分当作肥料的称为绿肥，绿肥多为豆科植物，绿肥一般含有15％～25％的有机质、0.3％～0.6％的氮素，其生命力旺盛。在自然条件较差、较贫瘠的土地上都能很好地生长，它根系发达，能吸收深层土壤的养分，绿肥腐烂后还有胶结和团聚土粒的作用，从而改善土壤的理化特性。澳大利亚通过对草场草类改善研究，推荐在复垦区建立豆科植物的草场，会很快稳定废弃堆地表，可改善覆土的物理、化学和微生物性质，可控制水和风力侵蚀。绿肥法是公认的在缺水和贫瘠的废弃地环境中进行植被恢复最有效的方法。绿肥法宜同"挖深垫浅"的工程复垦方式相结合，它也适用于矸石山的土地复垦。

（3）客土法 对过砂、过黏土壤，采用"泥掺砂、砂掺泥"的方法，调整耕作层的泥沙比例，达到改良质量、改善耕性、提高肥力的目的。客土法的关键是寻找土源和确定覆盖的厚度与方式。为解决土源问题，有些国家和企业要求，在采矿工程动工之前，先把表层（30cm）及亚表层（30～60cm）土壤取走，并认真加以保存，待工程结束后再把它们放回原处。目前西欧大多数国家都要求凡涉及露天开采的工程都采用这一技术，我国海南田独铁矿、云南昆阳磷矿也进行了该项工作。

始建于1965年的云南磷化集团有限公司昆阳磷矿是一家大型现代化露天矿山，由于磷矿是露天开采，因此在采矿中需占用大量的土地林地。为解决资源、环境等矛盾问题，昆阳磷矿不仅投入大量资金用于复垦，还注重进行二次开发，力争复垦植被有一定的经济效益，努力实现以林养林的目标。截至2011年10月，昆阳磷矿在矿山复垦植被方面已累计投入治理资金7000余万元，完成复垦植被面积7100多亩，种植旱冬瓜、雪松等乔木树苗、灌木藤本植物270余万株。通过植被的恢复，极大减少了矿区水土流失，有效改善了矿区生态环境，为保护滇池地区的生态系统做出了应有的贡献。

如图5-2所示，昆阳磷矿在2260m高海拔复垦区建成的"晨旦地质生态公园"集工艺

图5-2 昆阳磷矿复垦植被

创新、生态恢复、旅游休闲、科普教育四大功能于一体，这里树木葱茏，三角梅、紫薇花竞相开放，上百亩的果园中种植着桃、杏、苹果、李子等果树，果树之间套种着蔬菜。而在海拔 2230m 的一矿区植被示范区内建成面积达 1000 亩的包括生态林木、经济林木等 6 个片区的森林湖生态园，其中生态林木区种植着适宜矿区生长的旱冬瓜、竹子、冬樱花等生态林木。可以说，如今的昆阳磷矿复垦植被区已成为一张"亮丽名片"和对外展示企业履行社会责任的重要窗口。

（4）化学法　化学法复垦即是利用自然的地球化学作用，尽可能地不干扰自然界，依元素自然循环来去除有关的化学元素。由于化学工程学模拟自然界的各种自清洁作用，就地取材改善人类生存的环境，它不会带来新的污染，因而具有广阔的前景。化学工程学环境技术包括衰变、分解或中和、富集作用、分散作用、隔离作用及用化学方法调整环境的物理条件。化学工程学方法可以有效修复土壤污染、水污染和大气污染。化学法复垦主要用于酸碱性土壤改良，中和酸性土层一般用石灰作掺合剂，变碱性为中性常用石膏、氯化钙、硫酸等作调节剂。

5.4.2.2 植被品种筛选技术

一般是通过实验室模拟种植试验、现场种植试验、经验类比等方法筛选确定。筛选出的品种应生产快、产量高、适应性强、抗逆性好、耐贫瘠。尽量选用优良的当地品种，条件适宜时应引进外来速生品种。

根据矿区的气候和土壤条件，植被筛选应着眼于植被品种的近期表现，兼顾其长期优势。植物品种的选择首先要根据生物学特性，考虑适地适树原则，尤以选择根系发达、固土固坡效果好、成活率高、速生的乡土植物为主。

在配置植物时要考虑边坡结构、种植后的管护要求、自然条件等，以决定种植的形式和品种。同时要考虑与设计目的相适应，与附近的植被和风景等条件相适应。

5.4.2.3 生物增产技术

生物增产技术包括以下三种方法。

（1）施肥法　合理施肥是土地复垦增产有效措施，调整化肥品种、营养组分配比、施肥时间、施肥方式、施肥量等对增产效果影响显著。在复垦地施肥方法研究中，种子丸衣技术发展迅速，利用流失丸衣、微量元素丸衣、储水丸衣、农药丸衣、肥料丸衣等可增加植物对养分吸收。

（2）用活性菌系进行土地复垦　活性菌系可以使矿山排土场岩的农业化学性质不断改进，调整 pH 值，使游离磷、钾和腐殖质的增加速度比传统方法快 1～2 倍。在要复垦的土地上接种菌剂后，可以大幅度提高植物生物学产量和加速培肥土壤。与常用的施入化肥或掺入土壤改性材料相比，其优点是经济、高效、持久、无污染。

（3）TC（土壤调节剂）技术　TC 是一种混合物，全称 terra cottem，由吸水聚合物（俗称保水剂）、养分（有机肥料、无机肥料、微量元素）、载体物质和植物生长促进剂四大类 20 多种不同物质所组成，即吸水聚合物、肥料、生长促进剂和载体物质，经实验研究，TC 对改良土壤、保水保肥、植物根系发育等具有显著促进作用。

5.4.3　生态复垦

（1）基塘复垦　基塘复垦模式是指对采煤塌陷地采取挖深垫浅措施，获得一定比例的旱田与水面，并按生态学原理对旱田和水面进行全面利用的复垦模式。该模式形成的土地生态系统为水陆复合型生态系统，该模式是生态工程复垦的典型模式。基塘复垦模式明显受煤矿开采沉陷规律的影响，这种模式只能用于高潜水位矿区。由于开采沉陷后，地面水体会通过煤层露头或垂直或侧向入渗至井下，因此煤层露头上方或开采深度较浅的采空区上方不宜开挖鱼塘。若开挖鱼塘，必须采取防止鱼塘水体与井下发生水力联系的措施，这样会使复垦成本增加。基塘复垦土地利用集约度高，效益可观，是我国目前高效高标准复垦的一种典型形式。但它也存在着初期投资大、对种养技术要求高的缺点。

（2）矸石山的生态工程复垦　矸石山是煤矿在采煤及煤加工过程中排出的固体废弃物堆集而成的。一般占地几十亩，高度几十米，坡度在 30°～45° 之间。矸石山的生态工程复垦包括微生物复垦与植物复垦两类。对矸石山进行复垦的程序为矸石山的整形、矸石山的处理、道路布设、灌溉及排水系统布置、种植条件调查及种植植物的品种选样布局、种植的时间和方法、管理等。生态工程原理在矸石山复垦中的应用主要表现为：根据矸石山不同区域的条件研究其生态位、适生植物品种的选择及矸石山植物种群的建立等。另外，还要研究矸石山营养物质的流动，找到其循环利用的办法。

（3）利用生态演替原理进行土地复垦　生态系统的核心是该系统中的生物及其所形成的生物群落。在内外因素的共同作用下，一个生物群落如果被另一个生物群落所替代，环境也就会随之发生变化。因此，生物群落的演替，实际是整个生态的演替。生态学是露天煤矿土地复垦的理论依据，以生态演替原理进行矿山土地复垦，适用于露天煤矿，尤其适用于露天煤矿排土场的土地复垦。按照生态演替原理把露天煤矿土地复垦工程分为水土保持、生态效益和经济效益三个阶段。复垦过程中，遵循自然界群落演替规律并进行人为干扰，进行矿区生态恢复和生态重建，调制群落演替、加速演替时间、改变演替方向，从而加快矿山土地复垦。

（4）营造人工林进行土地复垦　营造人工林的土地复垦技术，可以在开采后的土地上迅速形成绿色植被，保护土壤不致水土流失，并能增加土地的肥力，改善区域的生态条件。在露天开采的矿区采用营造林技术进行土地复垦一般能取得较好的效果，这种复垦技术的关键是树种的选择。树种选择一直是各个国家复垦研究的重点内容。前苏联在这方面做了广泛研究，积累了丰富的生产经验和科研成果，他们在选择树种时，除考虑地带性规律外，还坚持以下原则：耐寒性、抗旱性、耐贫瘠、生长迅速和一定的土壤改良作用。所选的植物种应具有抗污染、速生、良好发育、水土保持和卫生保健、绿化及经济功能等生物生态学特征。大量资料表明，固氮树种能适应严酷的立地条件，特别是刺槐、狭叶胡颓子、黄花锦鸡儿、灰赤杨、黑赤杨、沙棘和一些豆科植物，因而它们常被作为复垦地的先锋树种。

5.4.4　多种复垦方法相结合

在土地复垦中，一般通过工程复垦平整土地，排除积水、旱涝等；用生物复垦的方法改善土壤的质量，消除由于采矿造成的环境污染及土壤污染，提高农作物的产量；在土地复垦的最后阶段，运用生态复垦的方法改善复垦土地局部的生态环境，使土地不仅得到了复垦，而且能创造一定的经济效益和社会效益。通过这三种复垦方法的结合，才能从真正意义上实现土地复垦。

（1）层次分析法　层次分析法通过对复杂问题的分析判断将影响系统各因素划分成条理化的有序层次，再对每一层次各元素的相对重要性进行比较排序，以此作为决策者做决策的依据。层次分析法对于解决大系统中多层次、多目标决策问题行之有效，具有高度的逻辑性、灵活性和简洁性的特点。高潜水位矿区的土地复垦工程涉及的因素多，包含的环节多，牵涉的部门多。在复垦时可能有很多方法供我们选择，我们可以分选出具有代表性的几种方法，应用层次分析法进行选择分析，确定出最有效的矿山土地复垦方法。实践证明，层次分析法是高潜水位矿区选择土地复垦工程措施的有效方法。

（2）联合工艺复垦模式　联合工艺复垦模式是把复垦与采矿融为一体，从而改变以往把复垦当作后患被动治理的有效措施。按复垦工艺的要求，统一安排剥离、采矿、排土和复垦作业，有计划地按顺序同步进行，实现边开采边复垦，土地复垦周期由 10 多年或更长时间缩短为 3～5 年，复垦费用可降低 50％～70％。现代化的矿区土地复垦，是完整采矿工艺流程的一个组成部分。要求根据矿区环境，在矿区的整个开发时期，明确矿区复垦的范围和土地利用方向，选择最佳的利用方案，保证在时空上全面、经济上合理地实施各种复垦活动。矿区土地复垦作为一个系统工程，包含开采工艺、排土工艺、造地工艺、整治技术、垦殖技术、管理技术、整体优化等 7 个环节。联合复垦工艺是在长期的复垦实践中逐步发展起来的，它适用于露天开采的矿山。运用开采、排土、造地、整治、垦殖、管理相联合的复垦技术，将与矿区复垦有关的矿山生产活动作为一个系统，合理规划、统一设计、有效组织、同期实施，用尽可能少的复垦活动获得最佳的复垦效果，以期取得良好的复垦经济效益、生态效益和社会效益。

矿山土地复垦类型划分研究，不仅在基础理论上进一步补充和完善了矿山土地复垦这一学科，而且在实践应用上可有效指导矿山土地复垦工作正确、有效地开展。国内对矿山土地复垦类型的划分，一般将其划分为工程复垦与生物复垦两大类。也可将生态复垦作为一大类，因为生态工程复垦能充分合理地利用、保护和增值自然资源，加速物质和能量转化，因而有着显著的生态效益，同时也具有一定的经济效益，因此生态复垦越来越成为将来矿山土地复垦的发展方向。由于矿山土地复垦是各门学科的综合，矿山土地复垦的各种技术方法也会随着科技的进步得到进一步的改进与发展。

5.5　尾矿库闭库

尾矿库闭库是指对已达到设计最终堆积高程或不再继续加高扩容并停止使用的尾矿库，以及尚未达到设计最终堆积高程但由于各种原因提前停止使用的尾矿库采用一系列工程措施，使其能够成为长期安全稳定、环保的工程。

5.5.1　尾矿库闭库的作用

（1）保证尾矿坝能够长期安全稳定　我国约 90％的尾矿库都是采用上游尾砂筑坝，即在谷口采用当地材料建一个较矮的初期坝以短时期储存尾矿，初期库容堆满后，再利用粗粒尾矿本身逐级向上堆积形成坝体。

该方法筑坝工艺简单，管理方便，运营费用较低，但由于受排矿方式的影响，含细粒夹层较多，渗透性能较差，浸润线位置较高，导致坝体稳定性较差。由于尾矿库闭库后，监管相对松懈，这就使得尾矿库可能因排洪构筑物失效或尾矿坝体失稳而引起尾矿库事故。

2008 年 9 月 8 日山西省襄汾县一尾矿坝溃坝事故，就是由于该尾矿库在达到设计标高后没有进行正规的闭库，矿方未经设计又私自启用所造成的。因此，在闭库的过程中，必须通过对尾矿坝坝体及排洪系统的综合整治，确保尾矿库在闭库后能够长期安全稳定。

（2）保护尾矿库周边环境　随着矿产资源利用程度的提高，矿石的可开采品位相应降低，尾矿量也在大量增加。世界各国每年排出的尾矿量约 50 亿吨，我国仅 2000 年尾矿排放量就达 6 亿吨左右。截止 2015 年，我国堆存的尾矿和废石已达 600 亿吨，其中尾矿 146 亿吨。大量的尾矿只能堆放在尾矿库或一些自然场地中，在现有各类工矿废弃土地中占有很大的比例。

随着我国选矿工艺水平的提高，矿石磨得越来越细，这样的尾矿被排到尾矿库自然干涸以后，表面的细粉尾砂会被风扬起，吹到周边地区，导致该地区的土壤污染、土地退化、植被破坏，对周边的生态环境造成严重的影响，甚至直接威胁到水源及人畜的生存。因此，在尾矿库闭库过程中，应采取库区覆土及恢复植被的方式来保护尾矿库周边环境。

（3）保护资源　受选矿工艺的限制，我国 20 世纪 90 年代以前的矿产资源的总体利用率比较低，总回收率与发达国家有较大差距。

据不完全统计，我国冶金矿山每年排放尾矿量达 1.5 亿吨以上，其中铁的品位平均为 11%，有的高达 27%，相当于尾矿中尚存有 1600 万吨的金属铁；在 2000 多万吨的黄金尾矿中仍含金约 30t。且我国矿产资源共、伴生元素丰富，其中铁矿石中有 30 多种有价成分，能回收的仅有 20 多种，尚有一些金属元素遗留在尾矿中。尾矿已成为人们开发利用的二次资源，而且某些传统矿物的尾矿将成为非传统矿物的原料，将尾矿库采取闭库措施后，能够有效地将尾砂覆盖保护起来，以待科技水平提高后将其回收综合利用。

5.5.2　尾矿库闭库主要工程措施

（1）尾矿坝坝体整治　尾矿坝作为拦挡尾矿和水的构筑物，是维持矿山正常生产的必要设施，由于其存在溃坝危险，因此它还是重大的危险源，可能威胁下游居民及设施的安全，故确保尾矿坝坝体的安全是闭库设计的关键所在。

在尾矿库进行闭库之前，设计人员首先要到现场仔细探勘，并对尾矿坝体（初期坝和堆积坝）提出详细的工程地质勘察要求，查明初期坝的基本情况、堆积坝的尾砂沉积规律、尾砂的物理力学指标以及坝体浸润线的位置，并依据工勘报告中提供的坝体物理力学指标对尾矿坝体进行稳定分析计算。

尾矿坝的坝体稳定分析采用两种不同的计算方法进行计算，其计算结果可以互相验证校核。对在稳定性分析计算中安全系数不足的，应采取以下措施。

① 如果是坝坡偏陡，则对坝体采取加固、削坡、压坡等措施，使其安全稳定性能够满足《尾矿设施设计规范》（GB 50863—2013）中对尾矿坝稳定性的要求。

② 如果是浸润线偏高，则通过在堆积坝体内设置水平向排渗管、垂直竖井联合排渗以降低尾矿堆积坝体内的浸润线。实践证明，水平＋垂直联合排渗体的排渗效果非常有效，能够促进尾砂的固结，提高坝体的稳定安全系数。该种方法在大多数矿山的尾矿库治理中已广泛使用。

（2）尾矿库排洪系统整治　排洪系统是尾矿库非常重要的构筑物，其功能是排除尾矿库汇水面积范围内的洪水，保证尾矿库在洪水期能够安全运行。对排洪系统的整治是闭库设计中的另一个重点，其设计要点如下。

① 查明有无排洪系统的封堵经历，如果有，应对封堵的设计、施工资料仔细分析，确保原封堵方案的可靠性、耐久性。

② 查明历史上有无加高扩容经历，若有，应对原有排洪系统的结构进行荷载校核，如该排洪系统的结构强度不满足加高扩容或闭库后的要求，则应对该套排洪系统进行可靠的封堵。

③ 对现有排洪系统的泄洪能力进行复核验算，现有排洪系统的泄洪能力不足，改造加大泄洪能力，必要时将原排洪系统废除封堵后新建排洪系统。

④ 新建排洪系统应设置永久性溢洪道。开敞式溢洪道具有超泄流量大、不易堵塞、无人值守等优点，运行可靠，应优先考虑采用。设计时应注意将溢洪道基础布置在可靠的山体基础上，避免坐落在尾砂上，同时溢洪道离坝肩要有适当的距离，以免在泄洪时高流速的水流冲刷尾砂坝体。

（3）库区覆土生态恢复　闭库后生态恢复是保护环境的重要环节，尾矿库干滩面尾砂长期暴露在外，遇下雨及大风天气时细粒状的尾砂便会被雨水及大风带到周围及下游土壤、河流内，引起该地区的土地及水源水体污染。

闭库后的尾矿库应及时采用黏土将库面尾砂覆盖，为减少库面覆土的水土流失，在覆土上植树、植草恢复植被，以长期保护尾矿库周边环境，恢复生态。

植树绿化时应考察、分析工程所在地的自然地理位置及气候条件，因地制宜地选择适合当地气候和环境、生命力强、根系发达的植物或草种进行种植。广西苹果铝矿山复垦见图 5-3。

图 5-3　广西苹果铝矿山复垦

（4）完善尾矿坝观测设施并定期监测　《尾矿设施设计规范》（GB 50863—2013）第 3.5.9 条规定"4 级及 4 级以上的尾矿坝，应设置坝体位移和坝体浸润线的观测设施"。

为了能够及时掌握闭库后的坝体变形情况和了解尾矿坝坝体内浸润线变化情况，采取对策以保证尾矿坝的稳定和安全，尾矿库闭库后仍应设置坝体位移和坝体浸润线观测设施，业主应派人定时监测并整理相关数据，按规定存档。

5.6　尾矿复垦

5.6.1　原则及影响因素

尾矿复垦后土地利用方向的确定是复垦规划的关键。它受到当地社会、经济、自然条件的制约，一般应因地制宜选择合适的利用目标，并以获取最大的社会、经济和环境效益为准则。影响复垦土地利用方向的主要因素是当地气候、地形地貌、土壤性质、水文条件、尾矿砂理化特性和需求状况五大因素，其中需求状况主要是指当地土地利用总体规划、市场需要和土地使用者的愿望。对尾矿复垦土地利用方向的选择正是要基于深入分析和调查这些影响因素，并从森林用地、牧草地、农田用地，娱乐地、建筑用地、水利及水产养殖等土地利用类型中通过多方案对比分析后确定。而最优的确定制订尾矿复垦规划应遵循以下几个基本原则。

（1）现场调查及测试的原则　由于尾矿复垦规划不仅需要知道占用的现状，还要根据当地的各种条件确定土地利用方向和进行复垦工程的技术经济分析，因而进行大量细致的土地、气候、水文、市场等情况调查是必需的，越详尽越好，并对尾矿理化性质进行测试。

（2）因地制宜原则　尾矿复垦土地利用受到周围环境多种条件的制约。因地制宜对尾矿复垦的土地再利用可以起到投资少、见效快的效果。反之如果不遵循这一原则，如将不适宜复垦为农业用地的地方硬性复垦为农业用地，其结果只能是适得其反。

（3）综合治理的原则　综合治理有利于优化组合，产生高效益。如对尾矿库积水区和非积水区的不同，工程上有综合的作用，收益上也有综合的效果，值得认真研究与遵循。

（4）服从土地利用总体规划的原则　土地利用总体规划的原则是对一定地域全部土地利用开发、保护、整治进行综合平衡和统筹协调的宏观指导性规划。尾矿复垦规划的实质是土地再利用规划，所以它应是土地利用总体规划的有机组成部分。只有服从于土地利用总体规划，才能保证农、林、牧、渔、交通、建设等方面的协调，从而才能恢复或建立一个新的有利于生产、方便生活的生态环境。

（5）最佳效益原则　效益是决定一个工程是否上马的主要依据，也是衡量工程优劣的标准。我国经济实力还不雄厚，复垦工程又需要较大的投资，更应注重经济效益，力争以少的投入达到较多的产出。尾矿复垦不仅仅是恢复土地的利用价值，还要恢复生态环境，所以社会效益和生态效益也是十分重要的。因此，尾矿复垦所期望达到的最佳效益乃是经济效益、社会效益和生态效益的统一。

（6）动态规划原则　采选生产是一个动态的过程，尾矿的产生也是动态的，采选生产的变动情况又直接影响到尾矿复垦工作，所以尾矿复垦规划应与矿山生产的动态发展相适应。此外，尾矿复垦工程又会因工程过程中新发现的地质、水文、土壤、施工等情况而需要调整原复垦规划，因此，动态规划是必要的。

一般尾矿复垦利用初期大多以环保景观为目的，后期根据其最终复垦利用目标改为实业复垦，或作半永久性复垦（这一情况是考虑到经过一段时期后，尾矿还需回收利用）。

尾矿库复垦影响因素主要有以下几方面。

（1）库区地表特征，如地形、地貌、水系、植被等。

（2）环境因素，如气候、气象和城镇、居民区分布，尾矿库使用前该地区环境状况及尾矿库使用后可能造成的污染等。

（3）尾矿库尾矿的理化性质，如厚度、堆积密度、重度、金属成分及含量、pH 值、盐渍度、水分、渗透性、有机元素、抑制植物生产的有毒化学物质等。

（4）尾矿类别及复垦的可能性，复垦区再种植及综合利用的可能性，复垦周期与经济效益等。在复垦时充分利用矿区已有设备，既发挥现有设备效率，又降低复垦成本，缩短复垦周期。

5.6.2　尾矿库闭库复垦利用方式

尾矿库闭库复垦利用方式主要有以下四种。

（1）复垦为农业用地　这种复垦方式充分利用土地，增加了经济效益，复垦时一般应在坝体表面覆盖表土并加施肥料或前期种植豆类植物来改良尾矿砂。

（2）复垦为林业用地　复垦造林、牧在创造库区优美的生态环境方面起着很显著的作用，并对周围地区的生态环境保护起着良好的作用。大多数尾矿库在其坝体坡面覆盖一层山皮土后都可用于种植小灌木、草藤等植物，库内可种植乔木、灌木，甚至经济果、木材。

（3）复垦为建筑用地　有些尾矿库的复垦利用必须与城市建设规划相协调，根据其地理位置、环境条件、地质条件等修建不同功能的建筑物，以便收到更好的社会效益、经济效益和环境效益。

复垦建筑用地时的地基处理是关键，应根据尾矿特性、地层构造、结构形式等设计相应的基础条件，在结构设计上采取可靠措施，以达到健全、经济、合理的目的。但尾矿库上相应修筑的建筑物一般以2～4层为宜，不宜超过5层。

（4）尾砂直接用于种植、改良土壤　尾矿砂一般具有良好的透水、透气性能，且有些尾矿砂由于矿岩性质和选矿工艺不同，还含有植物生长所必需的营养元素，特别是微量元素，因此，尾矿砂可直接用于种植或用来改良重壤土而复垦造地。

复垦的技术措施主要有物理、化学工程和植被。比较而言，植被恢复具有较好的生态、环境效益和社会效益，同时也是最基本和最经济的。但尾矿库常具有极端的生境条件，影响植物的定居，因而植被恢复的难度较大。

中国人均耕地少，随着人口的增加，人均耕地呈下降趋势。新的土地管理法加大了耕地的保护力度，并规定复垦土地应优先用于农业。而林牧复垦是作为被破坏土地开发最可靠、最经济的土地复垦方式，其对生态环境的恢复有相当重要的作用。

5.6.3　复垦工程

5.6.3.1　复垦规划

复垦工程实施后所形成的新土壤和生态环境，需要经过一个重新组织各物种、成分之间相互适应与协调的过程才能达到新的平衡。

复垦工程实施后，有效的管理和改良措施可以促使复垦土地的生产能力和新的生态平衡尽早达到目标，根据土地复垦工程其一般可概括为以下三大阶段。第一阶段为尾矿复垦规划设计阶段；第二阶段为尾矿复垦工程实施阶段，即工程复垦阶段；第三阶段为尾矿工程复垦后改善与管理阶段，除复垦为建筑或娱乐用地外即生物复垦阶段。

复垦规划是复垦工作的准备阶段，决定复垦工程的目的和技术经济是否可行，是后两阶段的依据。

尾矿复垦规划的意义有以下几方面。

（1）保证土地利用结构与矿区生态系统的结构更合理。

（2）避免尾矿复垦工程的盲目性和浪费，提高尾矿复垦工程的效益。先破坏后治理，大大增加了复垦工程的难度和工程量，降低了尾矿复垦效益；缺乏系统性、科学性，复垦工程效益低；尾矿库不及时复垦，容易产生二次污染。尾矿复垦工程系统规划，可以最大限度地发挥矿区自然和环境优势，正确选择尾矿复垦投资方向，达到投资少、见效快、系统整体效益明显的目的。

（3）保证尾矿复垦项目时空分布的系统性和合理性。即在时间上，使复垦工程与企业生产和发展规划相结合；按照尾矿特性，因地制宜进行尾矿复垦。

（4）保证土地部门对尾矿复垦工作的宏观调控。应优先考虑复垦为耕地，土地管理部门通过审定复垦规划，对尾矿复垦方向可实现宏观调控。

5.6.3.2　尾矿工程复垦的实施原则

复垦工程实施是复垦规划付诸实现的工程阶段，其实质为各种土地整治工程，保质、保量、准确、准时是该阶段的关键，但该阶段的完成仅仅只是完成了复垦工作的60％。美国法律规定，完成该阶段可退回60％的复垦保证金，余下的40％的复垦工作是由复垦后改善与管理阶段完成，该阶段的主要任务是达到复垦最终目标和提高复垦效益，建立良好的植被和生态环境。尾矿工程复垦的实施原则如下。

（1）保质、保量原则。

（2）按时完成的原则。

（3）符合土地利用方向具体要求的原则。

对于恢复为农田的土地，应尽量避免压实，这就要求减少机械设备在复垦土地上的时间和往返次数，并注意在土壤较干时进行平整和修整措施。而对于复垦土地用作建房时，则应采取压实措施，使土地达到承载设计楼房强度的要求。挖掘鱼塘则应满足鱼塘边坡和深度等的要求。

5.6.3.3 尾矿工程复垦技术

复垦的主要措施有堆置和处理表土和耕层、充填低洼地、建造人工水体、修建排水工程、地基处理与建设用地的前期准备工作等。我国的尾矿工程复垦技术主要有以下几种。

（1）尾矿库分期分段复垦模式 要根据尾矿库干坡段进展情况分期分段采用覆土或不覆土复垦方式，然后进行种植。首钢矿山公司、大石河矿区尾矿库已分段在尾矿库干坡段种植了紫槐和沙棘等。

（2）尾矿充填低洼地或冲沟复垦模式 工程要求：用废石在适宜的山谷或冲沟处分段筑坝，坝高一般小于4～5m，岩石砌坝有孔隙可将尾矿水渗出，或在坝内埋设溢流管，排出的清水由回水系统回收供选矿厂重复使用。尾矿填充顺序是先填充山谷的地势高处，再充填低处，便于分区复垦。

（3）围池尾矿复垦模式 该复垦模式适用于在矿山附近有大面积积滩或荒地的选矿厂。

（4）尾矿改良土壤模式 该模式适合于无毒无害的尾矿，并且在选矿附近有大量的重黏土土壤的土地。

该模式的主要工艺是：在选矿厂附近建双尾矿池，一端设渗水墙（可以用废石堆砌）或设溢流管，以滤出清水，供选矿厂回水使用或排入河流，一个尾矿池排满后排入另一个尾矿池，前者排满的尾矿经滤水晒干后供农民用车拉走，沤肥垫地，改良板结土壤。以上工序依次交替进行。

复垦工程程序如下。

① 将选择的滩涂地坝区划分成方形池，按顺序排尾矿、顺序复垦。

② 围埝，埝高3m左右，埝顶宽1～1.5m，边坡1∶1，坝内底地平面形成向溢流管倾斜的3％～5％的坡度。

③ 埝内一侧设溢流口，溢流管顶口低于埝顶0.1～0.2m。

④ 向池内充填尾矿，清水溢流池外排入田间或河流中，溢流管每隔0.3～0.5m开一排，以减少溢水积存深度。溢流管每隔20m左右设一排尾矿管，一池排尾矿，排满后，干燥平整，在上部覆土或不覆土，即可种植农作物，然后尾矿管转排相邻另一池，重复上述作业。

5.7 复垦新技术

（1）微生物技术 现代微生物工艺技术在尾矿库复垦中的应用探讨是国外复垦新技术探讨的热点，已初见成效。利用微生物的生命活动，挖掘土壤潜能，实现低耗资和快速熟化复垦地的人工耕层。微生物促进植物根瘤菌和菌根的生成，从而固定废弃物和加速尾矿风化成土，促进植物迅速生长。

（2）人造表土　尾矿库复垦的土壤贫瘠，缺少熟化的表土，人造表土可作为自然表土的改良剂或直接作为表土使用。这些人造表土因富含多种养分且经过加工处理，其养分含量比自然土高，覆盖在表面的厚度比自然土薄得多，但其效果与自然表土无异。人造表土不仅可用于已破坏土地的复垦，也可以作为复垦表土的改良剂或肥料。

（3）生物复垦　生物复垦是采取生物等技术措施恢复土壤肥力和生物生产能力、建立稳定植被层的活动，它是农林用地复垦的第三阶段工作。

尾矿复垦，除作为房屋建筑、娱乐场所、工业设施等建设用地外，对用于农、林、牧、渔、绿化等的复垦土地，在工程复垦工作结束后，还必须进行生物复垦，种植生产力高、稳定性好、具有较好经济效益和生态效益的植被。

生物复垦的主要内容包括土壤改良与培肥方法等。

工程复垦后用于农林用地的复垦土壤有以下几方面的特质。

① 尾矿复垦的土地一般土壤有机质、氮、磷、钾等主要营养成分含量均较低，属贫瘠地土壤。

② 复垦土壤的热量主要来自太阳辐射及矿物化学反应和微生物分解有机物放出的热量，其土壤热容量较小，温度变化快、幅度大，不易作物出苗和生长，当复垦土地含硫较多时，可被空气氧化提高地温。

③ 尾矿复垦土壤内几乎没有动植物残体、土壤生物、微生物，土壤自然熟化能力较差，有时还含有害物质。

由上述复垦土壤特性可知，工程复垦后的土地中可供植物吸收的营养物质含量较少，土壤的三大肥力因素水、气、热条件也较差。因此，生物复垦的主要任务与核心工作是改良土壤，提高复垦土地土壤肥力。

土壤肥力是指土壤为植物生长供应及协调营养条件和环境条件的能力，包括水分、养分、空气和温度四大肥力因素。肥沃的土壤应具备下列特征：土壤熟土层厚、地面平整、温暖潮湿、通气性好、保水蓄水性能高、抗御旱涝能力强、养分供应充足、适种作物范围广、适当管理可以获得高产。

土壤改良和培肥，是针对复垦土壤对植物的所有限制因素，全面改善水、肥、气、热条件及其相互间的关系。

主要的生物复垦技术措施有以下几方面。

① 种植绿肥增加土壤有机质和氮、磷、钾含量，并疏松土壤。

② 对地温过高和不易种植的复垦土壤覆盖表上。

③ 初期多施有机肥和农家肥，加速土壤有机质积累。

④ 利用菌肥或微生物活化药剂加速土壤微生物繁殖、发育，快速熟化土壤。

⑤ 加速耕作、倒茬管理，加速土壤熟化和增加土壤肥力。

生态农业复垦是根据生态学和生态经济学原理，应用土地复垦技术和生态工程技术，对尾矿复垦土地进行整治和利用。

生态农业复垦不是单一用途的复垦，而是农、林、牧、副、渔、加工等多业联合复垦，并且是相互协调、相互促进、全面发展；它是对现有复垦技术按照生态学原理进行的组合与装配；它是利用生物共生关系，通过合理配置农业植物、动物、微生物，进行立体种植、养殖业复垦；依据能量多级利用与物质循环再生原理，循环利用生产中的农业废物，使农业有机物废物资源化，增加产品输出；它充分利用现代科学技术，注重合理规划，以实现经济效益、社会效益和生态效益相统一。

对尾矿复垦土地进行生态农业复垦后，就会形成生态农业系统，它是具有生命的复杂系统，包括人类在内，系统中的生物成员与环境具有内在的和谐性。人既是系统中的消费者，又是生态系统的精心管理者。人类的经济活动直接制约着资源利用、环境保护和社会经济的发展。因此，人类经营的生态农业着眼于系统各组成成分的相互协调和系统内部的最适化，着眼于系统具有最大的稳定性和以最少的人工投入取得最大的生态、经济、社会综合效益。而这一目标和指导思想是以生态学、生态经济学原理为理论基础建立起来的。

5.8 尾矿复垦实例

5.8.1 包官营铁矿

包官营铁矿地处冀东铁矿基地迁安市夏官营镇，为暖湿带半湿润季风型大陆性气候，四季分明，气候温和，冬季多为西北风，寒冷干燥，夏季多为东南风，火热潮湿。

年平均气温为 10.1℃，年极端气温最低为 −28.2℃，最高为 38.9℃；全年平均降水量为 735.15mm，集中于夏季；平均风速为 2.5m/s；年太阳总辐射量为 522.9kJ/cm²，常年积温不能满足一年两茬作物种植的需要，只能采取套种、复种轮制的方法，以延长农时，提高热量利用率；年平均无霜期 172d，生长期 270d。

该区土壤类型以褐土性土、中层淋溶褐土为主。褐土性土是低山丘陵的残坡积风化物上发育的土壤，表层有不同程度的侵蚀现象，伴有中、强淘蚀。中层淋溶褐土土层较厚，一般在 30~80cm 之间，为洪积堆积物。

该区的植物有人工落叶阔叶林，如杨、柳、榆、槐等；经济林有苹果、梨等；灌木有酸枣、荆条等；农作物有玉米、高粱、甘薯、花生、水稻等；草本植被和农田杂草有白草等。

自 1998 年开始，河北理工学院（现华北理工大学）与矿山合作对其生态复垦模式进行了研究。截至 2000 年年底，该矿利用废石及尾矿分别复垦土地 16.67hm² 和 13.33hm²，利用矿内利润修建了 66.67hm² 果园、养鸡场和养猪场，利用尾矿库修建了鱼塘。

（1）生态复垦模式设计　根据适宜性分析，该区域土地资源利用方式为宜农、宜林或宜渔，适于开发农、林、渔相结合的综合农业。为将养殖场建成物质和能量多级、多层次循环利用、生态效率高的人工生态系统，在进行生态设计时应注意到使其结构完善。该系统包括以下几部分。

① 种植业子系统（初级生产者子系统）。包括包官营铁矿排土场复垦土地 16.67hm²（土块Ⅰ），种植大豆（6.07hm²）、花生（9.37hm²）、高粱（0.37hm²）、白薯（0.86hm²）；包官营铁矿尾矿库复垦土地（地块Ⅱ），全部种植水稻（13.3hm²）；千亩果园树下种植花生（10hm²）、大豆（16.8hm²）、白薯（6.5hm²）。

② 饲养业子系统（初级消费者子系统）。包括一个大型肉鸡养殖场，有鸡棚 7 座，一批可养鸡 3 万只，45~50d 长成，年产肉鸡 15 万只左右；一个养猪场，一次存栏 300 头，年产生猪 750 头左右。

③ 渔业子系统（初级和次级消费者子系统）。水面面积 1.8hm²，水深 3m，实行立体养殖，上层放养以浮游生物为主要食物的白鲢、花鲢；中下层放养以植物为主要食物的草鱼；在水域底层放养鲫鱼和鲤鱼。不同层的鱼有各自的生态位，取食各有分工，实现了生态系统的高效能。一次放鱼苗 10 万多尾，年产鲜鱼 5.4 万千克左右。

（2）生态复垦模式综合分析　综合养殖场虽然投资较高（430.722 万元），但投资在 6.44 年即可收回，显示出生态复垦模式具有良好的财务效益。

包官营铁矿的生态复垦模式设计（图 5-4）在生态上基本合理，对环境无明显不良影响，其实施后还可以极大地缓解包官营的农、副、渔产品的供应，并为剩余劳动力提供就业机会，具有积极的社会影响。

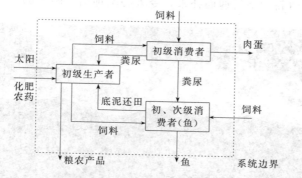

图 5-4　生态复垦模式（综合养殖场）生态系统结构示意图

从该复垦模式的账务经济结构看，饲料占该养殖场常规财务成本的 44.06％，这很容易造成该养殖场对饲料市场的过度依赖，因此要保证养殖场的正常运转，必须解决饲料问题。

5.8.2　大冶铁矿

大冶铁矿创造了石头种树的奇迹，建立了亚洲最大的硬岩绿化复垦基地。

武钢集团大冶铁矿 2000 年年初在废石排土场种植的 4.5 万株刺槐，成活率达 96％。目前，该矿复垦总面积扩大到 266.68 万平方米，其中硬岩复垦面积达 247 万平方米。这是该矿巧用科技修复生态环境建起的亚洲最大的硬岩复垦林。

大冶铁矿（百年老矿）从 1958 年重建至今，共排放废石 3.539 亿吨，形成占地 400 万平方米的废石场。所排大理岩石质硬度大、难风化、不保水、难固氮，不具备植物生长条件。20 年前，该矿成立专业绿化队伍，进行绿化复垦探索，但效果不佳（图 5-5）。

图 5-5　大冶铁矿石头种树

面对困境，大冶铁矿与多家科研单位联合攻关，选取 50 亩废石排土场进行不覆土种植实验。通过采集、化验、分析废石岩土和矿渣等的理化及农化指标，观测、记录、分析多种植物的种植生长发育情况，取得了大量的数据，开始了营造生态矿山的"绿色工程"。

1990 年，一大批技术专家抵达废石场，因地制宜地确立种植以豆科植物为主的抗旱、耐贫、繁殖容易树种，如刺槐、马尾松、侧柏、旱柳、石榴、火棘、紫荆等。经过几代矿山人的不懈努力，昔日寸草不生的废石厂如今变成了绿树成荫的生态园林，复垦面积达到 247 万平方米，成为亚洲最大的硬岩复垦基地。在这个硬岩绿化生态园中，满眼郁郁葱葱，人似乎被染"绿了"，阳光透过刺槐浓密的枝叶投下斑斑点点，鸟儿在枝头鸣唱，山鸡在林间奔跑，野花竞相怒放，清新的空气迎面扑来，令人心旷神怡（图 5-6）。

图 5-6 大冶铁矿复垦基地

生态园中建设有文化走廊、观赏林和楼台亭阁，并配合在东方山景区西部开发，成为市民休闲娱乐的场所。

经过 10 多年的不懈努力，废石场最终形成了野鸡、野猪等野生动物成群栖息的硬岩复垦林，为全国同类矿山复垦提供了范例。

5.8.3 黄石国家矿山公园

大冶铁矿自公元 226 年即三国时期就开始采矿，一直到今天，已有 1791 年的历史。尤其在 1890 年，湖广总督张之洞开办大冶铁矿作为汉阳铁厂的原料基地，开始了大规模的开采。到 1908 年，盛宣怀合并汉阳铁厂、大冶铁矿和萍乡煤矿成立汉冶萍钢铁有限公司，故此，大冶铁矿便成为亚洲最大、最早的钢铁联合企业，是汉冶萍公司一个主要的组成部分。

大冶铁矿东露天采场于 1951 年开始地质勘探，1955 年 7 月动工基建，1958 年 7 月 1 日正式投产，2003 年该矿露天开采结束，大冶铁矿转入地下开采。经过 40 多年大规模的机械开采，东露天采场形成了一个巨大的漏斗形深凹矿坑，开采最高标高 276m，最低标高 −168m，最大深度 444m，形成了世界第一高陡边坡。"漏斗"上部面积为 118 万平方米，底部面积为 8150m²，号称"亚洲第一采坑"（图 5-7）。坑口面积达 108 万平方米，相当于 150 个标准足球场。大冶铁矿以"亚洲第一坑"为轴心，构成采矿工业园（图 5-8）。

图 5-7　大冶铁矿亚洲第一深凹开采矿坑

图 5-8　大冶铁矿矿山公园一角

　　利用百年老矿山这一丰厚的文化资源开发工业旅游,打造这座百年老矿工业旅游,建成生态保护园林、采矿工业园和矿史展览馆,使古矿逢春,弘扬古矿山文化。

　　2006 年 7 月,由大冶铁矿区、铜绿山古铜矿遗址区组成的"一园两区"被确认为黄石国家矿山公园,规划面积为 30km²。这是中国首座国家矿山公园。黄石国家矿山公园占地 23.2km²,分设大冶铁矿主园区和铜绿山古矿遗址区。大冶铁矿全力推进"日出东方、矿冶峡谷、矿业博览、井下探幽、天坑飞索、石海绿洲、灵山古刹、雉山烟雨、九龙洞天"九大景观建设。在铁山张之洞广场旁,全国首座铁矿博物馆——大冶铁矿博物馆巍然耸立。

　　2010 年 2 月 22 日,黄石国家矿山公园被评为国家 AAAA 级景区。黄石国家矿山公园拥有亚洲最大的硬岩复垦基地,是中国首座国家矿山公园,是湖北省继三峡大坝之后第二家"全国工业旅游示范点"。

5.8.4　加拿大矿山复垦

加拿大与美国同为联邦制国家，但加拿大联邦政府却没有统一的矿业管理法律。取而代之的是十个省和三个特别行政区基本都制定了符合本地区实际情况的统一的矿业权法律法规，例如：萨斯喀彻温省制定了多部与矿山复垦有关的法律，包括《矿山法》《环境评价法》《废弃物管理法》《水资源法》等；魁北克省则特意制定了《矿山环境恢复法》，其中明确规定了所有新建和生产矿山在进行生产前都必须提交矿山闭坑阶段将要采取的恢复治理措施和步骤的恢复治理计划。

矿业是加拿大不列颠哥伦比亚省的第二大产业，对该省的经济发展和财富积累做出了很大贡献。20世纪90年代，可持续发展思想兴起，成为该省资源管理政策创新的动力。不列颠哥伦比亚是加拿大首先实施矿山复垦法的省份之一，政府对矿山复垦的规范已进行了35年。当地从1969年就开始实施《复垦法》。1984年，出版了《复垦指南》。《矿山法》直到1990年才进行修正，该修正法案以及附加的宪章为20世纪90年代的复垦政策提供了框架。

该省的法律认为，矿山是一种暂时的土地利用方式，要求所有矿山公司执行环保和复垦计划。当矿山终止时，必须把土地和水系恢复到安全的状态。

20世纪60年代以来，不列颠哥伦比亚省的矿业逐渐发展，目前已经占用了大量土地。煤矿和金属矿在1969年占用土地不到1000hm，到1990年，占用的土地超过了3万公顷。植被恢复的土地大约占26%，约7926hm。

总体上看，矿业开发的扩张导致在过去的这段时间里，土地破坏的增长速度高于恢复的速度，因此只有在矿业开发下降的条件下，复垦的速度才能超过破坏的速度。

矿业复垦法要求大约有50%以上的复垦土地可以供野生动物栖息，开展农作和恢复森林。另外，矿业复垦法还要求防止酸性液体流出矿区，因为其结果将会影响很远地区的水体质量。

加拿大矿山复垦工作的特色如下。

（1）在矿山运转以前提交复垦报告。

（2）在当地报纸上公示复垦报告。

（3）由政府的中介机构委员会出面做出报告评估。

（4）提交复垦保证金，这是针对所有矿山活动的。从1985年到1990年年底，该省复垦保证金的数额已从1000万美元增长到6400万美元。这项政策显示了政府对矿山复垦的决心，也强化并制约了矿业活动后的复垦行为。

（5）获得复垦许可。根据复垦咨询委员会的建议和公众的反应，用特定的条款发布一个许可。

（6）进行循序渐进的复垦。在整个矿山开采过程中，要求每年提交关于复垦研究和运转的进展情况报告。

（7）充公。复垦不能达到当时的复垦许可要求，省能源、矿产和石油资源部就可以关闭矿山，并没收财产。

5.9　我国矿山复垦的启示

随着我国经济的高速发展，国民对各种矿产资源的需求也日益增长。据国土资源部统计，截至2013年全国各类矿山总数已突破10万个，占用土地面积超过250万公顷，而且以每年4万公顷左右的速度增加。每年因矿山开采损毁的土地面积远远大于复垦的土地面积。矿山复垦是指针对矿山企业在建设开采过程中因各种活动而造成破坏的土地，采取整治措施使其恢复到可利用状态的工作。尤其在我国土地资源稀缺的环境下，矿山土地复垦对坚守耕地红线、缓解矿地矛盾、促进矿业开发与生态环境协调发展有着十分重要的意义。

国土资源部 2009 年发布的《全国矿产资源规划（2008～2015 年）》中指出：矿山复垦工作要做到新建和生产矿山基本不欠新账，历史遗留矿山地质环境问题的恢复治理率大幅提高，矿区土地复垦率不断提高。到 2010 年和 2015 年，新建和生产矿山的矿山地质环境得到全面治理，历史遗留的矿山地质环境恢复治理率分别达到 25％和 35％，新建和在建矿山毁损土地全面得到复垦利用，历史遗留矿山废弃土地复垦率分别达到 25％和 30％以上。到 2020 年，绿色矿山格局基本建立，矿山地质环境保护和矿区土地复垦水平全面提高。但是我国的矿山复垦相对于矿业发达国家来说起步较晚，很长一段时间内既没有专门的行政法规制度也缺乏相应的技术和资金支持。现阶段，我国矿山复垦率只有 20％左右，与欧美等矿业发达国家 70％的矿山复垦率还有很大的差距。因此，借鉴发达国家成熟的矿山复垦经验，针对复垦工作中存在的各种问题，建立一套适合我国矿业发展实际情况的矿山复垦体系意义重大。

虽然我国在过去也针对土地复垦出台了土地复垦法规，但是基本散落于其他法律、法规、实施办法中，制度建设还不够完善和严密；在法律的具体执行过程中，缺少了实施工具和监督手段，对造成矿区土地破坏的企业和个人没有真正的约束力，使得其起不到应有的效力；我国尚未形成针对矿区损毁土地复垦的法律体系，且操作性不强。我国急需针对矿山复垦的具体问题建立具体的配套法律法规和相关制度。

总体来看，矿山复垦是一项长期而且投入较大的工程，矿山企业自身很难保证长期都按复垦计划投入资金，资金没有保障。虽然我国已经实施了矿山环境恢复治理保证金制度，对矿山复垦和环境保护起到了很好的约束作用，但是还存在资金来源单一等一些问题，因此仍然需要借鉴国外的先进经验不断地完善和发展。

我国矿山复垦工作进展缓慢的主要原因之一在于目前我国尚未建立一套完整、科学的组织模式及专门机构来管理矿山复垦工作。按照现行管理体制，各级人民政府土地管理部门负责管理、监督、检查本行政区域的矿山复垦工作；各级计划管理部门负责土地复垦的综合协调工作；各有关管理部门负责本行业土地复垦规划的制定与实施，但是由于矿山复垦各部门各自工作重心不同等原因，加上人员配备少、机构不健全，严重影响了矿山复垦工作的监督管理。另一方面，要进行矿山复垦的实施，如复垦规划、工程施工、复垦后验收等，这些工作都需要专业的机构，但是现阶段我国缺少这样的专业机构。所以需要尽快建立专门的管理机构来督促各部门积极参与、主动配合复垦工作。

思考题

1. 矿山复垦的主要作用是什么？
2. 简述尾矿库闭库生态重建的原则及作用。
3. 矿山复垦的生物技术有哪些？
4. 简述尾矿库闭库复垦利用的主要方式。

第6章

清洁生产与绿色矿业

6.1 清洁生产

6.1.1 清洁生产的由来及定义

1974 年，美国明尼苏达矿业与制造公司（简称 3M 公司）开展实施"3P（Pollution Prevention Pays）"计划，即"污染预防获利计划"。该计划使人们认识到革新工艺过程及产品的重要性，即在增强企业竞争力的同时减少对环境的影响。污染预防既是环境策略，也是财务策略。"3P"计划被认为是清洁生产的第一个里程碑。1989 年 5 月，根据联合国环境规划署（the United Nations Environment Programme，下文简称 UNEP）理事会会议的决议，工业与环境规划活动中心（UNEP IE/PAC）制定了《清洁生产计划》，希望摆脱传统的末端控制技术，超越废物最小化，使整个工业界走向清洁生产。该计划被认为是清洁生产发展历程的第二个里程碑。

1992 年 6 月在联合国环境与发展大会上，正式将清洁生产定为实现可持续发展的先决条件，作为工业界达到改善和保持竞争力和可盈利性的核心手段之一，并将清洁生产纳入《二十一世纪议程》中。随后根据环发大会的精神，UNEP 调整了清洁生产计划，建立示范项目及国家清洁生产中心，以加强各地区的清洁生产能力。

自从清洁生产提出以来，UNEP 每两年举行一次研讨会，研究和实施清洁生产。1998 年 10 月在韩国汉城召开的国际清洁生产高级研讨会上出台了《国际清洁生产宣言》。其主要目的是促进决策者对清洁生产战略的理解，强化该战略的影响力，刺激对清洁生产咨询服务的更广泛需求。《国际清洁生产宣言》作为一种对环境管理战略的清洁生产的公开承诺，成为清洁生产发展历程的第三个重要里程碑。

1998 年 UNEP 综合各种说法，给出了如下的清洁生产定义：清洁生产是为增加生态效率并降低对人类和环境的影响风险，而对生产过程、产品和服务持续实施的一种综合、预防性的战略对策。对生产过程，要求节约原材料和能源，淘汰有毒原材料，减降所有废弃物的数量和毒性；对产品，要求减少从原材料提炼到产品最终处置的全生命周期的不利影响；对服务，要求将环境因素纳入设计和所提供的服务中。

在美国，清洁生产又称为"污染预防"或"废物最小量化"。废物最小量化是美国清洁生产的初期表述，后用污染预防一词所代替。美国对污染预防的定义为："污染预防是在可能的最大限度内减少生产厂地所产生的废物量，它包括通过源削减、提高能源效率、在生产中重复使用投入的原料以及降低水消耗量来合理利用资源，常用的两种源削减方法是改变产品和改进工艺。污染预防不包括废物的厂外再生利用、废物处理、废物的浓缩或稀释以及减少其体积或有害性、毒性成分从一种环境介质转移到另一种环境介质中的活动。"

根据《中国21世纪议程》，清洁生产是指既可满足人们的需要又可合理使用自然资源和能源并保护环境的实用生产方法和措施，其实质是一种物料和能耗最少的人类生产活动的规划和管理，将废物减量化、资源化和无害化，或消灭于生产过程之中。同时对人体和环境无害的绿色产品的生产亦将随着可持续发展进程的深入而日益成为今后产品生产的主导方向。

根据《中华人民共和国清洁生产促进法》，清洁生产是指不断采取改进设计、使用清洁的能源和原料、采用先进的工艺技术与设备、改善管理、综合利用等措施，从源头削减污染，提高资源利用效率，减少或者避免生产、服务和产品使用过程中污染物的产生和排放，以减轻或者消除对人类健康和环境的危害。

综上所述，清洁生产在宏观上是一种总体预防性污染控制新战略，清洁生产的提出和实施使环境因素进入决策，如工业行业的发展规划、工业布局、产业结构调整、技术改造以及管理模式的完善等都要体现污染预防的思想；清洁生产在微观上是组织采取的各种预防污染措施，其基本特性是预防性、综合性和持续性，内涵是清洁的能源与原材料、清洁的生产过程和技术、清洁的产品。

所以清洁生产的开展应分社会、区域和组织不同层次进行。社会层面主要是结合循环经济，通过实施循环经济逐渐建设一个资源节约型社会，实现资源、能源合理利用和再利用。区域层面主要是结合生态工业、精准农业等的实施而开展，实现工农业生产的资源、能源消耗最小量化，形成工业生态链，实现资源、能源的循环利用和梯级使用。在组织层面主要是结合清洁生产审核，持续改进，做到能源资源利用最大化、废弃物最小量化、经济效益最优化和良好的环境绩效。

本教材中后续的清洁生产评价及审核主要是围绕组织层面展开的，宏观的清洁生产相关内容请参考其他教材。

6.1.2 清洁生产评价指标体系

依据《清洁生产评价指标体系编制通则》（试行稿），清洁生产评价指标体系是由相互联系、相对独立、互相补充的系列清洁生产评价指标所组成的，用于衡量清洁生产状态的指标集合。

6.1.2.1 行业清洁生产评价指标体系

行业清洁生产评价指标体系由一级指标和二级指标组成。其中，一级指标包括生产工艺及装备指标、资源能源消耗指标、资源综合利用指标、污染物产生指标、产品特征指标和清洁生产管理指标六类指标，每类指标又由若干个二级指标组成。行业清洁生产评价指标体系框架参见表6-1。

表6-1 行业清洁生产评价指标体系框架

序号	一级指标	一级指标权重	二级指标	单位	二级指标权重	Ⅰ级基准值	Ⅱ级基准值	Ⅲ级基准值
1	生产工艺及装备指标		工艺类型					
2			装备设备					
3			……					

序号	一级指标	一级指标权重	二级指标	单位	二级指标权重	Ⅰ级基准值	Ⅱ级基准值	Ⅲ级基准值
4	资源能源消耗指标		* 单位产品综合能耗	tce/单位产品				
5			* 单位产品取水定额	t/单位产品				
6			单位产品原辅料消耗	kg/单位产品				
7			……					
8	资源综合利用指标		余热余压利用率	%				
9			工业用水重复利用率	%				
10			工业固废综合利用率	%				
11			……					
12	污染物产生指标		* 单位产品废水产生量	t/单位产品				
13			* 单位产品化学需氧量产生量	t/单位产品				
14			* 单位产品二氧化硫产生量	t/单位产品				
15			* 单位产品氨氮产生量	kg/单位产品				
16			* 单位产品氮氧化物产生量	kg/单位产品				
17			……					
18	产品特征指标		* 有毒有害物质限量					
19			易于回收、拆解的产品设计					
20			……					
21	清洁生产管理指标		清洁生产审核制度执行					
22			清洁生产部门和人员配备					
23			……					

注：带 * 的指标为限定性指标。

（1）生产工艺及装备指标　应从有利于引导采用先进适用技术装备、促进技术改造和升级等方面提出生产工艺及装备指标和要求。具体指标可包括装备要求、生产规模、工艺方案、主要设备参数、自动化控制水平等，因行业性质不同根据具体情况可作适当调整。

（2）资源能源消耗指标　应从有利于减少资源能源消耗、提高资源能源利用效率方面提出资源能源消耗指标及要求。具体指标可包括单位产品综合能耗、单位产品取水量、单位产品原/辅料消耗、一次能源消耗比例等指标，因行业性质不同根据具体情况可作适当调整。

（3）资源综合利用指标　应从有利于废物或副产品再利用、资源化利用和高值化利用等方面提出资源综合利用指标及要求。具体指标可包括余热余压利用率、工业用水重复利用率、工业固体废物综合利用率等，因行业性质不同根据具体情况可作适当调整。

（4）污染物产生指标　应从有利于从源头上减少污染物产生、有毒有害物质替代等方面提出污染物产生指标及要求。具体指标包括单位产品废水产生量、单位产品化学需氧量产生量、单位产品二氧化硫产生量、单位产品氨氮产生量、单位产品氮氧化物产生量和单位产品粉尘产生量，以及行业特征污染物等，因行业性质不同根据具体情况可作适当调整。

（5）产品特征指标　应从有利于包装材料再利用或资源化利用、产品易拆解、易回收、易降解、环境友好等方面提出产品指标及要求。具体指标可包括有毒有害物质限量、易于回收和拆解的产品设计、产品合格率等，因行业性质不同根据具体情况可作适当调整。

（6）清洁生产管理指标　应从有利于提高资源能源利用效率，减少污染物产生与排放方面提出管理指标及要求。具体指标可包括清洁生产审核制度执行、清洁生产部门设置和人员配备、清洁生产管理制度、强制性清洁生产审核政策执行情况、环境管理体系认证、建设项目环保"三同时"执行情况、合同能源管理、能源管理体系实施等，因行业性质不同根据具体情况可作适当调整。

（7）限定性指标选取　限定性指标为对节能减排有重大影响的指标，或者法律法规明确规定严格执行的指标。原则上，限定性指标主要包括但不限于单位产品能耗限额、单位产品取水定额、有毒有害物质限量，行业特征污染物，行业准入性指标，以及二氧化硫、氮氧化物、化学需氧量、氨氮、放射性、噪声等污染物的产生量，因行业性质不同根据具体情况可作适当调整。

6.1.2.2　清洁生产评价指标权重确定方法

一级指标的权重之和应为1，每个一级指标下的二级指标权重之和也应为1。不同的计算方法具有各自的特点和适用条件，应依据行业特点，单独使用某种计算方法或综合使用多种计算方法。

（1）权重确定方法之一，层次分析法（AHP法）。AHP法是一种将定性分析和定量分析相结合的多目标决策方法。AHP的基本思想是先按问题要求建立起一个描述系统功能或特征的内部独立的递阶层次结构，通过两两比较因素（或目标、准则、方案）的相对重要性，给出相应的比例标度，构造上层某要素对下层相关元素的判断矩阵，以给出相关元素对上层某要素的相对重要序列。

（2）权重确定方法之二，专家咨询法（Delphi法）。Delphi法是就各评价指标的权重，分发调查表向专家函询意见，由组织者汇总整理，作为参考意见再次分发给每位专家，供他们分析判断并提出新的意见，反复多次，使意见趋于一致，最后得出结论。

6.1.2.3　指标基准值

根据当前各行业清洁生产技术、装备和管理水平，宜将二级指标的基准值分为三个等级：Ⅰ级为国际清洁生产领先水平；Ⅱ级为国内清洁生产先进水平；Ⅲ级为国内清洁生产一般水平。

应根据当前行业清洁生产情况，合理确定Ⅰ级、Ⅱ级和Ⅲ级基准值。确定Ⅰ级基准值时，应参考国际清洁生产指标领先水平，以当前国内5%的企业达到该基准值要求为取值原则；确定Ⅱ级基准值时，应以当前国内20%的企业达到该基准值要求为取值原则；确定Ⅲ级基准值时，以当前国内50%的企业达到该基准值要求为取值原则。

对于定性指标基准值无法划分级别时，应统一给出一个基准值。

6.1.2.4　清洁生产评价指标分值参考实例

表6-2和表6-3分别给出了铅锌矿选矿企业清洁生产评价定量和定性指标项目及分值分布供参考。注意在不同行业及不同发展时期，相应权重和基准值会有所调整。

表6-2　铅锌矿选矿企业定量评价指标项目、权重及基准值

一级指标	权重值	二级指标	单位	权重值	评价基准值
资源能源利用指标	50	铅选矿金属实际回收率	%	10	85
		锌选矿金属实际回收率	%	10	88
		电耗	kW·h/t 原矿	8	50
		综合能耗	kgce①/t 原矿	8	15
		新水用量	m³/t 原矿	8	1.5
		伴生元素回收程度	%	6	50
污染物排放指标	20	废水排放量	m³/t 原矿	12	1
		车间最高允许粉尘浓度	mg/m³	4	10
		车间内允许噪声	dB(A)	4	85
综合利用指标	20	尾矿综合利用率	%	12	40
		选矿废水综合利用率	%	8	80
产品指标	10	铅精矿	等级	5	≥四级品
		锌精	等级	5	≥五级品

① "ce"为碳当量，下同。

表 6-3　铅锌矿选矿企业定性评价指标项目及指标分值

一级指标	指标分值	二级指标	指标分值	备　注
生产技术特征指标	35	采用节能设备	8	定性评价指标无评价基准值,其考核按对该指标的执行情况给分 对一级指标"(1)"所属各二级指标,凡采用的按其指标分值给分,未采用的不给分 对一级指标"(2)"所属二级指标,凡已建立环境管理体系并通过认证的给10分,只建立环境管理体系但尚未通过认证的则给5分;凡已进行清洁生产审核的给15分 对一级指标"(3)"所属各二级指标,如能按要求执行的,则按其指标分值给分;对建设项目环保"三同时"、建设项目环境影响评价、老污染源限期治理指标未能按要求完成的则不给分;对现场防尘、防噪声控制要求,凡粉尘、噪声均有超标要求的则不给分;凡仅有粉尘或噪声超标的,则给2分
		选择合理选矿工艺	7	
		装备自动化水平	5	
		事故性泄漏防范措施	7	
		生产作业面防渗措施	4	
		选矿设备设施的完整性	4	
环境管理体系建立及清洁生产审核	25	建立环境管理体系并通过认证	10	
		开展清洁生产审核	15	
环境管理与劳动安全卫生指标	40	老污染源限期治理项目完成情况	7	
		建立实施安全生产责任制度	5	
		建设项目环保"三同时"执行情况	6	
		建设项目环境影响评价制度执行情况	4	
		污染物排放总量控制情况	9	
		建立并运行环境管理体系	5	
		现场防尘、防噪声达标	4	

6.1.3　清洁生产审核（审计）

根据《清洁生产审核办法》（国家发展和改革委员会、国家环境保护部令第38号），清洁生产审核是指按照一定程序，对生产和服务过程进行调查和诊断，找出能耗高、物耗高、污染重的原因，提出降低能耗、物耗、废物产生以及减少有毒有害物料的使用、产生和废弃物资源化利用的方案，进而选定并实施技术经济及环境可行的清洁生产方案的过程。

清洁生产审核应当以企业为主体，以企业自行开展组织为主，不具备独立开展清洁生产审核能力的企业，可以委托行业协会、清洁生产中心、工程咨询单位等咨询服务机构协助组织开展清洁生产审核。清洁生产审核遵循企业自愿审核与国家强制审核相结合、企业自主审核与外部协助审核相结合的原则，因地制宜、有序开展、注重实效。

6.1.3.1　清洁生产审核分类

根据《清洁生产审核办法》，清洁生产审核分为自愿性审核和强制性审核。

国家鼓励企业自愿开展清洁生产审核。污染物排放达到国家或者地方排放标准的企业，可以自愿组织实施清洁生产审核，提出进一步节约资源、削减污染物排放量的目标。自愿实施清洁生产审核的企业可以向有管辖权的发展改革（经济贸易）行政主管部门和环境保护行政主管部门提供拟进行清洁生产审核的计划，并按照清洁生产审核计划的内容、程序组织清洁生产审核。

有下列情形之一的企业，应当实施强制性清洁生产审核。

（1）污染物排放超过国家或者地方规定的排放标准，或者虽未超过国家或者地方规定的排放标准，但超过重点污染物排放总量控制指标的；

（2）超过单位产品能源消耗限额标准构成高耗能的；

（3）使用有毒、有害原料进行生产或者在生产中排放有毒、有害物质的。

其中有毒有害原料或物质包括以下几类。第一类，危险废物。包括列入《国家危险废物名录》的危险废物，以及根据国家规定的危险废物鉴别标准和鉴别方法认定的具有危险特性的废物。第二类，剧毒化品。列入《重点环境管理危险化学品目录》的化学品，以及含有上述化学品的物质。第三类，含有铅、汞、镉、铬等重金属和类金属砷的物质。第四类，《关于持久性有机污染物的斯德哥尔摩公约》附件所列物质。第五类，其他具有毒性、可能污染环境的物质。

污染物排放超过国家或者地方规定的排放标准的企业，应当按照环境保护相关法律的规定治理。实施强制性清洁生产审核的企业，应当将审核结果向所在地县级以上地方人民政府负责清洁生产综合协调的部门、环境保护部门报告，并在本地区主要媒体上公布，接受公众监督，但涉及商业秘密的除外。县级以上地方人民政府有关部门应当对企业实施强制性清洁生产审核的情况进行监督，必要时可以组织对企业实施清洁生产的效果进行评估验收。

6.1.3.2 清洁生产审核程序

审核程序原则上包括审核准备，预审核，审核，实施方案的产生、筛选和确定，编写清洁生产审核报告等。

（1）审核准备　开展培训和宣传，成立由企业管理人员和技术人员组成的清洁生产审核工作小组，制订工作计划。

（2）预审核　在对企业基本情况进行全面调查的基础上，通过定性和定量分析，确定清洁生产审核重点和企业清洁生产目标。

（3）审核　通过对生产和服务过程的投入、产出进行分析，建立物料平衡、水平衡、资源平衡以及污染因子平衡，找出物料流失、资源浪费环节和污染物产生的原因。

（4）实施方案的产生和筛选　对物料流失、资源浪费、污染物产生和排放的原因进行分析，提出清洁生产实施方案，并进行方案的初步筛选。

（5）实施方案的确定　对初步筛选的清洁生产方案进行技术、经济和环境可行性分析，确定企业拟实施的清洁生产方案。

（6）编写清洁生产审核报告　清洁生产审核报告应当包括企业基本情况、清洁生产审核过程和结果、清洁生产方案汇总和效益预测分析、清洁生产方案实施计划等。

6.1.3.3 清洁生产审核评估

清洁生产审核评估是指按照一定程序对企业清洁生产审核过程的规范性、审核报告的真实性以及清洁生产方案的科学性、合理性、有效性等进行评估。申请清洁生产审核评估的企业必须具备以下条件。

（1）完成清洁生产审核过程，编制了《清洁生产审核报告》。

（2）基本完成清洁生产无/低费方案。

（3）技术装备符合国家产业结构调整和行业政策要求。

（4）清洁生产审核期间，未发生重大及特别重大污染事故。

申请清洁生产审核评估的企业需提交以下一些材料。

（1）企业申请清洁生产审核评估的报告。

（2）《清洁生产审核报告》。

（3）有相应资质的环境监测站出具的清洁生产审核后的环境监测报告。

（4）协助企业开展清洁生产审核工作的咨询服务机构资质证明及参加审核人员的技术资质证明材料复印件。

6.1.3.4 清洁生产审核验收

清洁生产审核验收是指企业通过清洁生产审核评估后，对清洁生产中/高费方案实施情况和效果进行验证，并做出结论性意见。

县级以上环境保护主管部门或节能主管部门，应当在各自的职责范围内组织清洁生产专家或委托相关单位，对以下企业实施清洁生产审核的效果进行评估验收：

（1）国家考核的规划、行动计划中明确指出需要开展强制性清洁生产审核工作的企业。

（2）申请各级清洁生产、节能减排等财政资金的企业。

其中符合上述 6.1.3.1 中（1）或（3）的情形实施强制性清洁生产审核的企业的评估验收工作由县级以上环境保护主管部门牵头，符合 6.1.3.1 中（2）的情形实施强制性清洁生产审核的企业的评估验收工作由县级以上节能主管部门牵头。

对上述企业实施清洁生产审核效果的评估验收，所需费用由组织评估验收的部门报请地方政府纳入预算。承担评估验收工作的部门或者单位不得向被评估验收企业收取费用。自愿实施清洁生产审核的企业如需评估验收，可参照强制性清洁生产审核的相关条款执行。清洁生产审核评估验收的结果可作为落后产能界定等工作的参考依据。

对企业实施清洁生产审核的效果进行验收，应当包括以下主要内容：

（1）企业实施完成清洁生产方案后，污染减排、能源资源利用效率、工艺装备控制、产品和服务等改进效果，环境、经济效益是否达到预期目标。

（2）按照清洁生产评价指标体系，对企业清洁生产水平进行评定。

6.1.4 清洁生产实例

6.1.4.1 煤矿企业清洁生产审核案例

（1）企业简介　该煤矿为某电厂对口供煤矿井，井田面积约 $137km^2$，地质储量 20.33 亿吨，可采储量 13.41 亿吨。井田煤层赋存稳定，开采条件好，矿井建设规模 10.0Mt/a，服务年限 95.9 年。该矿井主要生产工艺为：采用综合机械化回采煤，采用端部斜切进刀方式及采煤机往返双向割即两刀割煤的循环作业方式，这样既节省了采煤机跑空刀的时间，也大大降低了电能的消耗。综采工作面搬迁采用支架搬运车快速搬迁技术，既降低了劳动强度，节约了搬迁费用，同时也提高了工作效率。

该煤矿所采用的生产工艺是当前最先进的工艺，属清洁生产工艺。该煤矿先后完成了两个大型矿井污水处理厂和生活污水处理厂的建设。矿井水经过污水处理厂处理后，供应周边的化工企业，矿井的探放水供应周边农业用水，还有一部分处理后达标排放。

（2）清洁生产水平评价及存在的问题　该企业的生产线均采用长臂采煤法，一次采全高，采用全部垮落法管理顶板，对难以布置的地段和特殊要求的区块利用连续采煤机进行回采。该工艺是当前国内外煤矿生产企业最先进的工艺，属清洁生产工艺，然而，通过现场核查发现该煤矿企业在开采过程中的各项指标虽然达到了国内领先的水平，但由于该企业处于水资源短缺矿区，原煤生产水耗较大，尤其矿井水综合利用率仅为 71.9%，和《清洁生产标准 煤炭采选业》（HJ 446—2008）对比，仅处于清洁生产三级水平，因此，矿井水的综合利用率亟待提升。同时发现该煤矿的煤矸石综合利用率也较低，也存在较大的清洁生产潜力和机会，如表 6-4 所示。

表 6-4　企业实际情况与煤炭采选业清洁生产标准的比较

清洁生产指标等级	一级	二级	三级	企业实际	等级
原煤生产水耗/（m³/t）	≤0.1	≤0.2	≤0.3	0.18	二级
当年产生的煤矸石综合利用率/%	≥80	≥75	≥70	76.8	二级
矿井水利用率/%	100	≥95	≥90	71.9	三级以上
塌陷土地治理率/%	≥90	≥80	≥60	82	二级
排矸场覆土绿化率/%	100	≥90	≥80	95	二级
采区回采率/%	≥82	≥82	≥80	89.4	一级

清洁生产指标等级	一级	二级	三级	企业实际	等级
原煤生产电耗/(kW·h/t)	≤15	≤20	≤25	12.2	一级
选煤电耗/(kW·h/t)	≤5	≤6	≤8	0.48	一级
原煤生产坑木消耗/(m³/万吨)	≤5	≤10	≤15	0.65	一级

从表6-4中可以看到，该企业的原煤生产电耗和选煤电耗均较低，原煤坑木消耗0.65m³/万吨，均处于清洁生产一级水平。通过现状调研、现场考察分析，以及与国家清洁生产标准指标对比的结果，可知目前该矿存在的主要问题是原煤生产水耗较大、矿井水产生量大，而矿井水处理后综合利用率较低，导致废水及废水中污染物排放量大，对环境的影响较为突出。同时，通过和煤炭行业清洁生产标准对比，该矿煤矸石综合利用率处于二级水平，也有一定的清洁生产潜力和空间。因此，经过审核小组座谈，并广泛听取广大员工的意见和建议，综合考虑该矿实际生产情况，确定将原煤生产水耗、废水综合利用率和煤矸石综合利用率确定为该企业本轮清洁生产审核的重点。

（3）清洁生产审核

① 预审核。通过查看该企业的供排水平衡图、监测数据以及结合实际生产活动中存在的问题，分析出其物料损耗主要出现在矿井水和生活污水的回用率较低。该矿井实际涌水量约4800m³/h，处理后约3300m³/h用于周边化工厂的用水，灌溉季节约150m³/h用于周边农业浇灌，其余部分外排用于补偿水循环，生产废水综合回用率71.9%。根据"节约用水""一水多用"原则，该企业处于缺水地区，回用后剩余矿井水可以扩大对矿井周边化工企业的供水范围。同时，可以将部分经过处理的矿井水作为该地区绿化和市政用水，以提高矿井水的综合利用率。

② 清洁生产方案的提出。审核小组根据预审核的结果、审核重点的水平衡及废弃物产生原因与分析结果，在全矿范围内利用各种渠道和多种形式，进行宣传动员，并广泛征集清洁生产方案或合理化建议，鼓励全体员工参与，并从节能、降耗、减污、增效的目的出发，从原材料与能源、设备、技术工艺、过程控制、管理、产品、员工和废弃物八个方面对本次清洁生产审核产生的方案进行整理、汇总，并根据"边审核、边发现、边实施"的原则及时实施了无/低费方案。据统计，本轮清洁生产审核产生方案共计26项，对两项中/高费清洁生产方案从环境可行性、技术可行性、经济可行性和实施的难易程度等几方面进行了简单的筛选（表6-5）。

表 6-5 简易法方案筛选表

	备 选 方 案	环境可行性	技术可行性	经济可行性	可实施性	结果
F5	完善井下污水处理系统	√	√	√	√	√
F10	煤矸石置换	√	√	√	√	√

③ 清洁生产效果分析。本轮清洁生产审核共产生清洁生产方案26个，其中无/低费方案24个，中/高费方案2个，已实施无/低费方案24个，中/高费方案2个，实施率100%。本轮清洁生产审核共投入资金851.37万元，产生经济效益6517.05万元/年。其中无/低费方案投入307.37万元，产生经济效益4443.65万元，投入与产出比1:14.46；中/高费方案投入544万元，产生经济效益2073.4万元，投入与产出比1:3.81。通过本轮清洁生产审核，该煤矿恢复地表植被约400万平方米，年节约药品2.5t，年节电117.1万度，年节约办公纸张约3万张，年节约用水大约1000t，年节约钢材约160t，年减少粉尘约20t，减排矿井水131万吨/年，由此减排COD 39.4t，减少煤矸石及淤泥排放量7.41万吨，提高煤炭

回采率 9.4%，每个工作面约增采煤炭 1.5 万吨，总计年增加采煤 3 万吨，提高煤炭资源回收量 17.195 万吨。矿井水综合利用率提高 24.1%，煤矸石综合利用率提高 4.2%。

通过这些方案的实施，降低了该企业的设备维修率，稳定了系统的安全生产，减少了污染物的排放量，使公司在节能降耗、增产提效、减少污染等方面取得了显著的经济效益和环境效益，达到了预期的效果，与《清洁生产标准 煤炭采选业》（HJ 446—2008）对比，大部分指标都得到了提升。

通过这次清洁生产审核工作，共培养出清洁生产审核业务骨干若干人，不仅为公司持续清洁生产奠定了基础，而且为公司培养了一批观念新、思路开阔、熟悉程序、掌握方法的中坚力量。同时促进了该煤矿各项制度进一步完善，使环境保护工作更加科学化、制度化、规范化。

6.1.4.2 清洁生产理念在铅锌矿选矿中的应用实例

（1）企业审核前清洁生产水平　某小型铅锌选矿企业始建于 2004 年，日处理矿石 100t。2012～2013 年该企业开展了清洁生产审核工作，对照《铅铅锌行业清洁生产评价指标体系（试行）》，同时采用《清洁生产评价体系编制通则（征求意见稿）》中的评价方法，审核前企业清洁生产水平见表 6-6。

表 6-6　审核前企业清洁生产水平

一级指标	权重值	二级指标	单位	权重值	评价基准值	现状	得分
资源能源利用指标	50	铅选矿金属实际回收率	%	10	85	89.8	10
		锌选矿金属实际回收率	%	10	88	88.9	10
		电耗	kW·h/t 原矿	8	50	32.12	8
		综合能耗	kgce/t 原矿	8	15	3.95	8
		新水用量	m³/t 原矿	8	1.5	0.64	8
		伴生元素回收程度（银）	%	6	50	48.8	0
污染物排放指标	20	废水排放量	m³/t 原矿	12	1	0.042	12
		车间最高允许粉尘浓度	mg/m³	4	10	无数据	0
		车间内允许噪声	dB(A)	4	85	无数据	0
综合利用指标	20	尾矿综合利用率	%	12	40	没有利用	0
		选矿废水综合利用率	%	8	80	86.5	8
产品指标	10	铅精矿	等级	5	≥四级品	三级品	5
		锌精矿	等级	5	≥五级品	三级品	5
合计							74

从表 6-6 中可以看出，由于尾矿没有综合利用，伴生元素回收率不高，车间卫生环境缺少监测数据，有 4 个指标均为零分，从而导致得分偏低。总体来说，目前该企业清洁生产水平较低，有较大的清洁生产潜力。

（2）清洁生产潜力分析

① 污染物减排潜力分析。公司尾矿没有得到综合利用，每年约产生 1.3 万吨尾矿均堆放在尾矿库中，给公司环保工作带来巨大压力。公司在选矿工艺中，由于技术所限，导致原矿中伴生元素（主要为 S、Ag）回收率不高，从而使得尾矿库外排废水中含较多的重金属元素。

② 节水潜力分析。由于生产设计缺陷，原矿堆场和精矿堆场的雨淋废水以及精矿含水均直接外排，没有回用于浮选工序，循环水利用率偏低，不仅增加了选矿新鲜水用量，而且污染了环境。

③ 节能潜力分析。碎矿工序中，破碎机工作效率较低，并且碎矿粒度较大，导致磨矿工序耗电量较大。公司主要耗能设备均未进行变频改造，由于矿石处理量的不规律性，常常

导致"大马拉小车"的现象,耗能严重。

(3)实施清洁生产方案　根据表6-6中体现的企业清洁生产水平较低的情况,结合企业清洁生产潜力分析,从企业的生产实际出发,提出了若干清洁生产改造方案,见表6-7。

表6-7　清洁生产方案

序号	方案名称	方案内容
1	尾砂脱水与制砖	对尾矿库尾砂的成分进行分析,并进行小型试验。试验证明样品的烧成温度比煤矸石砖的烧成温度略高,随黏土添加比例增大,烧成温度显著降低,接近黏土砖的烧成温度。添加20%的黏土,有望在黏土砖烧成温度下烧成,能有效降低燃料消耗。在尾砂制新型建材试验的前提条件下,制订尾砂脱水方案,便于下一步尾砂制砖工序。不仅有效处理了尾矿堆积问题,并且为企业带来可观的效益
2	球磨机变频改造	对企业内部使用极为普遍的异步电机来说,因没有得到无功就地补偿,使其仍处在低效率、低负荷、低功率因数下运行,造成大量电能浪费。球磨机安装能够就地补偿的节电增容补偿器,其电机所需的励磁无功功率和漏磁所消耗的无功功率可直接由补偿器来提供,不必再与电网或电力变压器进行交换,这样既减少线损和变损而节电,又可增加变压器的容量,平均节电20%左右
3	尾矿选硫	在选完锌后,将尾矿接入搅拌桶,进入SF-5型浮选机进行选硫工序。不仅可以增加企业效益,而且能够减少尾矿的排放量,增加资源利用效率,减少废水中的硫含量
4	原矿、精矿堆场增加沉淀池	在原矿、精矿堆场新建沉淀池,将溢流的精矿含水和雨水导入沉淀池中,经过初步沉淀后,排入尾矿库,再用泵将尾矿库的废水泵入浮选工序,使废水能够得到回用,提高水循环利用率
5	采用浮选柱工艺	浮选柱是目前世界上提高微细粒物料分选精度最为有效的浮选设备之一。其优点是结构简单、占地面积小、技术指标好、耗能低、药剂用量低、调节方便(泡沫厚度、气泡大小和数量等)、浮选速度快、流程简单、适于处理微细粒矿物、便于引入其他力场、可强化分选、易于实现自动化和大型化。采用旋流-静态微泡浮选柱工艺对现有工艺进行替代,可以有效提高铜、锌精矿的品位和回收率,提高资源利用率,降低废水中重金属离子浓度

(4)清洁生产成效　审核后,根据企业生产统计数据显示,年减少电力消耗16万千瓦时,折合标煤19.66tce;尾砂制砖为企业创造年利润200余万元;尾矿选硫、引入浮选柱工艺,将企业主要产品铜锌精矿及其伴生元素银的回收率平均提高2个百分点,年创造效益30余万元。同时企业各类污染物也得到了一定的削减,COD_{Cr}年削减量达到14t,一类金属总量大幅削减。结合表6-6中的指标,企业资源能源利用指标得到进一步提升,尾矿得到了很好的综合利用,最后评分为92分。通过开展清洁生产工作,企业资源能源利用、污染物产生与排放清洁水平得到显著提高。

6.1.4.3　常见清洁生产方案实例

许多清洁生产方案是防止生产过程中的跑、冒、滴、漏和纠正企业岗位管理和操作规程等方面的问题,这些方案大都简单易行,常见的清洁生产方案见表6-8。

表6-8　常见的清洁生产方案

项目	实施清洁生产的方案内容
原料	订购高质量、不易破损、有效期长、易购、易存、易搬运、易包装成形的原料。进厂原料要无破损、漏失,储槽要安装液位计,储槽应有封闭装置,管道输送原料要确保封闭性。准确计量原材料投入量,严格按规定的质量、数量投料;采用新型选矿药剂,提高选别指标
产品	产品的储存、输送、搬运、控制、处置应符合企业规定的要求。产品包装要用便于回收及易于处置处理的材料,要有规范的产品出厂和搬运制度
能耗、物耗	采用先进的节能节水措施,安装用水计量装置降低吨矿耗水量,杜绝跑、冒、滴、漏,检查废物收集、储存措施,减少废物混合,实现清污分流; 对回收废物净化后利用,可将防尘水及厂前废水经处理后重复利用,提高选矿回水率,固体废料可清洗、筛选后回用; 采用大型高效除尘系统替代小型分散除尘器,减少水耗、电耗,提高除尘效率

项　　目	实施清洁生产的方案内容
生产工艺、设备维修	简化碎矿工艺,减少中间环节,降低电耗;采用多碎少磨技术降低碎矿产品粒径;所有设备实行定期检查、维修、清洗,增添必要的仪器仪表及自动监测装置,建立严格的监管制度,建立临时出现事故的报警系统; 合理调整工艺流程和管线布局,使之科学有序,建立严格的生产量与配料比的因果关系,控制和规范助剂、添加剂的投入
生产管理	操作人员严守岗位,按操作规程作业,确保生产正常、稳定,减少停产;保证水、气、热正常供应
人	定期对不同层次的人员进行培训、考核,不断进行素质教育

6.2 绿色矿业

6.2.1 发展历程及重要意义

6.2.1.1 绿色矿业发展历程

2006年中国首次提出"坚持科学发展,建设绿色矿业"的口号,正式将发展绿色矿业提上日程。

2007年,国土资源部正式启动了《全国矿山地质环境保护与治理规划》编制工作,同年召开的国际矿业大会提出"绿色矿业"这一全新概念,翻开了矿业开发崭新的一页,拉开了绿色矿山的大幕,意味着国土资源部正式宣告建设"绿色矿山"。

2008年,国务院批准实施的《全国矿产资源规划(2008~2015年)》首次明确了发展绿色矿业的要求,指出"到2020年基本建立绿色矿山格局"的战略目标。

2009年,国土资源部出台了《矿山地质环境保护规定》,把"矿山地质环境保护与治理恢复方案"作为申办采矿许可证的前置条件之一,逐步健全完善矿山地质环境管理制度体系。

2010年,国土资源部正式印发《关于贯彻落实全国矿产资源规划,推进绿色矿业,建设绿色矿山工作的指导意见》,进一步明确了推进绿色矿山建设的思路、原则与目标。建设目标是力争1~3年完成一批示范试点矿山建设工作,建立完善的绿色矿山标准体系和管理制度,研究形成配套绿色矿山建设的激励政策。到2020年,全国绿色矿山格局基本形成,大中型矿山基本达到绿色矿山标准,小型矿山企业按照绿色矿山条件严格规范管理。资源集约、节约利用水平显著提高,矿山环境得到有效保护,矿区土地复垦水平全面提升,矿山企业与地方和谐发展。该《意见》还提出"统筹规划绿色矿山建设工作""开展国家级绿色矿山建设试点示范""稳步推进全国绿色矿山建设""营造良好的政策环境",同时特别制定了绿色矿山基本条件。

2011年3月,首批37家矿山企业成为国家级绿色矿山试点单位,同年"发展绿色矿业"被纳入《国民经济和社会发展第十二个五年规划纲要》,上升为国家战略。

2013年11月,国务院正式印发《全国资源型城市可持续发展规划(2013~2020年)》,要求推进绿色矿山建设。

在绿色矿业发展方面,就推进绿色矿山试点建设工作,截至2014年年底,661家矿山企业成为国家级绿色矿山试点单位,实现到"十二五"(2011~2015年)末国家级试点矿山达600家以上的工作目标,在循环经济发展、资源高效利用、绿色科技引领、矿山生态保护、矿地和谐共赢等方面发挥了示范引导作用;制定了《国家级绿色矿山试点单位验收办法(试行)》,完成了山西同煤大唐塔山煤矿等37家首批试点单位的建设进展情况评估,总结了试点成效与问题,研究提出了后续激励政策等措施建议;开展了建设标准研究,分行业指导新建和在建绿色矿山建设。

2015 年 4 月印发的《中共中央国务院关于加快推进生态文明建设的意见》中明确把发展绿色矿业、加快绿色矿山建设作为重要任务，具有里程碑意义。该意见着重指出：发展绿色矿业，就是要走资源节约、环境友好、高效利用、矿区和谐的发展道路。一是要节约和高效开发利用矿产资源，实现"十三五"（2016～2020 年）规划建议中首次提出的"提高节能、节水、节地、节材、节矿标准"的"五节"要求；二是要保护矿山环境，实现人与自然和谐共生；三是要坚持矿区和谐发展，开发一方资源，造福一方人民，形成良性的共享机制。

为全面贯彻落实《中共中央国务院关于加快推进生态文明建设的意见》和《中华人民共和国国民经济和社会发展第十三个五年规划纲要》的决策部署，切实推进全国矿产资源规划实施，加强矿业领域生态文明建设，加快矿业转型与绿色发展，国家六部委于 2017 年 5 月联合下发《关于加快绿色矿山的实施意见》（国土资规〔2017〕4 号），表明绿色矿山建设已上升为国家行为，绿色矿山建设成为了未来我国矿山发展的主旋律。

各地结合实际情况，有序推进省、市绿色矿山建设。浙江、河北、江西研究制定了绿色矿山管理办法和相关鼓励政策；内蒙古、贵州制定了建设绿色矿山的实施方案；广西、江西和北京编制了绿色矿山建设规划。

2017 年 12 月 21 日举行的绿色矿业发展战略联盟成立大会上，我国首个绿色矿山建设全国标准——《固体矿产绿色矿山建设指南（试行）》(T/CMAS) 正式发布。该标准规定了固体矿产绿色矿山建设的基本要求，涵盖矿山建设期、运行期和关闭期全过程的建设活动，包括新建矿山、改扩建矿山及在建矿山的采矿工程、选矿工程、尾矿工程、公辅工程及其配套工程开发建设。与此前我国有关矿山建设与生产的要求相比，该标准更加突出绿色、环保、高效、和谐的理念。其中，在矿山规划阶段，该标准在要求编制矿区总体规划、矿产资源开发利用方案、矿山地质环境保护与土地复垦方案的基础上，增加了编制矿区绿色矿山发展规划的要求。在矿山开采阶段，对露天开采的，增加了剥离的地表土及第四系覆盖层应单独堆存，开挖的土石、围岩等建设期固体废物应分类处置等要求。对地下开采的，提出了优先采用充填采矿方法的要求，对共伴生矿产开采在提出综合利用、开采层序的同时，特别提出了提高煤矿瓦斯抽采利用率和先抽后掘、先抽后采的要求。在选矿回收阶段，明确提出了废水闭路循环、固体废物的安全和资源化处置等要求。在矿山环境恢复与治理中，增加了矿区废气及噪声排放控制的要求。

"十三五"时期，绿色矿业主要开展四项重点任务：一是加快各级绿色矿山建设；二是推动绿色矿业示范区建设；三是建立绿色矿山标准体系；四是构建有利于绿色矿业发展的长效机制。

6.2.1.2 发展绿色矿业建设绿色矿山的重要意义

（1）贯彻落实科学发展观、推动经济发展方式转变的必然选择　当前我国正处于工业化、城镇化加快发展的关键阶段，资源需求刚性上升，资源环境压力日益增大。促进资源开发与经济社会全面协调可持续发展，必须将资源开发与保护放到经济社会发展的战略高度，按照国家转变经济发展方式的战略要求，通过开源节流、高效利用、创新体制机制，改变矿业发展方式，推动矿业经济发展向主要依靠提高资源利用效率的带动转变。发展绿色矿业、建设绿色矿山，既是立足国内提高能源资源保障能力的现实选择，也是转变发展方式、建设"两型"社会的必然要求，对我国经济社会发展全局具有十分重要的现实意义和深远的战略意义。

（2）加快转变矿业发展方式的现实途径　发展绿色矿业、建设绿色矿山，以资源合理利用、节能减排、保护生态环境和促进矿地和谐为主要目标，以开采方式科学化、资源利用高效化、企业管理规范化、生产工艺环保化、矿山环境生态化为基本要求，将绿色矿业理念贯穿于矿产资源开发利用的全过程，推行循环经济发展模式，实现资源开发的经济效益、生态效益和社会效益协调统一，为转变单纯以消耗资源、破坏生态为代价的开发利用方式提供了现实途径。

（3）落实企业责任、加强行业自律、保证矿业健康发展的重要手段　发展绿色矿业、建设绿色矿山，关键在于充分调动矿山企业的积极性，加强行业自律，促进矿山企业依法办矿、规范管理，加强科技创新，建设企业文化，使矿山企业将高效利用资源、保护环境、促进矿地和谐的外在要求转化为企业发展的内在动力，自觉承担起节约集约利用资源、节能减排、环境重建、土地复垦、带动地方经济社会发展的企业责任。建设绿色矿山是矿山企业经营管理方式的一次变革，对于完善矿产资源管理共同责任机制、全面规范矿产资源开发秩序、加快构建保障和促进科学发展新机制具有重要意义。

6.2.2　绿色矿业相关理论

我国矿业绿色发展研究是以可持续发展理论、绿色发展理论、资源环境经济学理论及系统学理论为基础所开展的方法研究。

6.2.2.1　可持续发展理论

可持续发展（sustainable development，SD）的概念最先是 1972 年在斯德哥尔摩举行的联合国人类环境研讨会上正式讨论提出的。1987 年，联合国世界环境与发展委员会（WCED）出版《我们共同的未来》报告，将可持续发展定义为："既满足当代人的需要，又不损害后代人满足其需要能力的发展。"1992 年 6 月，联合国在里约热内卢召开的"环境与发展大会"，通过了以可持续发展为核心的《里约环境与发展宣言》《二十一世纪议程》等文件。随后，中国政府编制了《中国 21 世纪人口、资源、环境与发展白皮书》，首次把可持续发展战略纳入我国经济和社会发展的长远规划中。1997 年的中共十五大把可持续发展战略确定为我国"现代化建设中必须实施"的战略。

可持续发展的主要原则有以下几个。

（1）持续性原则　资源和环境是可持续发展的主要限制性因素，是人类社会生存和发展的基础。因此，资源的永续利用和生态环境的可持续性是人类实现可持续发展的基本保证。人类的发展活动必须以不损害地球生命保障系统的大气、水、土壤、生物等自然条件为前提，即人类活动的强度和规模不能超过资源与环境的承载能力。

（2）公平性原则　包括代内公平和代际公平。代内公平是指世界各国按其本国的环境与发展政策开发利用自然资源的活动，不应损害其他国家和地区的环境；给世界各国以公平的发展权和资源使用权，在可持续发展的进程中消除贫困、消除人类社会存在的贫富悬殊、两级分化状况。代际公平是指在人类赖以生存的自然资源存量有限的前提下，要给后代人以公平利用自然资源的权利，当代人不能因为自己的发展和需求而损害后代人发展所必需的资源和环境条件。

（3）共同性原则　可持续发展是全人类的发展，必须全球共同联合行动，这是由地球的整体性和人类社会的相互依存性所决定的。尽管不同国家和地区的历史、经济、政治、文化、社会和发展水平各不相同，其可持续发展的具体目标、政策和实施步骤也各有差异，但发展的持续性和公平性是一致的。实现可持续发展需要地球上全人类的共同努力，追求人与人之间、人与自然之间的和谐是人类共同的道义和责任。

绿色矿业是科学的可持续发展矿业，是从矿产勘察、矿山规划、建设、开采、选矿、冶金、深加工一直到矿山闭坑、复垦和生态环境重建的全过程，始终坚持以科学发展观为指导，采用先进的科技手段，实施严格的科学管理，以清洁生产、节能减排、资源综合利用、循环经济等生产模式，实现资源充分合理利用、保护环境、安全生产、社区和谐和矿业经济的可持续发展模式。矿山的绿色发展是矿系统内资源、环境、经济、社会四者效益协调统一的可持续发展。

6.2.2.2 绿色发展理论

绿色发展或绿色经济是相对于传统"黑色"发展模式而言的有利于资源节约和环境保护的新的经济发展模式。在中国语境下，有关绿色经济或绿色发展的讨论都是针对可持续发展的不同侧面或是特定时期的目标和任务而展开的经济社会活动。从内涵看，绿色发展是在传统发展基础上的一种模式创新，是建立在生态环境容量和资源承载力的约束条件下，将环境保护作为实现可持续发展重要支柱的一种新型发展模式，其核心目的是为了突破有限的资源环境承载力的制约，谋求经济增长与资源环境消耗的脱钩，实现发展与环境的双赢。具体来说包括以下几个要点：一是将环境资源作为社会经济发展的内在要素；二是把实现经济、社会和环境的可持续发展作为绿色发展的目标；三是把经济活动过程和结果的"绿色化""生态化"作为绿色发展的主要内容和途径。

我国在"十二五"规划纲要中首次提出了"绿色发展"的概念，并且独立成篇，展现了坚持科学发展的决心与信心。绿色发展不仅关乎未来五年中国的前行步伐，也将为国家长期可持续发展奠定基础。积极应对全球气候变化，加强资源节约和管理，大力发展循环经济，加大环境保护力量，促进生态保护和修复，加强水利和防灾减灾体系建设——六大绿色发展支柱，是实现资源环境约束性指标的保障，也将为中国的绿色发展奠定坚实基础。

6.2.2.3 资源环境经济学理论

资源环境经济学是运用经济学原理与方法来研究资源环境与国民经济发展关系的学科。它是20世纪60年代以来随着人类社会日益面临人口爆炸、资源枯竭和生态环境恶化等困扰而逐步发展起来的一门应用性边缘经济学科。体现了在资源、生态、环境问题上，自然资源的公共性、外部性、本身的无价值性，使得自然资源出现了"市场失灵"现象。

资源环境经济学是运用经济学原理与方法来研究资源环境与经济发展关系的应用性、边缘性经济学科，符合我国矿业可持续发展研究综合性的发展趋势。从广义的角度来讲，矿业的可持续发展涉及矿业及矿区的经济、资源、环境和社会等方面的可持续发展。从狭义的角度来说，便是如何实现矿产资源和环境的永续开发、保护和利用。资源环境经济学的研究对于矿业领域内矿产资源的最优开采率、资源的最优利用率以及环境的最优排污率等具有重要的科学参考价值。

矿山资源和矿山环境是同一事物的两个侧面。矿山资源是矿山环境的组成部分，是有经济价值的环境，矿山资源的开发过程同时也是对环境的改变过程。由矿山资源开发而引起的环境问题，往往是资源不合理利用的结果，矿山环境污染物（如固体废弃物）同样存在二次开发或资源化的可能。

6.2.2.4 系统学理论

1978年，美国系统学家将"系统"的定义总结为是互相作用、互相依靠的所有事物，按照某些规律结合起来的综合。系统学是对客观或抽象的多个对象的性质进行研究，并对它们之间的相互关系进行分析的一门学问。系统总的来说具有如下四方面基本特征：①系统的结构由其所属对象和流程定义；②系统是对现实的一种归纳；③对于系统的观察可以通过输入和输出来进行；④系统的不同部分之间相互作用。

可持续发展的系统学研究方向认为可持续发展研究的对象是"自然-经济-社会"这个复杂的巨大系统，只有应用系统学理论和方法，才能更好地表达可持续发展理论深入的内涵。该研究方向强调可持续发展的四大基本原则：发展性原则，即财富不因世代更迭而下降；公平性原则，即代际公平、人际公平和区际公平；持续性原则，即"人口、资源、环境、发展"的动态平衡；共同性原则，即体现全球尺度的整体性、统一性和共享性。该方向的突出特色是以综合协同的观点体现可持续发展本质特征的"发展度、协调度、持续度"三者的协调关系。

矿山是包含资源、环境、人三方面综合要素相互作用关系的复杂系统，矿山的绿色发展是系统内部资源开发、环境保护和社区发展等各方面协调发展的体现。对于金属矿山绿色发展指标的研究正是基于系统学理论的研究基础，综合选取矿山内部对应的相关发展指标来表征矿山系统内部各方面要素的作用情况，为实现矿山系统的内部平衡建立准备。

6.2.3　绿色矿山建设

6.2.3.1　绿色矿山与绿色矿业

发展绿色矿业，就是要走资源节约、环境友好、高效利用、矿区和谐的发展道路。矿山企业是矿业行业的重要细胞，是矿业最重要的组成部分。要推进绿色矿业的发展，必须从绿色矿山着手，绿色矿山建设是发展绿色矿业的基础。

结合各学者对绿色矿山的相关理论研究及目前我国开展的绿色矿山建设实践，绿色矿山定义为：在可持续发展、绿色发展理念的指导下，采用适合本矿山的生产技术，实施科学合理的管理，在高效开发利用资源、节能减排、矿山地质环境恢复治理和矿区和谐上成效显著，最终实现经济、社会、环境、生态效益相统一的矿山。

绿色矿山的基本要素是高效、节能、低排、环保。绿色矿山分为国家级、省级、市级及县级，各级绿色矿山均有不同的建设标准。

6.2.3.2　绿色矿山建设的原则

（1）坚持政府引导　强化政策激励，积极引导，组织做好试点示范，建立健全绿色矿山建设标准体系，有序推进。

（2）落实企业责任　鼓励矿山企业树立科学发展理念、严格规范管理、推进科技创新、加强文化建设，落实节约资源、节能减排、保护环境、促进矿区和谐等社会责任。

（3）加强行业自律　充分发挥行业协会的桥梁和纽带作用，密切联系矿山企业，加强宣传，扩大共识，加强行业自律。

（4）搞好政策配套　充分运用经济、行政等多种手段，制定有利于促进资源合理利用、环境保护等方面的政策措施，建立完善制度，推动绿色矿山建设。

6.2.3.3　绿色矿山建设的对策

（1）加大矿业开发监管力度　一是要建立健全有效约束开发行为和促进绿色循环低碳发展的法律制度，使绿色矿山建设有法可依。二是要坚持节约优先、保护优先、自然恢复为主的方针，把关注点放在矿业开发是否符合资源利用、环境保护和生态文明的规定上。三是要在加强社会责任立法的基础上加大监管力度，强化矿企的环保法律责任，大幅度提高违法成本。四是要依法行政，健全以公平为核心的产权保护制度，探索因产业政策调整而给矿企造成重大损失的补偿机制，切实保护其合法权益。

（2）出台相关配套政策措施　一是将绿色矿山创建作为颁发采矿证的前置条件，并加大对绿色矿山建设的资金扶持力度。二是在矿业用地、土地复垦、资源配置、开采总量和矿业权投放等方面，制定有利于绿色矿山建设的倾斜政策。三是进一步理顺矿产品的比价关系和价格形成机制，出台将绿色矿山纳入增值税、所得税优惠范围，探索把资源税费与绿色矿山建设挂钩的激励机制。四是研究制定生态补偿机制、办法、标准，尽快出台有关补偿方案。五是要清理、废止那些过时的且不利于推进绿色矿山建设的政策规定。

（3）规范绿色矿山建设管理　一是要发挥矿企的主体作用，加入并自觉遵守《绿色矿业公约》，按照实施方案积极推进绿色矿山建设。二是要建立健全矿产开发利用、环境保护、土地复垦、生态修复、安全生产等制度和措施。三是要严格执行审批通过的矿产资源开发利用方案，并实行储量动态管理，同时规范档案资料管理。四是要重视职业健康、安全、环保和质量体系认证，促进矿山实现管理的科学化、规范化和信息化。五是要进一步扩大试点范围，发挥典型示范引领作用，全面推进绿色矿山建设。

（4）着力提高综合利用水平　一是要通过采用先进的采选技术，提高开采回采率和选矿回收率，以减少矿山储量消耗和废弃物排放。二是要加强对矿产采选回收率的准入管理和监督检查，坚决限制、淘汰落后的技术、工艺、设备和产能。三是要加大对低品位、共伴生、难选冶等矿产的开发利用关键技术的攻关力度，以实现充分利用资源和减少环境破坏的双重目标。四是要按照"再勘查、减量化、再利用、资源化"的原则，加快推动"三废"利用步伐，提高"三废"资源化总体水平。

（5）积极开展采选技术创新　一是要以引进吸收和自主创新相结合的方式，研发先进的采选技术和装备，来实现采选过程的自动化、智能化。二是要利用绿色、环保、高效的采选技术和设备改造传统落后的企业，使矿山"三率"指标达到或超过国家标准。三是要注重对尾矿工艺矿物学的研究，提出尾矿处理的新方法、新工艺，变传统消极的环保治理为积极的资源化利用。四是要加强技术引导，定期发布矿产资源节约与综合利用鼓励、限制、淘汰技术目录，积极推广应用安全环保、节约高效的绿色工艺和设备。

（6）大力推动节能减排工作　一是要严格遵守相关法律法规。二是要加强储量动态管理和保护，建立并完善矿山储量管理台账，定期开展储量核实工作，严格储量报销程序，合理控制储量消耗。三是鼓励矿企采用清洁生产方式，实现以最小的资源和环境代价取得最大的经济、社会效益。四是鼓励企业采用无废或少废工艺，"三废"达标排放，废水循环使用，固体废弃物综合利用率达到国内同类矿山先进水平。

（7）建立环境保护长效机制　一是要以"治乱象、用重典"的魄力，对矿业实行最严格的准入和环保政策。二是要坚持"谁破坏，谁治理""谁投资，谁受益"的原则，实施矿山生态修复工程。三是要严格执行环境恢复治理保证金制度，完善矿山环保与恢复治理由国土资源部门统一监管的政策体系。四是要制定切实可行的土地复垦方案，通过采用地貌重塑、土壤改良、植被重建、水土保持、植物配置等先进技术恢复生态环境。五是要将资源消耗、环境损害、生态效益等指标纳入综合考评体系，形成"绿色"的业绩考评导向。

（8）构建矿地和谐发展局面　一是要加强法制宣传，让矿区百姓知晓"矿产属国家所有"等规定，从而提高其遵纪守法的自觉性。二是要建立健全协调矿地利益关系的法律法规，以规范处理涉及群众切身利益的问题。三是企业应严格履行其社会责任，要以建设"两型"社会为己任，做到"建立一座矿山，造福一方百姓"。四是要通过建立资源节约集约调节机制、生态恢复治理补偿机制、资源开发利益共享机制和矛盾纠纷调处化解机制，构建人与人的和谐、人与自然的和谐，让矿区百姓共享绿色矿业发展的成果。

6.2.3.4　绿色矿山评价指标体系

2010年国土资源部发布《国家级绿色矿山基本条件》（见阅读材料），从依法办矿、规范管理、综合利用、技术创新、节能减排、环境保护、土地复垦、社区和谐、企业文化等九个方面对国家级绿色矿山进行评价。也有学者建立了根据生命周期理论，结合层次分析法和模糊综合评价等方法建立了绿色矿山的评价指标体系，部分研究还进行了评价。但绿色矿山的评价只是绿色矿业评价的基础，当前，对绿色矿业评价还处于摸索阶段，有学者提出了资源型县域绿色矿业评价指标体系，见表6-9，值得借鉴。

准则层	指标层	单位
经济发展因素	I_1：GDP 增长率	%
	I_2：采掘业产值占工业总产值比重	%
	I_3：采掘业增加值占工业增加值比重	%
	I_4：采掘业投资占固定资产总投资比重	%
	I_5：加工业产值与采掘业产值之比	%
资源禀赋因素	I_6：主要优势矿种储量	t
	I_7：万元 GDP 用水量	t/万元
	I_8：万元 GDP 综合耗能	t/万元
环境保护因素	I_9：环保投入占财政支出比重	%
	I_{10}：森林覆盖率	%
	I_{11}：万元 GDP 工业废水排放量	t/万元
	I_{12}：万元 GDP 工业废气排放量	m^3/万元
	I_{13}：万元 GDP 工业固体废物产生量	t/万元
	I_{14}："三废"综合利用产品产值	万元
	I_{15}：矿山环境恢复治理率	%
社会支持因素	I_{16}：采矿业从业人数占工业从业人数比重	%
	I_{17}：绿色矿业意识	
	I_{18}：矿业社区和谐	
技术支撑因素	I_{19}：地质勘查投资占固定资产投资比重	%
	I_{20}：科技三项费占本级财政支出比重	%
	I_{21}：大中型工业企业 R&D 人员占科技活动人员比重	%
	I_{22}：工程技术人员占总科技人员比重	%
	I_{23}：企业申报专利数	个

表 6-9　资源型县域绿色矿业评价指标体系

6.2.3.5　绿色矿山建设典型模式

近几年来，我国很多的矿业企业在绿色矿山建设方面进行了大胆创新，积累了一些好的经验做法，表 6-10 列举了一些典型模式，具体介绍如下：

（1）山东新汶矿业集团采取以矸换煤的技术，利用煤矸石进行井下充填，既减少了地面塌陷，又提高了资源的开采采出率，同时也减少了对地面环境的影响；神华内蒙古的准噶尔矿区，通过开展矿区生态系统建设，使矿区的土地植被覆盖率由建之前的 11% 提高到 60% 以上。

（2）广西的平果铝，对资源进行综合利用，把泥土矿中含有的重要元素提炼选取出来，极大提高了矿产资源利用率。

（3）浙江湖州的新开元碎石有限公司，专门修建了一个 3km 长的封闭运输长廊，避免运输过程中产生粉尘，同时，在整个碎石过程中加大了喷淋力度等，实现了环保化开采、清洁化加工、无尘化运输。

（4）赤峰市政府委托中科院地质与地球物理研究所选取赤峰地区 10 座有色金属、铁、金等矿山，进行了系统的尾矿调查，提出了对矿山尾矿处置和利用的初步建议。提出了金属矿山尾矿综合利用-安全处置-绿色管理的工作模型，并对 5 座典型矿山制定了示范方案，分别包括了有用金属矿的二次再选、有用非金属矿物的选矿分离富集、尾矿生产建筑材料、尾矿库的坝体加固、地下采空区回填和表面植生绿化等方面。该项目还对尾矿调查和利用的部分核心技术开展了研究，包括以下几方面。

① 粉晶 X 衍射数据的 Rietveld 全谱拟合定量分析技术，可获得尾矿中矿物相的定量组成。

② 对于尾矿中长石的分离富集，提出了用改性胺和脂肪酸作捕收剂、用 HF 作 pH 调整剂的浮选方案和磨矿—脱泥—浮选—磁选除铁的浮选工艺流程，进行了小试和中试。

③ 针对尾矿颗粒成分和组构均复杂多变的特征，研发了矿物聚合胶凝剂，在尾矿处置-利用领域用途广泛。

表 6-10　绿色矿山建设的几个典型模式

类型	绿色开采模式主要特点	代表矿山
煤炭行业	以矸换煤："矸石不升井、矸石山搬下井"	山东新汶集团、开滦集团
	在综合开发煤炭资源和油页岩的同时，积极回填采空区进行土地复垦和矿区绿化	抚顺东露天矿
金属矿山	充分利用细脉易自燃资源	广西南丹锡多金属矿
	不断优化采选工艺技术，回收尾矿中的钛、钴等多种共伴生元素	攀枝花钒钛磁铁矿
非金属矿山	实现了伴生碘、氟资源的综合回收利用，上百万立方米酸性废水零排放	贵州瓮福磷矿和开阳磷矿
	攻克了世界性低品位胶磷矿利用难题，盘活了一大批磷矿资源	云南磷化集团
	"环保化开采、清洁化加工、无尘化运输"的绿色生产模式	湖州新开元碎石有限公司

注：根据《2012 年中国矿业循环经济暨绿色矿山工作经验交流会》材料整理。

6.2.4　绿色选矿

6.2.4.1　绿色选矿企业必须考虑的问题

（1）厂址及总体布置尽可能减少对附近居民区、农业、大气、水系、水生资源、地下水、土壤、水土保持、动植物等的影响。符合环境保护要求，设置适当的防护地带，考虑绿化环境。

（2）选矿厂环境保护设计应执行国家颁布的有关标准。如：大气环境质量标准、地表水环境质量标准、污水综合排放标准、海水水质标准、地面水水质标准、废气排放标准、车间空气中有害物质的最高容许浓度、工业企业噪声卫生标准等。

（3）必须对建设项目产生的污染和对环境的影响做出评价及规定防治措施，其环境影响报告书应执行审批制度。

（4）选矿工艺在技术经济合理的同时，尽量选用无毒工艺。选矿厂废水应首先考虑尽量循环利用或一水多用，合理提高水的循环利用率。必须外排时，应根据当地情况经处理达到规定的排放标准。对含氰化物等有害物质的废水排放，事先应采用净化处理方法除去氰化物等有害物质。冲洗地坪和除尘的污水也不可任意排放，可送至工艺系统重复利用或送至尾矿库。

（5）选矿厂必须有完善的储存尾矿设施，尾矿库址应考虑对自然山林、地面、地下水系的保护，严禁尾矿排入江河湖海。有条件的地方可考虑尾矿综合利用或作矿坑充填物料。尾矿库堆满后应考虑覆土造田和植被，对能产生风沙的尾矿场应采用防止粉尘飞扬的措施。对堆积含有毒物质或放射性物质的尾矿场，应考虑有防止扩散、流失和渗漏等措施。

（6）对厂内噪声超标的作业，应尽量采取有效消音和隔音的措施。

（7）研究高效采、选技术。矿产资源开发使用大量重型机械设备，消耗大量能源，因此要重点研究和推广高效节能的采矿、选矿新技术和新设备：包括陡坡铁路技术与设备；汽车-胶带（大倾角）联合运输工艺与设备；高效爆破炸药和爆破技术等；高压辊磨设备；节能型球磨机；高效选矿工艺与设备等；将控制技术用于采矿、选矿设备，实现设备的自动控制等。

6.2.4.2　典型绿色选矿法示例

表6-11对几种氧化铜选矿法进行了比较说明，这几种方法是近几年行业比较认可的绿色选矿法。另外微生物及其代谢产物在选矿过程的应用前景广阔。微生物可以通过生物吸附、吸收、聚集除去有毒重金属离子；生物治理和生物降解可用于处理选矿废水和尾矿；可通过生物氧化等作用浸出有价矿物；可以做生物浮选药剂以替代传统的化学选矿药剂，以减少化学药剂对环境的污染。

表6-11　几种氧化铜选矿法的适用情况及特点

选矿方法	应用情况	优点
磁选法	含有一定量的褐铁矿和硬锰矿的氧化铜矿，例如非洲刚果金氧化铜钴矿、刚果金SICOMINES铜钴矿、西藏玉龙铜矿	可以回收氧化铜
浮-磁联合法	氧化铜矿	高效解决了氧化铜矿难选回收的技术难题
浮-磁-冶联合法	部分氧化铜与铁、锰等结合不够紧密的矿	浮选法获得高品位精矿，尾矿采用磁选保证铜的回收率，磁选精矿进行湿法冶炼，可大幅增加回收率，降低选矿成本
尾矿再选回收新技术	首钢水厂选矿厂	不仅减少了尾矿的排放量，而且使尾矿品位、金属回收率创出了历史最好水平，取得了显著的经济效益
无氰选矿、电位调控等技术	湖南宝山有色金属矿业有限公司	难选砂页岩型铅锌矿选矿回收率提高，大幅提高选矿技术指标
粉矿湿式预选的应用	山东金岭铁矿	球磨分级系统处理能力大幅度提高，废石选出率达到90%

6.3　循环经济

6.3.1　循环经济与相关概念的区别

6.3.1.1　循环经济与低碳经济

循环经济是指在生产、流通和消费等过程中进行的减量化、再利用、资源化活动的总称。

减量化是指在生产、流通和消费等过程中减少资源消耗和废物产生。

再利用是指将废物直接作为产品或者经修复、翻新、再制造后继续作为产品使用，或者将废物的全部或者部分作为其他产品的部件予以使用。

资源化是指将废物直接作为原料进行利用或者对废物进行再生利用。

低碳经济是指在可持续发展理念指导下，通过技术创新、制度创新、产业转型、新能源开发等多种手段，尽可能地减少煤炭石油等高碳能源消耗，减少温室气体排放，达到经济社会发展与生态环境保护双赢的一种经济发展形态。

6.3.1.2　循环经济与传统经济

传统经济是线性经济，特点是高开采、低利用、高排放；循环经济是环状经济，特点是低开采、高利用、低排放。二者的对比具体见表6-12。

表 6-12　循环经济与传统经济比较

比较项目	传统经济	循环经济
运动方式	物质单向流动开放型线性经济(资源—产品—废物)	物质能量循环的环状经济(资源—产品—再生资源—再生产品)
对资源的利用状况	粗放型经营,一次性利用	资源循环利用,科学经营管理
废物排放及对环境影响	废物高排放,成本外部化,对环境不友好	废物零排放或低排放,对环境友好
追求目标	经济利益(产品利润最大化)	经济效益、环境效益与社会效益
经济增长方式	数量型增长	内涵型发展
环境治理方式	末端治理	预防为主,全过程控制
支持理论	政治经济学、福利经济学等传统经济理论	生态系统理论、工业生态学理论等
评价指标	第一经济指标(GDP、GNP、人均消费等)	绿色核算体系(绿色GDP等)

6.3.1.3　循环经济与清洁生产

循环经济与清洁生产都是基于污染预防,使污染从末端治理转为全过程控制,从根本上解决长期以来环境与发展之间的冲突,实现经济发展、社会进步和环境保护的"共赢"。为了更好地理解这两个概念,二者的区别与联系总结见表6-13。

矿业循环经济是指地球上的矿产及矿产品遵循矿产物质的自身特征和自然生态规律,按其勘查、采选冶生产、深加工、消费等过程构成闭环物质流动,与之依存的能量流、信息流内在叠加,达到与全球环境、社会进步等和谐发展的一个经济系统。

表 6-13　循环经济与清洁生产的区别与联系

二者关系		清洁生产	循环经济
区别	内涵不同	清洁生产是一种新的创造性思想。该思想将整体预防的战略应用于生产过程、产品生产和服务中,以增加生态效率和减少人类及环境的风险。在生产过程中节约原材料和能源,并削减产生废物的数量和毒性。对产品,要求减少从原材料提炼到最终产品整个周期的不利影响。对服务,要求将环境要素纳入到所提供的服务中去。清洁生产是一项系统工程,重在预防和有效性	循环经济是一种生态经济,倡导的是一种与环境和谐发展的经济模式,要求运用生态学规律指导人类社会的经济活动
	实施层次不同	在企业层次应用较多,企业实施清洁生产就是小循环的循环经济,一个产品、一台装置、一条生产线都可采用清洁生产的方案,在园区、行业或城市的层次上,同样可以实施清洁生产	广义循环经济是宏观的,需要相当大的范围和区域。推行循环经济由于覆盖的范围较大,链接的部门较广,涉及的因素较多,因此见效的周期较长
	适用法律	清洁生产促进法(2003-01-01起实施)	循环经济促进法(2009-01-01起实施)
联系		(1)两个概念的提出都基于相同的时代背景。二者都是为了协调经济发展和环境资源之间的矛盾应运而生的 (2)均以工业生态学作为理论基础。循环经济和清洁生产同属于工业生态学大框架中的主要组成部分,工业生态学为"经济-生态"的一体化提供了思路和工具 (3)实践中有共同的目标和实现途径,特别是不可再生资源的再循环目标是完全一致的。均能提高环保对经济发展的指导作用,使污染从末端治理转为全过程控制 (4)清洁生产是循环经济的基石,循环经济是清洁生产的扩展。就实际运作而言,在推行循环经济过程中,需要解决一系列技术问题,清洁生产为此提供了必要的技术基础。推行循环经济技术上的前提是产品的生态设计,没有产品的生态设计,循环经济只能是一个口号,而无法变成现实。我国推行清洁生产已有十多年的历史,从国外吸取和自身积累了许多宝贵的经验和教训,不论在解决体制、机制和立法问题方面,还是在构建方法学方面,都可为推行循环经济提供有益的借鉴	

6.3.2　实施循环经济的原则及意义

6.3.2.1　循环经济的原则

循环经济是集经济、技术、生态、社会于一体的系统工程,其实际操作原则为"减量化（reduce）、再利用（reuse）、再循环（recycle）"（简称"3R"原则）。减量化原则是输入端方法，目的是减少进入生产和消费流程的物质量。再利用原则是过程性方法，目的是延长产品服务的时间。再循环原则是输出端方法，目的是把废弃物变成二次资源重新利用。

6.3.2.2 必要性及意义

（1）矿产品处于社会产业链和产品链的最前端，是全社会物质资源流动的最大产业，由于行业高耗能、高污染的特殊性，要实现行业经济增长方式的转变，提高效益，降低消耗和控制污染，具有发展循环经济的现实需求。

（2）矿产资源的稀缺性、有限性和不可再生性。矿产资源在地球上存在了几十亿年，经过各种地质作用才富集起来，一旦开采，短时间内绝对不会再生。所以有效利用现有的矿产资源、提高矿产资源的循环利用很有必要。

（3）矿产资源的共伴生矿物丰富。国土资源部曾通报综合统计资料显示，50%以上的矾、35%的黄金、90%的银、100%的铂族元素和75%的硫铁矿都是通过矿产品的循环利用得到的。除此之外，采矿中的矿石、尾矿可以进行二次利用，蕴含潜在的、可观的经济价值，因此具有发展循环经济的巨大潜力。

（4）矿业产业链每延伸一步，就增加了矿产资源加工转化带来的附加值，减少了资源浪费，延长了资源使用年限，并相应减少了"三废"排放，对矿业企业提高经济效益、环境效益和社会效益具有积极意义。

（5）矿业发展可以使一个国家的资源优势变成产业优势，然后形成经济优势。所以矿业企业循环经济的发展对于维持国民经济优势有着重要意义，对国家整体循环经济的发展具有重要的带动和示范意义。

6.3.3 矿业纳入循环经济的几种模式

以矿业为主体或作为主要组成部分的有以下几种循环经济模式。

（1）企业内部循环型 这种模式在国外称作"杜邦化学公司模式"，由美国杜邦化学公司的研究人员提出并实施。主要做法是在企业内部贯彻清洁生产，使资源在各生产环节之间循环使用。按照这种模式运作的矿山企业在开采阶段必须精心设计，以减少采矿损失，提高回采率。对不同品级的矿石应合理规划，贫富兼采。采矿废石应当尽量回填，破坏的土地应该复垦绿化。在选冶阶段，需要不断根据矿石特征调整工艺，采用先进技术提高选冶回收率，强化共生、伴生组分的综合回收。尾矿和矿渣回填矿井或用作建材。安徽铜陵有色集团某铜矿是以这种模式进行建设的范例：矿山采用全尾矿块石胶结充填法将废石全部用于井下充填，使"废石不出坝、尾矿不进库"，基本实现了零排放。

（2）企业自身延伸型 企业通过自身产业延伸将废物作为再生资源包容在延伸后的企业集团内部加以消化，使经济总量扩大。河北某煤矿原来为单一型煤炭企业，且煤质差、消耗高、污染重。企业通过向多元化经济方向拓展，"煤生电、灰生砖、电生钢"搭建循环经济框架。企业自筹资金建成煤矸石电厂、粉煤灰制砖厂，并利用煤电优势向钢铁产业扩张，建成特种钢厂，把单一的煤矿企业发展成集采煤、发电、制砖、炼钢、轧钢、机加工于一体的循环经济型企业集团。不但使固定资产和利税翻了几番，而且使矿山生态平衡逐渐恢复，矿区环境明显改善，实现了经济和环境双赢。辽宁某煤矿也是按这种模式进行老矿山改造，通过实施"一矿四厂一气"工程，利用与煤共生的油母页岩富矿炼油，再利用页岩中的热量资源供发电厂作为燃料。发电厂的废渣用于生产高质量矿渣水泥；普通页岩用作煤矿开采后的填料；开采利用废弃矿井中丰富的煤层气，为城市提供能源。这一系列的举措使该煤矿走出了煤矿资源枯竭的困境，进入了循环经济的历史阶段。

（3）矿业群体资源交叉利用型　在多种矿产集中区，各产业部门分别建立了各自的矿山和矿产品加工企业，形成了区域性矿业群体。不同矿产开采加工企业之间通过产品和副产品的交叉供应，充分利用相互在原料、技术和工艺上的互补性，最大限度地利用矿产资源。鄂东成矿区蕴藏有丰富的铁、铜、金、银、硫、钴、钨及稀散元素、非金属矿产，区内数十家矿山和矿产加工企业总体上分为以大冶铁矿和武钢为主体的钢铁生产系统和以铜绿山铜矿和大冶有色公司为主体的有色冶炼系统，在两大系统之间存在着固定的副产品交换关系：大冶铁矿向有色公司提供副产铜精矿，有色公司所属矿山向武钢提供铁精矿。有色公司利用全区的矿产资源回收十余种有色金属、贵金属和稀散元素，伴生元素产品的产值占总产值的22％。同时大冶铁矿也从铜、金、硫、钴等副产品中获得占总产值40％的收入。

（4）产业群体横向耦合型　矿业与发电、化工、轻工、建材等不同产业部门横向耦合，组成生态工业网络。矿产资源在网内流转、分析、复合、再生，最终大部分或全部被消化吸收。由于网络由不同产业的企业构成，具有广泛的原料需求和完备的加工能力，因此对矿产资源开发利用的程度较之单一矿业要深广得多。这种模式相当于国外卡伦堡生态园模式。丹麦卡伦堡地区以电厂、炼油厂、制药厂和石膏板厂为核心，使电、热蒸气、工业石膏、粉煤灰、脱硫烟气及工业用水都得到充分利用。我国鲁北化工集团正在按这种模式建设生态工业园，园内建立了"磷铵-硫酸-水泥联产""海水多用""盐碱热电联产"三条生产链，相互耦合联动。消除了磷石膏、硫铁矿渣污染，节约了硫铁矿和石灰石两种资源；对海水实施了养殖、提溴制盐、炼钾镁多级开发；使氯碱厂与热电厂链接，减少了生产环节，节省了运输费用。鲁北集团系统内余热利用率达71％，清洁能源利用率达86％，并实现了废物减排、土地改良、经济效益递增的目的。

（5）区域整合型　即将矿业全面纳入社会循环经济系统，与区域社会经济融为一体。在区域统筹规划下，通过物质、水系统、能源、信息的集成和各类资源的整合构建区域性（区、市、省、跨省经济区）循环经济系统。矿业不仅与工业发生关系，还介入农牧业、环保业、旅游业及公共事业，为社会提供矿产品、材料、能源、水、气及服务，废弃矿井开发为具有多种用途的场所，恢复生态的矿山成为旅游和科教的景点。在消费领域，与循环经济有关的法律法规不断完善而又得到有效贯彻，二次资源回收机制健全、回收率达到世界先进水平，矿产资源消耗平稳中趋降，矿业与整个社会经济进入可持续发展的态势。

上述几种模式代表循环经济发展的不同层次：企业内部循环属于微循环，是整个循环经济的基础；企业群体之间的耦合是循环经济的主要组成部分；社会整合则标志着循环经济发展到了较高阶段。矿业纳入循环经济将作为有机整体的一部分参与社会的新陈代谢，纳新吐故，保持持久的生命力。

6.3.4　矿业循环经济发展实例

6.3.4.1　铝工业循环经济的发展实例

我国铝工业已经初步形成了"靠近铝土矿资源建设氧化铝，依托能源基地建设电解铝，在消费集中地发展铝加工"的模式。建立以铝生产为中心，与能源、建材等相关行业以及社会生活共享资源、企业共生的生态工业园，实现区域内物质循环，消费后废弃产品的资源化社会大循环，具体如图6-1所示。

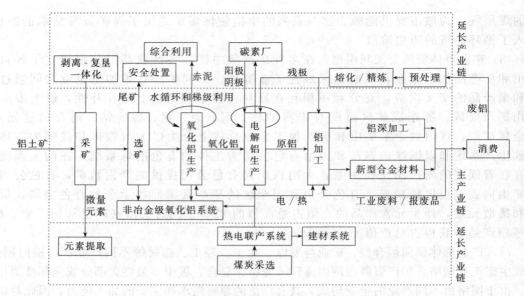

图 6-1 铝工业发展循环经济产业链示意图

6.3.4.2 湖南矿业循环经济生态产业园的构建

湖南矿业循环经济生态产业园结构见图 6-2。主要由三个系统组成，具体如下。

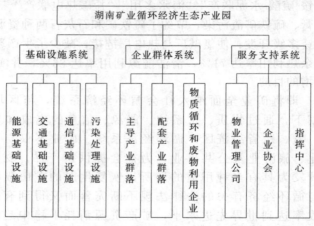

图 6-2 湖南矿业循环经济生产产业园结构图

（1）基础设施系统 基础设施系统是生态产业园的建设基础。基础设施的有效运行是园区功能正常的保证，因此基础设施必须具有耐久性、易维护性、经济性和美观性。关键基础设施包括能源基础设施、交通基础设施、通信基础设施和污染集中处理设施等。基础设施设计的环境绩效目标即"3R"，如能源基础设施设计要以最优化整体能源使用、能源梯级使用和能源共享和最大化可更新能源使用。

（2）企业群体系统 企业群体系统是园区的主体。它们按照生产者、消费者和分解者的角色进行着资源、信息、资金和人才的流动。企业群体可以分为主导产业、配套产业以及物质循环和废物还原企业。主导产业是园区未来的主要经济发展方向，配套产业是为主导产业生产所配套和服务的各个个体。物质循环和废物还原单元企业承担着资源、能源和某些原材料回收利用以及生产环节无法利用的废物的收集、处理任务。

（3）服务支持系统 服务支持系统的物业管理公司和企业协会共同负责维护和发展副产

品交换，包括：对整个交换网络建模，以发现新的副产品交换机会；对于目前尚未市场化的材料开展研究，寻求新的实用技术、新的购买者和新的市场等。指挥中心就如园区的神经中枢，使园区在有序的状态下运转，主要负责收集与发布园区中企业的各项生产活动信息，使用户可以很容易地快速获取各种技术信息，工作人员可以利用这些信息进行园区的规划、应急事故的管理和实施控制等，对园区实施总体上的环境管理。

6.3.4.3 循环经济关键技术或关键模式的研究进展实例

成功的绿色矿山循环经济建设模式为矿山企业树立了样板，提供了先进经验，并将会发挥更大的模范带动和引领作用。表6-14是几个典型的循环经济应用实例。

表6-14　近几年循环经济关键技术或模式研究进展实例

关键技术或模式		应用实例	特点
"节能减排充填开采模式"，应用膏体充填技术①		云南驰宏锌锗股份有限公司会泽铅锌矿	实现矿石回采率100%，选矿废水100%循环利用
"生态保护高效复垦模式"，将地表腐殖土单独存放，用于排土场土地复垦、绿化①		内蒙古华能伊敏煤电有限公司露天煤矿	内矿区土地复垦率达到98.55%，绿化率达到98.38%
利用尾矿生产建筑用砂		首钢水厂选矿厂	不仅减少了尾矿输送量，降低了输送成本，而且延长了尾矿库的服役年限
磷石膏循环再利用技术	生产建筑石膏	铜陵化工、秦皇岛华瀛公司、山东奥宝公司、山东泰和公司、贵州开磷集团	不仅可以解决磷石膏大量堆存的问题，而且磷石膏也得到了高效再利用
	水泥缓凝剂	无	成本相对较高、销售半径有限，消费量不大
	做土壤改良剂	在沿海、盐碱地等地区有一定的应用	可以改良盐碱地土壤，适于缺硫的碱性土壤，但施用成本较高，用量较少
	石膏填充矿坑	贵州开磷集团	不仅可以消费掉大量的磷石膏，而且可以提高磷矿回采率约5%
	磷石膏制硫酸联产水泥	内蒙古、江苏等地做了大量用磷石膏改良盐碱地的实验工作	可以节省磷石膏堆场的建设投资，减少环境污染，同时实现硫资源的循环利用，联产的水泥是很好的建材。但是该装置投资较大，能耗相对较高，导致成本较高
含氟尾气的回收利用技术——生产无水氟化氢/高纯氢氟酸的工业化生产技术		贵州瓮福公司引进瑞士戴维工艺公司技术，建设2万吨/年氢氟酸工业化装置	工艺流程简单，但工艺条件不易控制。浓硫酸消耗较大。氟回收率较低，设备腐蚀严重
干式预选—多破少磨—湿式预选—高效磁选—高浓度尾矿排放—尾矿、矿石充填循环经济发展模式		山东金岭铁矿选矿厂	降低生产成本、创造可观的经济效益

①摘自2015年中国矿业循环经济暨绿色矿山和谐矿区经验交流会。

阅读材料

材料1　国家级绿色矿山基本条件(国土资发〔2010〕119号附件)

为了贯彻实施科学发展观，规范矿山企业行为，加强行业自律，履行企业社会责任，推进绿色矿业发展，构建资源节约型、环境友好型和谐社会，实现《全国矿产资源规划》中确定的建立绿色矿山格局的目标，特制定绿色矿山基本条件。

一、依法办矿

(一) 严格遵守《矿产资源法》等法律法规，合法经营，证照齐全，遵纪守法。

(二) 矿产资源开发利用活动符合矿产资源规划的要求和规定，符合国家产业政策。

(三) 认真执行《矿产资源开发利用方案》《矿山地质环境保护与治理恢复方案》《矿山土地复垦方案》等。

（四）三年内未受到相关的行政处罚，未发生严重违法事件。

二、规范管理

（一）积极加入并自觉遵守《绿色矿业公约》，制定切实可行的绿色矿山建设规划，目标明确，措施得当，责任到位，成效显著。

（二）具有健全完善的矿产资源开发利用、环境保护、土地复垦、生态重建、安全生产等规章制度和保障措施。

（三）推行企业健康、安全、环保认证和产品质量体系认证，实现矿山管理的科学化、制度化和规范化。

三、综合利用

（一）按照矿产资源开发规划与设计，较好地完成资源开发与综合利用指标，技术经济水平居国内同类矿山先进行列。

（二）资源利用率达到矿产资源规划要求，矿山开发利用工艺、技术和设备符合矿产资源节约与综合利用鼓励、限制、淘汰技术目录的要求，"三率"指标达到或超过国家规定标准。

（三）节约资源，保护资源，大力开展矿产资源综合利用，资源利用达国内同行业先进水平。

四、技术创新

（一）积极开展科技创新和技术革新，矿山企业每年用于科技创新的资金投入不低于矿山企业总产值的 1%。

（二）不断改进和优化工艺流程，淘汰落后工艺与产能，生产技术居国内同类矿山先进水平。

（三）重视科技进步，发展循环经济，矿山企业的社会效益、经济效益和环境效益显著。

五、节能减排

（一）积极开展节能降耗、节能减排工作，节能降耗达国家规定指标。

（二）采用无废或少废工艺，成果突出。"三废"排放达标。矿山选矿废水重复利用率达到 90% 以上或实现零排放，矿山固体废弃物综合利用率达到国内同类矿山先进水平。

六、环境保护

（一）认真落实矿山环境恢复治理保证金制度，严格执行环境保护"三同时"制度，矿区及周边自然环境得到有效保护。

（二）制定矿山环境保护与治理恢复方案，目的明确、措施得当，矿山地质环境恢复治理水平明显高于矿产资源规划确定的本区域平均水平。重视矿山地质灾害防治工作，近三年内未发生重大地质灾害。

（三）矿区环境优美，绿化覆盖率达到可绿化区域面积的 80% 以上。

七、土地复垦

（一）矿山企业在矿产资源开发设计、开采各阶段中，有切实可行的矿山土地保护和土地复垦方案与措施，并严格实施。

（二）坚持"边开采，边复垦"，土地复垦技术先进，资金到位，对矿山压占、损毁而可复垦的土地应得到全面复垦利用，因地制宜，尽可能优先复垦为耕地或农用地。

八、社区和谐

（一）履行矿山企业社会责任，具有良好的企业形象。

（二）矿山在生产过程中，及时调整影响社区生活的生产作业，共同应对损害公共利益的重大事件。

（三）与当地社区建立磋商和协作机制，及时妥善解决各类矛盾，社区关系和谐。

九、企业文化

（一）企业文化是企业的灵魂。企业应创建有一套符合企业特点和推进实现企业发展战略目标的企业文化。

（二）拥有一个团结战斗、锐意进取、求真务实的企业领导班子和一支高素质的职工队伍。

（三）企业职工文明建设和职工技术培训体系健全，职工物质、体育、文化生活丰富。

材料2　创建绿色矿山，打造金坛新名片

摘自：黄克洪．人民日报．2012-02-27。

江苏金坛有三张名片，水这张名片越来越清，土地这张名片越来越平整，矿山这张名片越来越鲜绿，而这与推行土地节约集约、开展绿色矿山创建密不可分。

历史的渊源，滋润了金坛975.6km²的山山水水。文化的积淀，培育了54万金坛人民绿色创建的信心，使金坛相继建成国家环保模范城市、国家园林城市和国家生态市，国土资源保护也连年榜上有名。

近年来，金坛始终坚持土地是民生之本、发展之基，全面推行土地节约集约，坚持开发与保护并举、节约与利用并重，有力促进了地方经济快速发展。

正如金坛市市长丁荣余所言："在我市实现跨越发展的进程中，节约集约利用资源是我市经济社会可持续发展的必然选择，同时也是转变经济发展方式的重要着力点。"

(1) 综合整治矿山生态　《金坛市矿山环境保护与治理规划（2006~2015）》（以下简称《规划》）作为省内首个县级矿山环境保护与治理规划，为金坛矿山环境保护与治理提供依据。

根据《规划》，金坛矿山环境治理重点将由关闭矿山向在采矿山转变，治理区域将由裸露岩面为主转向坡面和平面全部区域，治理方式将从简单复绿转向复绿复垦综合整治。

至2015年，金坛将全面形成与生态市建设更趋适应的矿山环境保护与治理的监督管理体系，全面推进绿色矿山创建工作、推行矿山清洁生产，全市90%以上的开山采石矿山将达到绿色矿山标准，全面实现关闭矿山、生态恢复。

为"爱我青山绿水，护我美好家园"，推进节约集约用地，市委市政府果断决策、迅速搭台，主要领导亲自挂帅，适时组建由国土资源管理部门牵头，公安、环保、规划、安全、水利、林业、农业等多个部门联合参加的土地整理、矿山整治、复绿、复垦及"创建绿色矿山"综合工作机体。连续打出组合拳，展开了声势浩大的矿山生态环境综合整治攻坚战。

近年来，金坛以铁的决心、铁的纪律推进矿业整顿，关闭矿山企业41家，轧石厂153处，小立窑、石灰窑、轮窑100多座，采石宕口35个，同时对废弃矿山宕口实施了生态修复3630亩（1亩≈667m²），投入资金6565万元，初战告捷，百姓称快。

(2) 统筹规划绿色创建　在废弃矿山复绿方面，金坛组织专人深入废弃矿调研论证、向采矿专家请教、与百姓及企业沟通协调，加快矿山改造，建设生态矿区工程，从其他地方运土来填盖"疤痕"，在废弃矿山上覆盖上60~80cm厚的土层，在上面种植冬青、桂花、广玉兰等经济林木，最终使绿化覆盖率不低于50%，地质灾害治理率达到100%。

推行"谁开发，谁保护；谁破坏，谁恢复；谁受益，谁补偿；谁污染，谁治理"的矿山环境保护补偿机制，调动了开发者、投资者的积极性。

在矿山复垦复绿综合治理中，金坛通过上马优质粮油、珍异畜禽、花卉苗木、林桑茶果、食用菌等项目，推进了农业标准化、产业化、品牌化与现代化农业科技示范园建设。

目前，在过去满目疮痍的废弃矿山、荒山、荒坡上，行销欧盟的"江苏金谷肉业"、江南肉鸽养殖场及江南最大的孔雀观光园、乾元旅游农庄等20家绿色产业基地，为金坛统筹城乡发展、打造观光旅游、调整农业结构注入了活力。

经过矿山整治、绿色创建，金坛整个丘陵山区的面貌焕然一新，艳阳高照。上阮万亩标准粮仓；东进万亩绿荫氧吧；茅麓万亩绿色茶园；花山万亩花卉苗木；河口万亩香甜果园及废弃矿山变旅游胜景基地；国家青龙山矿区整治示范基地；中盐金坛公司生态矿山建设基地，像镶嵌在茫茫群山中一颗颗灿烂的明珠，熠熠生辉。

昔日几十个落后山村，罗村、上阮、山逢、赤岗、方麓、长山、塔山、对达、彭城、高庄、石马、致和、茅庵等，如今已脱胎换骨奔小康，山民们生活在花的世界、绿的海洋、果的香甜之中。

(3) 和谐发展提升生态　金坛对生态环境的追求，融合了人与自然、经济与社会、城市与农村和谐发展的新要求。

为此，金坛将创建国土资源节约集约模范县（市），作为国家生态市创建后的又一重大举措，因为这不仅是贯彻落实科学发展观、优化产业结构调整的重要举措，更是转变发展方式、实现可持续发展、提升市民生活品质、构建和谐社会、增强新一轮发展活力的内在需求。

金坛以国家生态市创建为契机，修复湖滨湿地、绿化矿山宕口，对全市废弃矿山、宕口实施废弃土地复垦和挂网喷播整体复绿工程，累计投入10多亿元，加大城乡绿色通道建设和绿色资源保护，新增绿化面积 2620 多公顷，城乡绿化覆盖率达到 40% 以上。

矿产资源开发利用坚持"在保护中开发，在开发中保护"，确立长效管理机制，有效破解开山采石和环境保护的矛盾，建设起以绿色、环保、高效和先进工艺为特点的现代化示范性矿山，推进矿业健康、有序发展，走出一条具有地方特色的可持续发展之路。

金坛通过资源整合促进矿业规模化、集约化发展，严格控制矿山总数和开采总量，提高矿山开采规模和环境保护准入门槛；通过关闭、淘汰、兼并、联合、改造等方式，进行综合整治。2010 年与 2000 年相比，矿山数量由 127 家减为 23 家，矿山规模提高 6 倍以上。岩盐等主要矿产初步实现了规模化开采、集约化利用。通过资源整合，盐盆实现了统一开采、统一销售，水泥用灰岩矿山集中度达 90%。矿产资源综合利用水平不断提高，矿山环境整治和生态保护全面推进，资源整合造就了金坛目前实力最强的两个工业企业——中盐金坛公司和盘固水泥集团。

通过创建，进一步提高了矿山企业依法开采、科学采矿意识，为推进矿业有序发展夯实基础。中盐地下盐穴建储气库，这在亚洲是首创。"西气东输"金坛储气库面积 11.26km^2，总库容 26.38 亿立方米，有效工作气量 17.14 亿立方米，总投资 34.38 亿元，首批 6 个溶腔建成注气，为上海、杭州、南京等大中城市服务。地下盐腔储气、储油，中盐金坛开创性地将资源利用发挥到了极致。

试想，偌大的气库、油库如果建在地表，岂不是要占用上千乃至数千亩良田？盘固集团投入超亿元新建 10.3km 长的皮带输矿廊，将破碎后的矿石直接输送到水泥生产线，对外实现无尘、无染、无噪的全封闭清洁式作业。

他们在创建示范性绿色矿山中，达到了"六化"标准，即资源利用高效化、开采方式现代化、采矿作业清洁化、矿山管理规范化、生产安全标准化、矿区环境生态化，为全市提升"生态矿山"建设积累了经验，提供了解决矿业发展和环境保护这对矛盾的基本方法。

金坛似一幅缓缓舒展的江南诗画，人与自然和谐脉动，山水含情相生相伴。如今，生态理念已深深扎根于群众心中，土地节约集约引领绿色风向标，"创绿色金坛，建生态矿山"成为全市人民的共同心声。

思考题

1. 查找资料，谈谈循环经济与低碳经济的区别与联系。
2. 谈谈矿业实施清洁生产的必要性。
3. 如何建设绿色矿山？
4. 论述清洁生产评价与清洁生产审核的区别与联系。
5. 论述矿业实施循环经济的意义和途径。

第 7 章
环保法律体系及矿业环境管理

7.1 矿业资源政策及环保法律体系

7.1.1 矿产资源政策

7.1.1.1 产权概定法律法规

目前，主要产权概定的法律法规有：《矿产资源法》《行政许可法》《物权法》《矿产资源法实施细则》《矿产资源勘查区块登记管理办法》《矿产资源开采登记管理办法》《探矿权采矿权转让管理办法》《矿产资源勘查等级管理办法》等。

7.1.1.2 矿产资源与环境保护相关法律法规

资源合理开发利用类：《矿产资源规划管理暂行办法》《矿产资源规划编制实施办法》《关于铁、铜、铅、锌、稀土、钾盐和萤石等矿山资源合理开发利用"三率"最低指标要求（试行）公告》《矿产资源开发利用方案》等。

生态保护及恢复类：《全国生态环境保护纲要》《矿山地质环境保护规定》《矿山地质环境保护与治理恢复方案》《矿山生态环境保护与恢复治理方案编制导则》《矿山生态环境保护与恢复治理方案（规划）编制规范（试行）》《矿山土地复垦方案》《绿色矿山政策汇编》《关于逐步建立矿山环境治理和生态恢复责任机制的指导意见》《地质环境监测管理办法》等。

尾矿库环境保护类：《固体废物污染环境防治法》《防治尾矿污染环境管理规定》《尾矿库环境应急管理工作指南（试行）》《尾矿库环境应急预案编制指南》等。

7.1.2 我国环境保护法规体系

自 1979 年《中华人民共和国环境保护法（试行）》颁布以来，我国的环境法取得了长足的进步，除 1982 年《中华人民共和国宪法》（以下简称《宪法》）修正案增加了有关环境保护的规定外，全国人民代表大会常务委员会（以下简称"人大常委会"）还先后颁布和实施了三十多部有关环境保护的法律，国务院及其有关部门先后发布了大量有关环境保护的行政法规和部门规章，具有立法权的地方也出台了不少有关环境保护的地方性法规和规章。这些法律、法规和规章相互之间存在着有机联系，内部协调一致，构成了一个完整的体系，即环境法体系，见图 7-1。概括起来，我国的环境法体系主要由以下几个部分构成。

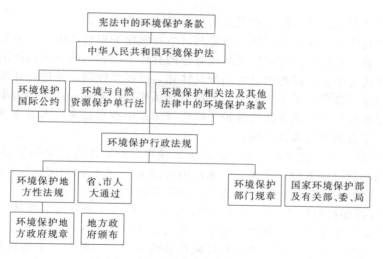

图 7-1　中国环境保护法律体系结构图

7.1.2.1　宪法中的环境保护规范

《中华人民共和国宪法》是中华人民共和国的根本大法，由全国人民代表大会制定，拥有最高法律效力。宪法关于环境保护的规定是环境法体系的基础，是各项环境法律、法规、规范性文件的最高立法依据。从内容上看，宪法中的有关条款一般是规定国家在环境保护方面的职责、国家应采取的污染防治和保护自然环境的基本对策、环境立法权限划分以及公民在环境保护方面的权利和义务。中华人民共和国成立后，曾于 1954 年 9 月 20 日、1975 年 1 月 17 日、1978 年 3 月 5 日和 1982 年 12 月 4 日通过四个宪法，现行宪法为 1982 年宪法，并历经 1988 年、1993 年、1999 年、2004 年四次修订。第 26 条规定："国家保护和改善生活环境和生态环境，防治污染和其他公害。国家组织和鼓励植树造林，保护树木。"明确了防治环境污染和生态破坏、维护生态平衡，加强环境保护的国家职责和基本国策。第 9 条规定："矿藏、水流、森林、山岭、草原、荒地、滩涂等自然资源，都属于国家所有，即全民所有；由法律规定属于集体所有的森林和山岭、草原、荒地、滩涂除外。国家保障自然资源的合理利用，保护珍贵的动物和植物。禁止任何组织或者个人用任何手段侵占或者破坏自然资源。"第 10 条规定："城市的土地属于国家所有。农村和城市郊区的土地，除由法律规定属于国家所有的以外，属于集体所有；宅基地和自留地、自留山也属于集体所有。"第 22 条规定："国家保护名胜古迹、珍贵文物和其他重要历史文化遗产。"这些条款分别对自然环境资源、土地资源、历史文化资源等合理利用和保护方面做了明确的规定。宪法的上述各项规定，为我国的环境保护活动和环境立法提供了指导原则和立法依据。

7.1.2.2　环境保护法律

（1）环境保护基本法　环境保护基本法是环境法体系的核心，是对环境保护的重大问题进行全面、系统调整的综合性实体法。它对环境保护的目的和任务、对象和范围、方针政策、基本原则、主要制度、管理体制、法律责任等各方面做出原则性规定。《中华人民共和国环境保护法》（以下简称《环保法》）是我国环境保护基本法，是立法实践中各环境单行法规的具体依据。《环保法》由人大常委会制定，1979 年试行，1989 年正式颁布，2015 年 1 月 1 日起实施新修订后的《环保法》。其主要内容包括：第一章　总则、第二章　监督管理、第三章　保护和改善环境、第四章　防治污染和其他公害、第五章　信息公开和公众参与、第六章　法律责任、第七章　附则，总计 70 条。此次《环保法》的修订进一步强化了执法与责任追究，"按日连续处罚、查封及扣押、限产及停产、行政拘留"等行政法律组合拳的运用大大提高了环保法律的威信及震慑力和环境违法行为的代价。

(2) 环境与自然资源保护单行法　环境与自然资源保护单行法由人大常委会制定,是针对特定的环境要素、污染防治对象以及环境管理的具体事项制定的单项法律法规。它以宪法和环境保护基本法为依据,同时也是它们的具体化,可操作性强,是进行环境管理、处理环境纠纷的直接依据,也是相关主体主张环境权利和承担环境义务的具体行为准则。目前,我国环境与自然资源保护单行法在环境保护法律法规体系中数量最多,占有重要的地位,按其所调整的社会关系大致可分为以下两类。

① 环境保护单行法。包含水、大气、固废、噪声、放射性等污染防治以及农药和其他有毒物品的控制与管理等方面,主要有《水污染防治法》《大气污染防治法》《环境噪声污染防治法》《固体废物污染环境防治法》《放射性污染防治法》等。

② 自然与资源保护单行法。在土地利用,水土、矿产资源利用,森林、草原、野生动物和渔业资源保护,水土保持、防沙治沙等方面的立法基本完备。

土地利用规划法主要包含国土整治和区域规划两方面,主要有《土地管理法》《城市规划法》等。

自然与资源保护法主要有《矿产资源法》《水法》《森林法》《草原法》《渔业法》《防洪法》《煤炭法》《节约能源法》《可再生能源法》等。

自然保护法主要有《野生动物保护法》《水土保持法》《防震减灾法》《防沙治沙法》等。

(3) 环境保护行政法规　环境保护行政法规是由国务院制定并公布或经国务院批准、有关主管部门公布的环境保护规范性文件。包括：根据法律授权制定的环境保护法的实施细则或条例,如《中华人民共和国水污染防治法实施细则》等；针对环境保护的某个领域而制定的条例、规定和办法,如《放射性废物安全管理条例》《危险化学品安全管理条例》《建设项目环境保护管理条例》《中华人民共和国环境保护税法实施条例》等。

(4) 环境保护部门规章　环境保护部门规章是指国务院环境保护行政主管部门单独发布或与国务院有关部门联合发布的环境保护规范性文件,是我国环境保护法规体系的有机组成部分。如《国家危险废物名录》《建设项目环境影响后评价管理办法(试行)》《企业事业单位环境信息公开办法》《环境保护主管部门实施按日连续处罚办法》《环境保护主管部门实施查封、扣押办法》《环境保护行政处罚办法》《中华人民共和国海洋石油勘探开发环境保护管理条例实施办法》等。这些部门规章具有国家行政强制力,而且针对性和操作性都较强,对于环境管理法制化建设起到了重要的推动作用。

(5) 环境保护地方性法规及规章　是享有立法权的地方权力机关和地方政府机关依据《宪法》和相关法律,根据当地实际情况和特定环境问题制定的,在本地范围内实施,具有较强的可操作性,突出了区域性特点,有利于因地制宜地加强环境管理,是我国环境保护法规体系的组成部分。国家已制定的法律法规,各地可以结合地方实际情况加以具体化。国家尚未制定的法律法规,各地可根据环境管理的实际需要,制定地方法规及规章予以调整。目前我国各地都存在着大量的环境保护地方性法规及规章,如《湖北省环境保护条例》《湖北省水污染防治条例》等。

(6) 环境保护相关法及其他法律中的环境保护条款　环境保护相关法包含特别方面环境管理法(《环境影响评价法》《循环经济促进法》《清洁生产促进法》《环境保护税法》等)、环境标准法、环境责任和程序法等。由于环境与资源保护的广泛性,在其他部门法(如民法、刑法、经济法、劳动法、行政法、农业法、电力法、公路法、对外贸易法等)中包括不少关于环境与资源保护的法律规范。如《刑法》在第六章中设立了"破坏环境资源保护罪",包括污染环境罪、非法处置进口的固体废物罪、擅自进口固体废物罪、走私固体废物罪、非法采矿罪、破坏性采矿罪等；在"第九章渎职罪"中设立了"环境监管失职罪——负有环境保护监督管理职责的国家机关工作人员严重不负责任，导致发生重大环境污染事故，致使公私财产遭受重大损失或者造成人身伤亡的严重后果的，处三年以下有期徒刑或者拘役。"新刑法的颁布，对于协调有关环境保护和资源保护法律、完善刑法、与国际立法接轨具有重大意义，为采用刑法手段保护环境提供了依据。

（7）环境保护国际公约　环境保护国际公约是为了保障国家在国际环境关系中所享有的合法权益和履行所承诺的国际义务、进行环境保护领域的国际合作所制定的，是我国环境法体系中的重要组成部分，由全国人大常委会或国务院批准缔结。我国《宪法》中规定，经过我国批准加入的国际条约、公约和议定书，与国内法同具法律效力；《环保法》中规定，如遇国际条约与国内环境法有不同规定时，应优先适用国际条约的规定，但我国声明保留的条款除外。

环境保护国际公约一般分为以下两类。

① 一般性国际条约中的环境保护规定，其本身不以保护特定环境及其因子为目的，但包含有与环境问题密切相关的内容；我国参加的这类国际条约主要有《关税与贸易总协定》《控制危险废物越境转移及其处置巴塞尔公约》等。

② 专门性国际环境保护规定，以保护特定的环境及其因子为目的，是国际环境法的最核心内容；我国先后缔结和参加了《保护臭氧层维也纳公约》《联合国气候变化框架公约》《关于持久性有机污染物的斯德哥尔摩公约》《生物多样性公约》《蒙特利尔议定书》《巴塞尔公约》等。

7.1.3　我国环境保护标准体系及技术管理

7.1.3.1　环境标准体系

环境标准是具有法律性质的技术标准，是国家为控制环境污染，维护环境质量和生态平衡而制定的各种技术指标和规范的总称。我国的环境标准由五类三级组成。具体体系见图7-2。

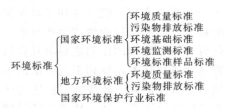

图7-2　中国环境标准体系图

"五类"指五种类型的环境标准，具体如下。

（1）环境质量标准　为保障人群健康、维护生态环境和保障社会物质财富，并考虑技术、经济条件，对环境中有害物质和因素所做的限制性规定。国家环境质量标准是一定时期内衡量环境优劣程度的标准，从某种意义上讲是环境质量的目标标准，是制定污染物排放标准的依据，主要有《环境空气质量标准》《地表水环境质量标准》《土壤环境质量标准》《海水水质标准》《城市区域环境噪声标准》《生活饮用水卫生标准》等。

（2）污染物排放标准　是为了实现国家的环境目标和环境质量标准，充分考虑适用的污染控制技术和经济承受能力，对排入环境的有害物质和产生污染的各种因素所做的限制性规定。主要有《大气污染物综合排放标准》《污水综合排放标准》《锅炉大气污染物排放标准》《铁矿采选工业污染物排放标准》等。

（3）环境基础标准　是对环境工作中统一使用的技术术语、符号、代号（代码）、图形、指南、导则、量纲单位及信息编码等所做的统一规定。在环境标准体系中，基础标准处于指导地位，是制定其他各类环保标准的基础。如《污染类别代码》《制定地方大气污染物排放标准的技术方法》《制定地方水污染物排放标准的技术原则与方法》等。

（4）环境监测标准　是为了规范进行环境质量、污染物排放、污染监测等技术工作时对采样、分析、测试方法的规定，如《城市区域环境噪声测量方法》等。

（5）环境标准样品标准　为保证环境监测数据的准确性、可靠性，对用于量值传递或质量控制的材料、实物样品和仪器的精确度的规定而制定的标准物质。标准样品在环境管理中起着甄别的作用，可用来评价分析仪器、鉴别其灵敏度；评价分析者的技术，使操作技术规范化。如《水质 BOD 标准样品》《土壤 E-1 样品》等。

"三级"指环境标准的三个级别：国家环境标准（GB，GB/T）、国家环境保护行业标准（HJ）及地方（省级）环境标准。国家级环境标准和国家环境保护部级标准包括五类，由国务院环境保护行政主管部门即国家环境保护部负责制定、审批、颁布和废止。地方级环境标准只包括两类：环境质量标准和污染物排放标准。凡颁布地方污染物排放标准的地区，执行地方污染物排放标准，地方标准未做出规定的，仍执行国家标准。地方政府对国家环境质量标准中未做规定的项目可制定地方环境质量标准，并报国家环保部备案。地方政府对国家污染物排放标准中未做规定的项目可制定地方污染物排放标准；对国家已规定的项目，可以制定严于国家规定的污染物排放标准并报国家环保部备案。

7.1.3.2　环境技术管理

国家环境技术管理体系由技术指导体系（包括污染防治技术政策、污染防治最佳可行技术导则、工程技术规范）、技术评价制度、技术示范与推广机制三部分组成。

污染防治技术政策是根据一定阶段的经济技术发展水平和环境保护目标，针对污染严重行业提出的全过程控制污染的技术原则和技术路线，是行业污染防治的基本指导文件。技术政策的作用主要是为行业污染控制提出技术路线，引导环境工程技术发展，指导环保部门、工程设计单位和用户选择技术方案，最大限度地发挥环境投资效益，规范环保技术市场。

污染防治的最佳可行技术导则是为实现节能减排和环境保护目标，按行业或重点污染源对污染防治全过程所应采用的技术、经济可行的清洁生产技术、达标排放污染控制技术等所做的技术规定。污染防治最佳可行技术导则的作用是对全社会污染控制给予技术指导，是企业选择清洁生产技术、污染物达标排放技术路线和工艺方法的主要依据，也是环保管理、技术部门开展环境影响评价、项目可行性研究、环境监督执法的技术依据。

环境工程技术规范为企业进行环境工程设计、环境污染治理工程验收后的运行维护提供技术依据。通过对环境污染治理设施建设运行全过程的技术规定，指导企业进行清洁生产工艺设计、环境工程设计，为环保部门进行污染物排放管理提供技术依据，规范环境工程建设市场，保证环境工程质量，为达标排放提供重要保障。

技术评价制度是应用科学的方法学和指标体系进行环境技术的筛选、评价与评估，为环境管理科学决策服务。

技术示范与推广机制是通过对能够解决污染防治重点、难点问题的新工艺、新技术进行示范，对各类成熟、污染防治效果稳定可靠、运行经济合理并已被工程应用的实用污染防治技术进行推广，为技术政策和污染防治最佳可行技术导则的制定提供技术依据。

目前，矿业相关的主要技术政策有以下几类。

（1）指导污染防治及生态环境保护类，如：《矿山生态环境保护与污染防治技术政策》《危险废物污染防治技术政策》《工业锅炉及炉窑湿法烟气脱硫工程技术规范》《生态环境状况评价技术规范》《关于逐步建立矿山环境治理和生态恢复责任机制的指导意见》《矿山生态环境保护与恢复治理技术规范（试行）》《矿山生态环境保护与恢复治理方案（规划）编制规范（试行）》《开发建设项目水土保持方案技术规范》《钢铁行业采选矿工艺　污染防治最佳可行技术指南（试行）》《铝工业发展循环经济环境保护导则》等。

（2）指导清洁生产类，主要有《清洁生产标准 铁矿采选业》《清洁生产标准 镍选矿行业》《清洁生产标准 煤炭采选业》《铅锌行业清洁生产评价指标体系（试行）》等。

（3）指导安全、风险及应急管理类，主要有《尾矿库环境风险评估技术导则（试行）》《尾矿库环境应急管理工作指南（试行）》《尾矿库环境应急预案编制指南》《尾矿库安全监督管理规定》《尾矿库环境风险评估技术导则（试行）》《尾矿库安全技术规程》《尾矿库安全监测技术规程》《尾矿库闭库管理规定》《尾矿设施设计规范》《厂矿道路设计规范》《地质灾害危险性评估技术要求（试行）》等。

7.2 环境保护政策及制度

我国的环境保护政策已经形成了一个完整的体系，具体包括三大政策和八项制度。

7.2.1 三大政策

（1）"预防为主，防治结合"政策 坚持科学发展观，把保护环境与转变经济增长方式紧密结合起来，积极发挥环境保护对经济建设的调控职能，对环境污染和生态破坏实行全过程控制，促进资源优化配置，提高经济增长的质量和效益。主要措施包括以下几方面。

① 把环境保护纳入国家的、地方的和各行各业的中长期和年度经济社会发展计划中。

② 对开发建设项目实行环境影响评价和"三同时"制度。

③ 对城市实行综合整治。

（2）"污染者付费"政策（"谁污染，谁治理"政策） 从环境经济学的角度看，环境是一种稀缺性资源，又是一种共有资源，为了避免"共有的悲剧"，必须由环境破坏者承担治理成本。这也是国际上通用的污染者付费原则的体现，即由污染者承担其污染的责任和费用。按照《环境保护法》等有关法律规定，环境保护投资以地方政府和企业为主。企业负责解决自己造成的环境污染和生态破坏问题，不允许转嫁给国家和社会；地方政府负责组织城市环境基础设施的建设，设施建设和运行费用应由污染物排放者合理负担；对跨地区的环境问题，有关地方政府要督促各自辖区内的污染物排放者切实承担责任，不得推诿。主要措施有以下几方面。

① 结合技术改造防治工业污染。

② 实施污染物排放许可制度和征收环保税。

③ 对工业重污染实行限产停产、罚款以及按日计罚等手段。

（3）强化环境监督管理的政策 由于交易成本的存在，外部性问题无法通过私人市场进行协调而得以解决。解决外部性问题需要依靠政府的作用。污染是一种典型的外部行为，因此，政府必须介入环境保护中来，担当管制者和监督者的角色，与企业一起进行环境治理。要把法律手段、经济手段和行政手段有机地结合起来，提高管理水平和效能。强化环境管理政策的主要目的是通过强化政府和企业的环境治理责任，控制和减少因管理不善带来的环境污染和破坏。其主要措施有：逐步建立和完善环境保护法规与标准体系，严肃查处环境违法案件，环境违法严重者可以行政拘留，追究其刑事责任；建立健全各级政府的环境保护机构及国家和地方的监测网络，提高环境监察执法能力和效能建设，强化监管责任追究；实行地方各级政府环境保护目标责任制；对重要城市实行环境综合整治定量考核制。

7.2.2 八项环境管理制度

（1）"三同时"制度 "三同时"制度是指新建、改建、扩建的基本建设项目、技术改造项目、区域或自然资源开发项目，其防治环境污染和生态破坏的设施必须与主体工程同时设计、同时施工、同时投产使用的制度。

(2) 环境保护税制度　在中华人民共和国领域和中华人民共和国管辖的其他海域，直接向环境排放应税污染物的企业事业单位和其他生产经营者为环境保护税的纳税人，应当依照环境保护税法的相关规定缴纳环境保护税。应税污染物是指《中华人民共和国环境保护税法》所附的《环境保护税税目税额表》《应税污染物和当量值表》规定的大气污染物、水污染物、固体废物和噪声等。

(3) 环境影响评价制度　环境影响评价制度是贯彻预防为主的原则、防止新污染、保护生态环境的一项重要的法律制度。环境影响评价又称环境质量预测评价，是指对规划和建设项目实施后可能造成的环境影响进行分析、预测和评估，提出预防或者减轻不良环境影响的对策和措施，进行跟踪监测的方法与制度。

《环境影响评价法》第十七条建设项目的环境影响报告书应当包括下列内容。

① 建设项目概况。

② 建设项目周围环境现状。

③ 建设项目对环境可能造成影响的分析、预测和评估。

④ 建设项目环境保护措施及其技术、经济论证。

⑤ 建设项目对环境影响的经济损益分析。

⑥ 对建设项目实施环境监测的建议。

⑦ 环境影响评价的结论。

涉及水土保持的建设项目，还必须有经水行政主管部门审查同意的水土保持方案。

环境影响报告表和环境影响登记表的内容和格式，由国务院环境保护行政主管部门制定。

(4) 环境保护目标责任制　环境保护目标责任制是通过签订责任书的形式具体落实地方各级人民政府和有污染的单位对环境质量负责的行政管理制度。这一制度明确了一个区域、一个部门乃至一个单位环境保护的主要责任者和责任范围，理顺了各级政府和各个部门在环境保护方面的关系，从而使改善环境质量的任务能够得到层层落实。环境保护目标责任制被认为是八项环境管理的龙头制度。

(5) 城市环境综合整治定量考核制度　城市环境综合整治定量考核是对城市实行综合整治的成效、城市环境质量制定量化指标进行考核，每年评定城市各项环境建设与环境管理的总体水平。这项制度是由城市政府统一领导负总责，有关部门各尽其职、分工负责，环保部门统一监督的管理制度。

(6) 排污申报登记与排污许可制度　排污申报登记制度是指凡是需要向环境排放污染物的单位，必须按规定程序向环境保护行政主管部门申报登记所拥有的排污设施、污染物处理设施及正常作业情况下排污的种类、数量和浓度的一项特殊的行政管理制度。排污申报登记是实行许可制度的基础。排污许可制度，是以改善环境质量为目标，以污染总量控制为基础，对排污单位排放污染物的种类、数量、浓度、速率、方式、去向以及时段、季节等排污行为全面控制的制度。

国家目前对在生产经营过程中排放废气、废水、产生环境噪声污染和固体废物的行为实行许可证管理，办理申领排污许可证手续，经环境保护部门批准获得排污许可证后方能向环境排放污染物。

(7) 污染集中控制　污染集中控制是指在一个特定的范围内，为保护环境所建立的集中处理的设施和采用统一管理的措施以保护环境、治理污染，是强化环境管理的一项重要手段。污染集中控制，应以改善区域环境质量为目的，依据污染防治规划，按照污染物的性质、种类和所处的地理位置，以集中治理为主，用最小的代价取得最佳效果。

(8) 限期治理制度　限制生产、停产整治制度《环境保护主管部门实施限制生产、停产整治办法》（2015 年 1 月 1 日起实施，以下称《办法》）中的限制生产、停产整治是指县级以上环境保护主管部门对超过污染物排放标准或者超过重点污染物排放总量控制指标排放污染物的企业事业单位和其他生产经营者，责令采取减少产量、降低生产负荷或者停产以达到污染物排放标准或者重点污染物排放总量控制指标的措施。

限制生产、停产整治制度是对原限期治理制度的延伸扩展。由于限期治理程序较为复杂，已不能适应当前环境监管需求，限期治理制度在新《环境保护法》中已逐步淡出，限制生产、停产整治措施更符合目前环境执法实际需求，具有更强的操作性。其具体适用范围、实施期限、实施程序等详见《办法》及相关法律法规。

7.2.3 其他重要制度

7.2.3.1 环境影响后评价制度

环境影响后评价制度是 2016 年 1 月 1 日起开始施行的，主要依据是《建设项目环境影响后评价管理办法（试行）》，对未按规定要求开展环境影响后评价或者不落实补救方案、改进措施的建设单位或者生产经营单位，审批该建设项目环境影响报告书的环境保护主管部门应当责令其限期改正，并处罚款和向社会公开。环境影响后评价，是指编制环境影响报告书的建设项目在通过环境保护设施竣工验收且稳定运行一定时期后，对其实际产生的环境影响以及污染防治、生态保护和风险防范措施的有效性进行跟踪监测和验证评价，并提出补救方案或者改进措施，提高环境影响评价有效性的方法与制度。

（1）应当开展环境影响后评价的项目类别

① 水利、水电、采掘、港口、铁路行业中实际环境影响程度和范围较大且主要环境影响在项目建成运行一定时期后逐步显现的建设项目，以及其他行业中穿越重要生态环境敏感区的建设项目。

② 冶金、石化和化工行业中有重大环境风险，建设地点敏感，且持续排放重金属或者持久性有机污染物的建设项目。

③ 审批环境影响报告书的环境保护主管部门认为应当开展环境影响后评价的其他建设项目。

（2）建设项目环境影响后评价文件的内容

① 建设项目过程回顾。包括环境影响评价、环境保护措施落实、环境保护设施竣工验收、环境监测情况以及公众意见收集调查情况等。

② 建设项目工程评价。包括项目地点、规模、生产工艺或者运行调度方式，环境污染或者生态影响的来源、影响方式、程度和范围等。

③ 区域环境变化评价。包括建设项目周围区域环境敏感目标变化、污染源或者其他影响源变化、环境质量现状和变化趋势分析等。

④ 环境保护措施有效性评估。包括环境影响报告书规定的污染防治、生态保护和风险防范措施是否适用、有效，能否达到国家或者地方相关法律、法规、标准的要求等。

⑤ 环境影响预测验证。包括主要环境要素的预测影响与实际影响差异，原环境影响报告书内容和结论有无重大漏项或者明显错误，持久性、累积性和不确定性环境影响的表现等。

⑥ 环境保护补救方案和改进措施。

⑦ 环境影响后评价结论。

7.2.3.2 排污总量控制制度

排污总量控制制度是指国家对污染物的排放实施总量控制的法律制度。总量控制就是依据某一区域的环境容量确定该区域污染物容许排放总量，再按照一定原则分配给区域内的各个污染源，同时制定出一系列政策和措施，以保证区域内污染物排放总量不超过容许排放总量。重点污染物排放总量控制指标由国务院下达，省、自治区、直辖市人民政府分解落实。企业事业单位在执行国家和地方污染物排放标准的同时，应当遵守分解落实到本单位的重点污染物排放总量控制指标。

7.2.3.3 环境信息公开制度

环境信息公开是指依据和尊重公众知情权，政府和企业以及其他社会行为主体向公众通报和公开各自的环境行为以利于公众参与和监督。因此，环境信息公开制度既要公开环境质量信息，也要公开政府和企业的环境行为，为公众了解和监督环保工作提供必要条件，这对于加强政府、企业、公众的沟通和协商，形成政府、企业和公众的良性互动关系有重要的促进作用，有利于社会各方共同参与环境保护。重点排污单位应当如实向社会公开环境信息，接受社会监督。环境保护主管部门有权对重点排污单位的环境信息公开活动进行监督检查。被检查者应当如实反映情况，提供必要的资料。国家鼓励企业事业单位自愿公开有利于保护生态、防治污染、履行社会环境责任的相关信息。

(1) 重点排污单位名录 具备下列条件之一的企业事业单位，应当列入重点排污单位名录。

① 被设区的市级以上人民政府环境保护主管部门确定为重点监控企业的。

② 具有试验、分析、检测等功能的化学、医药、生物类省级重点以上实验室、二级以上医院、污染物集中处置单位等污染物排放行为引起社会广泛关注的或者可能对环境敏感区造成较大影响的。

③ 三年内发生较大以上突发环境事件或者因环境污染问题造成重大社会影响的。

④ 其他有必要列入的情形。

(2) 重点排污单位环境信息公开的内容

① 基础信息，包括单位名称、组织机构代码、法定代表人、生产地址、联系方式以及生产经营和管理服务的主要内容、产品及规模。

② 排污信息，包括主要污染物及特征污染物的名称、排放方式、排放口数量和分布情况、排放浓度和总量、超标情况，以及执行的污染物排放标准、核定的排放总量。

③ 防治污染设施的建设和运行情况。

④ 建设项目环境影响评价及其他环境保护行政许可情况。

⑤ 突发环境事件应急预案。

⑥ 自行监测工作开展情况及监测结果，包括企业环境自行监测方案，全部监测点位监测时间、污染物种类及浓度、标准限值和总量、达标情况、污染物排放方式及排放去向等自行监测结果，污染源监测年度报告，自行监测方案及其调整、变化情况等。

⑦ 其他应当公开的环境信息。

⑧ 企业事业单位环境信息涉及国家秘密、商业秘密或者个人隐私的，依法可以不公开；法律、法规另有规定的，服从其规定。

(3) 环境信息公开的时间 生产企业应当在环保部门公布重点排污单位名录后90日内公开本办法的环境信息；环境信息有新生成或者发生变更情形的，应当自环境信息生成或者变更之日起30日内予以公开。企业基础信息应随监测数据一并公布，基础信息、自行监测方案有调整变化时，应在变更后的5日内公布最新内容。实时公布自动监测结果，在每年月底前公布上年度自行监测年度报告。

(4) 环境信息公开的方式 生产企业应当通过其网站、企业环境信息公开平台或者当地报刊等便于公众知晓的方式公开环境信息，应当在环境保护主管部门统一组织建立的公布平台上公开自行监测信息，并至少保存1年。同时可以采取以下一种或者几种方式予以公开。

① 公告或者公开发行的信息专刊。

② 广播、电视等新闻媒体。

③ 信息公开服务、监督热线电话。

④ 本单位的资料索取点、信息公开栏、信息亭、电子屏幕、电子触摸屏等场所或者设施。

⑤ 其他便于公众及时、准确获得信息的方式。

7.2.3.4 污染源自动监控管理及监测制度

(1) 污染源自动监控系统的合规建设　列入污染源自动监控计划的排污单位，应当按照规定的时限建设、安装自动监控设备及其配套设施，配合自动监控系统的联网。建设自动监控系统必须符合《污染源自动监控管理办法》及相关技术规范中的要求。

新建、改建、扩建和技术改造项目应当根据经批准的环境影响评价文件的要求建设、安装自动监控设备及其配套设施，作为环境保护设施的组成部分，与主体工程同时设计、同时施工、同时投入使用。

(2) 自行监测相关要求　重点排污单位应当按照国家有关规定和监测规范安装使用监测设备，保证监测设备正常运行，保存原始监测记录。

排污单位所在地环境保护局应根据排污单位的行业特点、环境管理的需要、排放污染物的类别和国家污染物排放标准，规定排污单位在对其污染物排污口、污染处理设施进行定期监测时，应监测的项目、点位、频次和数据上报等要求。

不具备监测能力的排污单位可委托当地环境保护局所属环境监测站或经环境保护局考核合格的监测机构进行监测。

国家重点监控企业应当按照国家或地方污染物排放（控制）标准、环境影响报告书（表）及其批复、环境监测技术规范的要求，制订自行监测方案。自行监测方案内容应包括企业基本情况、监测点位、监测频次、监测指标、执行排放标准及其限值、监测方法和仪器、监测质量控制、监测点位示意图、监测结果公开时限等。自行监测方案及其调整、变化情况应及时向社会公开，并报地市级环境保护主管部门备案。监测内容主要包括水污染物排放、大气污染物排放、厂界噪声以及环境影响报告书（表）及其批复有要求的，开展周边环境质量监测。环境保护主管部门为监督排污单位的污染物排放状况和自行监测工作开展情况组织开展污染源监督性监测。

7.2.3.5 现场检查制度

(1) 现场检查　县级以上环境保护主管部门及其委托的环境监察机构和其他负有环境保护监督管理职责的部门随时有权对企业进行现场检查，被检查的企业不能以任何理由拒绝检查。

(2) 现场检查应询与汇报　企业应根据环境保护主管部门的现场检查要求如实反映情况、回答问题和签字确认，为检查人员进入生产及污染防治设施、查阅资料、约见相关人员了解情况提供便利；不能弄虚作假。

(3) 应提供的资料　企业应根据环境保护主管部门现场检查人员的要求提供必需的资料，可能要求提供的资料如下。

① 与污染有关的工况资料、排污资料、生产资料、资源消耗资料等。

② 履行环境管理制度情况。

③ 监测方法及有关自动监测设施，环境监测分析数据和自动监控数据，环境监测记录等。

④ 污染治理设施的维护管理情况、运行状况、运行记录等现场的技术资料。

⑤ 曾经发生过的环境事故和环境违法情况的资料。

⑥ 其他与企业环境管理和环境污染有关的情况和资料。

(4) 其他方面

① 为检查人员在本厂区的安全提供保障。

② 对需要检查人员保密的事项或其他需要注意的事项及时提醒。

③ 对检查发现的问题按照环境保护主管部门的要求接受处罚、及时整改，有异议的依法申诉。

7.3 环境管理模式及矿业环境管理

7.3.1 环境管理模式

7.3.1.1 环境管理的三种模式

(1) 以环境污染控制为目标导向的环境管理 20 世纪 80 年代之前的美、日、西欧等发达国家以及目前大部分发展中国家基本上采取这种模式。这一时期，经济快速发展，环境污染日趋严重，公众环境意识空前觉醒，环境保护运动风起云涌，政府采取各种政策措施控制环境污染，其标志是实施严格的排放标准和总量控制措施。

(2) 以环境质量改善为目标导向的环境管理 20 世纪 80 年代以后大部分发达国家基本采取这种模式。这些国家经二三十年的努力，基本解决了常规污染问题，环保工作的重点转移到环境质量持续改善和全球环境问题上。这一模式的标志是实施更加严格的环境质量标准，以环境质量目标"倒逼"经济结构调整，实现以环境保护优化经济增长的目标。

(3) 以环境风险防控为目标导向的环境管理 进入 21 世纪后，发达国家环境质量管理不断深化，开始更加关注人体健康和生态安全，以风险预警、预测和应对为主要标志的管理模式逐渐形成。

以污染控制、质量改善和风险防范为目标的 3 种环境管理模式的选择，取决于经济发展水平、公众环境意识和监督管理能力等因素。我国在不同阶段和不同区域选择了多维的环境管理模式。"十三五"时期，我国采取的仍主要是污染控制管理模式，并处于向环境质量与风险方法目标管理模式过渡时期。

7.3.1.2 现阶段环境管理模式的转型

环境管理转型的核心是对总量控制、质量改善、风险防范三者目标导向关系的把握。现阶段推进环境管理战略转型，以改善环境质量为目标导向，研究构建以环境质量为核心的环境管理体系，统筹协调污染治理、总量减排、环境风险防范和环境质量改善的关系为当务之急。$PM_{2.5}$环境质量标准出台反映了这种趋势。

从中长期发展趋势看，以总量控制为主要抓手的环境管理模式受经济发展周期波动影响较大。在经济高速发展的时期，以加大削减量为主的总量控制措施可能事倍功半。在经济发展速度放缓、经济发展动力机制深度调整期间，以遏制新增量为主的总量控制措施可能会与形势匹配度不高。基于改善环境质量、满足人体健康需求的环境管理方式，具有长期性、根本性，并与公众切身感受关联较大，较能体现控源减排的效率和效果。

7.3.1.3 现阶段环境管理模式转型的必要性

现阶段环境管理滞后于环境问题转变的速度，需要加快环境管理战略转型。

(1) 二次环境污染、区域性环境污染等问题日益凸显。血铅、"毒地"、面源污染、城市"灰霾天"日益突出，流域污染特征日趋明显。

(2) 环境风险加剧，呈高发态势。当前，我国血铅超标，镉、砷等重金属污染、危险化学品、危险废物等有毒有害物质环境风险处于高发态势，而我国环境污染复合型、累积型难治理等特征，导致环境风险在较长时期仍难以全面消除。

(3) 社会舆论和百姓诉求成为影响环境政策制定的重要因素。网络及以网络为依托的新媒体的出现使信息传播日益快速、多样，极大地提升了社会对环境问题的关注度，社会舆论对环境保护的影响正日益加深。以应对公众环境舆论和环境诉求出台新环境政策的特征初显。不少地区公众的推动成为环境保护工作的主要驱动因素，具有双重影响，给未来环境保护工作带来巨大的挑战。

（4）社会对环境需求的转型要求。社会对环境质量改善和人体健康的需求意愿更加强烈，社会对环境污染、环境违法的"零容忍"态度，决定群体性环境事件也将在这一时期明显增多。但我国环境风险防控基础薄弱，已有的环境风险管理政策措施零散、不系统，复杂多变的环境风险问题很难通过现行的环境管理制度措施彻底解决。如总量控制与目标责任制中的常规控制指标，不能完全真实反映复杂的环境污染状况和潜在的环境风险水平；以应急为主的环境污染事故防治体系难以实现全过程的风险防控；环境风险管理机制尚未建立，缺乏有效的管理目标与考核约束。

7.3.2 矿业环境管理的定义

狭义的矿业环境管理主要是指在矿业开发活动中控制污染行为的各种措施。例如，通过制定相关法律、法规和标准及实施各种有利于环境保护的方针、政策控制各种污染物的排放。

广义的矿业环境管理是指按照经济规律和生态规律，在矿业开发活动中运用行政、经济、法律、技术、教育和新闻媒介等手段，通过全面系统地规划，对矿业开发的各种活动进行调整与控制，达到矿产资源开发既要满足社会经济发展的需要又要在矿业开发过程中限制损害环境质量的活动的目标，以维护区域正常的环境秩序和环境安全，实现区域社会可持续发展的行为总体。其中，管理手段包括法律、经济、行政、技术和教育五个手段，人类行为包括政府、市场和公众三种基本行为。

狭义和广义的矿业环境管理，在处理矿业开发过程中涉及环境问题的角度和应用范围等方面有所不同，但它们的核心是协调矿业开发区域资源、经济、社会与环境的关系，最终实现区域的可持续发展。

7.3.3 矿业环境管理的内容

7.3.3.1 矿业宏观环境管理

所谓矿业宏观环境管理是指以国家的发展战略为指导，从环境与发展综合决策入手，制定一系列矿业开发利用的指导性的环境战略、政策、对策和措施的总体。主要包括在矿业开发利用的过程中，加强国家环境法制的建设，加快矿业环保机构改革，实施环境与发展综合决策，制定矿业开发利用的环保产业政策、行业政策和技术政策，通过产业结构调整实现经济增长方式的转变。

矿业宏观环境管理的原则有以下几点。

（1）各级政府遵循可持续发展原则，承诺保持社会发展的健康、环保与经济繁荣。

（2）制定与矿业开发相关的法律、法规。

（3）国家支持环保科技发展，传播环保技术与管理方法。

（4）实施环境项目监测，不断改善环境绩效，努力提高环境管理系统的绩效水平。

7.3.3.2 矿业微观环境管理

所谓矿业微观环境管理是指在矿业宏观环境管理的指导下，以改善矿业开发区域环境质量为目的、以污染防治和矿区生态保护为内容、以执法监督为基础的矿业环保部门经常性的管理工作。主要包括矿业环境规划管理、矿业建设项目环境管理、矿业专项环境管理、矿业环境评价管理、矿业环境监督管理、加强指导与服务等内容。

矿业微观环境管理的原则有以下几点。

① 矿业开发应用可靠技术与可行措施实现环保。

② 环境管理作为企业优先考虑因素。

③ 实施有利于环保的设计与作业，有效利用能源、资源与材料。

④ 辨识、评估与管理环境风险。

⑤ 实施环境应急预案。

⑥ 与政府和公众有效合作环保。

⑦ 鼓励与雇员和公众对话。

⑧ 要求雇员理解和承担环保责任。

⑨ 因地制宜复垦采后区。

概括地讲，矿业宏观环境管理是从综合决策入手解决矿业发展战略问题，实施的主体是国家和地方政府以及矿业联合（协）会。矿业微观环境管理是从执法监督入手解决具体的污染防治和生态破坏问题，实施主体是环保部门。这二者之间存在着相互补充的系统关系，其中，矿业宏观环境管理高度统一，矿业微观管理非常具体；矿业微观环境管理以矿业宏观环境管理为指导，是矿业宏观环境管理的分解和落实；离开矿业宏观环境管理的指导，矿业微观管理将无法实施；离开矿业微观环境管理，矿业宏观环境管理的目标将无法实现。

7.3.3.3 矿业环境管理准则

① 遵循可持续发展（SD）原则，遵守环境法律法规原则。

② 建设环境负责的文化，如承诺环境管理、实施环境规划系统、提供时间与资源进行有关培训。

③ 建立矿业开发利用与社区发展的伙伴关系。

④ 实施环境风险管理。

⑤ 集成环境管理，整体考虑勘探、建设、采矿、闭矿过程中的环境管理。

⑥ 建立环境绩效目标并努力实现。

⑦ 不断改善环境绩效。

⑧ 矿业开发场地复垦与有效利用。

⑨ 环境报告。

7.4 企业环境法律权利与责任

7.4.1 企业的基本环境法律权利

《环保法》规定的企业的主要权利总结见表 7-1。

表 7-1 《环保法》规定的企业主要权利

主要权利	法律条款
依法监督和举报	第五十七条 公民、法人和其他组织发现任何单位和个人有污染环境和破坏生态行为的,有权向环境保护主管部门或者其他负有环境保护监督管理职责的部门举报 公民、法人和其他组织发现地方各级人民政府、县级以上人民政府环境保护主管部门和其他负有环境保护监督管理职责的部门不依法履行职责的,有权向其上级机关或者监察机关举报 接受举报的机关应当对举报人的相关信息予以保密,保护举报人的合法权益
有权要求环境执法人员依法保守本企业的商业秘密	第二十四条 实施现场检查的部门、机构及其工作人员应当为被检查者保守商业秘密 第五十三条 公民、法人和其他组织依法享有获取环境信息、参与和监督环境保护的权利 各级人民政府环境保护主管部门和其他负有环境保护监督管理职责的部门,应当依法公开环境信息、完善公众参与程序,为公民、法人和其他组织参与和监督环境保护提供便利
符合条件时可以享受财政支持和税收优惠	第二十一条 国家采取财政、税收、价格、政府采购等方面的政策和措施,鼓励和支持环境保护技术装备、资源综合利用和环境服务等环境保护产业的发展 第二十三条 企业事业单位和其他生产经营者,为改善环境,依照有关规定转产、搬迁、关闭的,人民政府应当予以支持 第四十三条 依照法律规定征收环境保护税的,不再征收排污费

主要权利	法律条款
符合条件时可以享受价格支持和政府采购的优先选择	第二十二条　企业事业单位和其他生产经营者,在污染物排放符合法定要求的基础上,进一步减少污染物排放的,人民政府应当依法采取财政、税收、价格、政府采购等方面的政策和措施予以鼓励和支持 第三十六条　国家鼓励和引导公民、法人和其他组织使用有利于保护环境的产品和再生产品,减少废弃物的产生 国家机关和使用财政资金的其他组织应当优先采购和使用节能、节水、节材等有利于保护环境的产品、设备和设施
可以依法提起诉讼	第五十八条　对污染环境、破坏生态、损害社会公共利益的行为,符合下列条件的社会组织可以向人民法院提起诉讼 (一)依法在设区的市级以上人民政府民政部门登记 (二)专门从事环境保护公益活动连续五年以上且无违法记录 符合前款规定的社会组织向人民法院提起诉讼,人民法院应当依法受理 提起诉讼的社会组织不得通过诉讼牟取经济利益

7.4.2　企业的基本环境法律义务

7.4.2.1　遵守环境保护法律法规

从本章前两节可以看出,我国环境保护法律体系及制度对环境影响评价、环境保护措施"三同时"、排污申报登记、排污许可、环保税、限制生产与停产整治、环保目标责任、设备和工艺限期淘汰、污染事故报告、污染物排放总量控制和核查、危险废物行政代处置、环境保护责任追究、环境信息公开、实施清洁生产等都做了相应的规定,企业必须严格遵守各项环境保护法律、法规,否则将承担相应的法律责任。

7.4.2.2　配合环境管理

《中华人民共和国环境保护法》规定,县级以上环境保护主管部门及其委托的环境监察机构和其他负有环境保护监督管理职责的部门,有权对排放污染物的企业事业单位和其他生产经营者进行现场检查。被检查者应当如实反映情况,提供必要的资料。企业应对环境保护主管部门和其他有环境监督管理权的部门及其工作人员的职务行为予以配合,否则将被视为"拒绝现场检查或弄虚作假"行为,将依法接受环境行政处罚。

7.4.2.3　服从环境保护行政决定

国家对环境的管理是通过各种环境行政命令和环境行政决定表现出来的。企业应当自觉执行环境保护行政主管部门下达的责令改正违法行为、责令采取具体环境保护措施、责令采取排除环境危害的措施、环境行政处罚等行政命令和行政决定。即使认为该行政决定不当或者违法,在未经合法程序改变或者撤销之前,也不能拒绝执行。

7.4.2.4　及时通报和报告生态破坏或环境污染事故

根据《中华人民共和国环境保护法》《中华人民共和国水污染防治法》等法律法规的规定,企业在发生污染事故时,除立即采取措施处理外,还应当及时通报可能受到污染危害的单位和居民,并向当地环境保护行政主管部门和有关部门报告,接受调查处理。禁止隐瞒不报或虚报、漏报。

7.4.2.5　赔偿污染损害

《中华人民共和国环境保护法》规定,造成环境污染危害的,有责任排除危害,并对直接受到损害的单位或者个人赔偿损失。企业发生污染损害后,应重视污染损害赔偿,根据权威部门出具的污染损害鉴定结果和环境监测部门的环境监测结果赔偿受到损害的单位或者个人的损失。

7.4.2.6　加强自主环境管理

企业必须把环境保护工作纳入计划,建立环境保护责任制度;采取有效措施,防治在生产建设或者其他活动中产生的废气、废水、废渣、粉尘、恶臭气体、放射性物质以及噪声、振动、电磁波辐射等对环境的污染和危害。

《建设项目竣工环境保护验收管理办法》等部门规章要求企业建立健全环境污染防治责任制度和机制。

7.4.2.7　承担民事责任

《民法通则》第一百二十四条规定，违反国家保护环境、防治污染的规定及污染环境、造成他人损害的应当依法承担民事责任。《侵权责任法》第六十五条规定，因污染环境造成损害的，污染者应当承担侵权责任。

7.4.2.8　承担行政责任

《中华人民共和国行政处罚法》规定，行政处罚决定依法做出后，当事人应当在行政处罚决定的期限内予以履行。当事人对行政处罚决定不服的，可申请行政复议或提出行政诉讼，行政处罚不停止执行，法律另有规定的除外。

7.4.2.9　承担刑事责任

根据《中华人民共和国刑法》第338条规定，生产企业违反国家规定排放、倾倒或处置有放射性的废物、含传染病病原体的废物、有毒物质或其他有害物质，严重污染环境的，处3年以下有期徒刑或者拘役，并处或者单处罚金；后果特别严重的，处3年以上7年以下有期徒刑，并处罚金。

7.4.3　矿业企业社会责任

图7-3为矿业企业社会责任体系图。

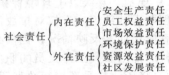

图 7-3　矿业企业社会责任体系图

矿业企业在履行社会责任时，应该全面执行国家级绿色矿山建设要求，加强行业自律，提高行业积极性。社会责任的履行是绿色矿山建设推行的出发点和落脚点，矿业企业要将绿色矿山建设的基本要求和社会责任融合起来，真正实现"建矿一处，造福一方"，寻找实现自身可持续发展的新路径。

7.4.3.1　外在责任

（1）资源效益责任　矿产资源具有"不可再生性"和数量的"有限性"，资源型城市必然面临矿产资源枯竭问题，必须探索如何避开"矿竭城衰"的命运。资源是维系矿山生存和发展的根本，在资源效益责任面前，企业应该注重节能减排、合理开发和综合利用，它是矿山企业建设发展的重要动力。对于矿业企业来说，履行的资源效益责任包括以下几方面。

① 因地制宜地采取合理有效的资源开发利用方式和管理模式。

② 引进行业先进技术设备，多角度、多方面提高矿产资源回采率。

③ 有效地进行尾矿资源的二次开发并推进共、伴生矿和低品位矿综合利用。

④ 节水节电，节约材料，引进低耗能高产出的机器设备。

⑤ 发展循环经济，把节能减排纳入企业总体发展战略。

（2）环境保护责任　在当前的技术经济条件下，矿产的开采、选冶和加工过程始终伴随着废弃物的排放和环境污染问题，矿产资源开发从来就是要付出环境代价的经济行为。矿业企业自觉承担环境责任，是提高社会形象、获得社会支持、赢得当地信誉的必然选择。环境效益责任集中体现在环境保护和土地复垦上。生产经营过程中，企业必须积极响应环保法律法规的规定，履行如下环保责任。

① 清洁生产，减少"三废"排放，寻求变废为宝的新举措。

② 认真落实矿山恢复治理保证金制度，严格执行环境保护"三同时"制度，使矿区及周边自然环境得到有效保护。

③ 制订矿山环境保护与治理恢复方案，目的明确，措施得当，确保矿山地质环境恢复治理水平达标。

④ 重视矿山地质灾害防治工作。

⑤ 注意保护生物多样性。

（3）社区发展责任　矿区用水用电、公路交通与社区密不可分，同时对矿业活动区域的扰动不可避免地影响着社区发展，因此，对社区发展责任必不可少。稳定的生产秩序、和谐的矿群关系、企地居民一条心生产是矿业企业保障生产的定心丸。煤矿开采所引发的污染饮水、破坏草场、影响牧民生产生活而逐步激化矛盾的内蒙古"511"事件等因矿地不和谐导致的群体性事件，应从中吸取教训。矿山在生产过程中，应该及时调整影响社区生产作业的行为，共同应对损害公共利益的重大事件，与当地社区建立磋商和协作机制，及时妥善解决各类矛盾，建立和谐的社区关系。具体行动可以是优先吸收本地人力资源，解决就业问题，做好资源补偿、拆迁补偿等幕后工作，支持慈善事业，积极开展捐资助教、兴修水利、铺设公路、扶贫济困等活动。

7.4.3.2　内在责任

（1）安全生产责任　安全生产责任是重中之重。随着开采深度的增加，安全隐患随之增加，伴随着爆破、排水、运输等一系列生产流程，安全风险无处不在。安全与生产、发展、和谐有着密不可分的关系。从安全生产培训到安全责任报告，从隔绝式自救器到急救箱，从防尘口罩到各种爆破措施，从报警、员工定位系统到应急救援系统，只有严格落实安全生产责任制，明确分工，措施得当，定期定额地检查安全生产情况，才能确保安全生产有条不紊。

（2）员工权益责任　员工利益是其他责任的根本。切实维护员工利益，保障员工安全生产生活权益是义不容辞的责任。企业应该严格遵循合同法、劳动保护法等相关行业法律法规，签订合法的劳动协议，定时定额发放劳资，定时缴纳五险一金，保障员工的社会福利，组织各种文娱活动丰富职工的精神文化生活，根据企业自身情况修建休闲娱乐设施等。

（3）市场效益责任　市场效益责任是其他责任的基础。对于任何企业，最基本的目的就是满足客户的需求并为股东创造利润，切实维护好股东、消费者、客户、业务相关者的利益，最大限度地维护好股东的利益。对于矿业企业也不例外，应该积极履行好对股东、客户、业务合作伙伴、同行等的责任。

7.4.3.3　其他责任

依法办矿是矿业活动的前提。我国是法治国家，依法治国是基本国策。矿业生产中必须依法开采，严格遵守各项法律法规，以《矿产资源法》为核心，遵循《矿产资源法实施细则》《矿产资源勘查等级管理办法》等行政法规、部门规章、规范性文件及众多地方法律法规组成的法律法规体系，做到证照齐全、合法经营，同时要求具备矿业开发许可、环评许可和社会许可等。

企业文化是矿业活动的灵魂。企业文化是企业开展经营活动的根本依据，好的企业文化能够形成良好的企业生产氛围，营造积极向上的企业精神，增加广大干部职工的信心和企业凝聚力。企业应创建一套符合企业特点和能促进企业实现发展战略目标的企业文化，藉以锻造一个团结战斗、锐意进取、求真务实的企业经营团队和一支高素质的职工队伍，这是企业社会责任的精神支柱。

7.5 企业主要环境风险及对策

7.5.1 环境违法风险及守法要求

企业应自觉遵守环保法律法规，否则存在相关法律后果的风险。表7-2总结了一个建设项目从建设前期、环境影响评价阶段、建设施工期及项目经营过程等几个阶段的主要环境法律风险示例、违法依据及守法要求。

表 7-2 建设项目各阶段主要环境违规违法后果、守法要求及法律法规依据

阶段	违规违法后果	守法要求	法律法规依据
建设前期	建设项目类型及其选址、布局、规模等不符合环境保护法律法规和相关法定规划——无法开展后续环评及报批工作	应当遵守"三线一单"(生态红线、环境质量底线、资源利用上线、环境准入负面清单)的规定，符合环境质量改善目标和依法开展的相关规划及规划环评的总体要求	《环保法》第29条,《建设项目环境保护管理条例》(2017年7月修订)第11条
环境影响评价阶段	1. 建设单位未依法备案建设项目环境影响登记表——责令备案,罚款	依法备案建设项目环境影响登记表	《环境影响评价法》第31条
	2. 征求公众意见,信息公开不合规——责令公开,罚款,并予以公告,环评报告不予批准等	正确对待社会监督,征求公众意见应符合《环境影响评价法》、《环境保护公众参与办法》,信息公开内容及方式见本章7.2.3	《环境保护公众参与办法》第4~9条,《企业事业单位环境信息公开办法》第16条
	3. 环评报告未提出有效污染防治措施或基础资料数据明显不实,内容存在重大缺陷、遗漏,或者环境影响评价结论不明确、不合理——环保行政主管部门不予批准环评报告;对直接负责的主管人员和其他直接责任人员依法给予行政处分,构成犯罪的,依法追究刑事责任	环评报告及材料要真实、合法、完整	《建设项目环境保护管理条例》(2017年7月修订)第11条,《环境影响评价法》第29条
项目建设过程中	1. 未批先建——责令停止建设,处以罚款,并可以责令恢复原状	依法编制环评报告,在开工建设前依法报批,未依法审批或者审查后未予批准的,不得开工建设	《环保法》第61条,《环境影响评价法》第31条,建设项目环境保护管理条例》(2017年7月修订)第9条
	2. 建设项目的性质、规模、地点、采用的生产工艺或者防治污染、防止生态破坏的措施发生重大变动的;或环境影响评价文件自批准之日起超过五年,方决定该项目开工建设的——责令停止建设,罚款,责令恢复原状;对建设单位直接负责的主管人员和其他直接责任人员,依法给予行政处分	应当重新报批建设项目的环境影响评价文件或重新审核	《环境影响评价法》第24、31条,《建设项目环境保护管理条例》(2017年7月修订)第21条
	3. 环保设施未"三同时"——停止建设,并处罚款;责令限期改正、罚款;造成重大环境污染或者生态破坏的,责令停止生产或者使用,或者责令关闭	环保设施"三同时"	《环保法》第41条,《建设项目环境保护管理条例》(2017年7月修订)第23条
	4. 施工期超标排放——限期改正,罚款,逾期仍未达到要求的,停工整顿	严格按照环评报告书及批复的要求,加强施工期管理,达标排放	《大气污染防治法》第99条、《噪声污染防治法》第30条等

阶段	违规违法后果	守法要求	法律法规依据
项目经营过程中	1. 在项目建设、运行过程中产生不符合经审批的环境影响评价文件的情形的——责成建设单位进行环境影响的后评价，采取改进措施	在项目建设、运行过程中要符合经审批的环境影响评价文件的情形，否则应当组织环境影响的后评价，采取改进措施，并报原环境影响评价文件审批部门和建设项目审批部门备案	《环境影响评价法》第27条
	2. 违反排污申报登记制度——责令改正，处以罚款	合法合规申报产生和排放的污染物	《大气污染防治法》第123条、《固体废物污染环境防治法》第68条、《环境噪声污染防治法》第49条
	3. 违反排污许可证制度——责令停止排污，责令改正，拒不执行的，行政拘留责任人员	按照排污许可证的要求排放污染物，未取得排污许可证的，不得排放污染物	《环保法》第63条
	4. 不正常运行防治污染设施——责令限期改正；逾期不改正的，处以罚款；停产停业，查封扣押等；拘留直接负责的主管人员和责任人员，构成犯罪追究刑事责任	合法正常运行污染防治设施，加大环保投入	《环保法》第63条，《水污染防治法》第83条
	5. 违反污染源自动监控管理及监测制度——责令限期改正；逾期不改正的，罚款；责令停产整治；拘留直接负责的主管人员和其他直接责任人员	遵守污染源自动监控管理及监测制度	《水污染防治法》第82条；《环保法》第63条
	6. 排放的污染物超标或者超过总量控制指标——责令其采取限制生产、停产整治等措施；情节严重的，责令停业、关闭；构成犯罪追究刑事责任	加大环保投入，达标排放	《环保法》第60条
	7. 不按照规定制定水污染事故的应急方案或水污染事故发生后，未及时启动水污染事故的应急方案，采取有关应急措施——责令改正，情节严重的，处以罚款	规范应急管理和应急预案备案	《水污染防治法》第93条
	8. 违反现场检查制度——责令改正，处以罚款	正确对待环境监管，积极配合现场检查，如实提供相关信息，外部监督压力促内部治理	《水污染防治法》第81条、《大气污染防治法》第98条、《固体废物污染环境防治法》第70条、《环境噪声污染防治法》第55条
	9. 发生污染事故——承担侵权责任，民事责任或刑事责任	加强环境管理，保护生态环境，改变经营理念，积极承担环境责任，熟悉相关法律体系	《环保法》第64条，《中华人民共和国侵权责任法》、《诉讼法》、《刑法》
	10. 被责令改正，拒不改正——按日连续处罚，拘留直接负责的主管人员和其他直接责任人员	及时改正，及时汇报	《环保法》第59条

7.5.2 典型矿业企业环境违法案例

7.5.2.1 某金铜矿重大环境污染事故案

（1）基本案情 自2006年10月份以来，被告单位某金铜矿（以下简称"某金铜矿"）所属的铜矿湿法厂清污分流涵洞存在严重的渗漏问题，虽采取了有关措施，但随着生产规模的扩大，该涵洞渗漏问题日益严重。该矿业公司于2008年3月在未进行调研认证的情况下，违反规定擅自将6号观测井与排洪涵洞打通。在2009年9月该矿业公司所在省环保厅明确指出问题并要求彻底整改后，仍然没有引起足够重视，整改措施不到位、不彻底，隐患仍然存在。2010年6月中下旬，该矿业公司所在县降水量达349.7mm。2010年7月3日，该金铜矿所属铜矿湿法厂污水池HDPE防渗膜破裂，造成含铜酸性废水渗漏并流入6号观测井，再经6号观测井通过人为擅自打通的与排洪涵洞相连的通道进入排洪涵洞，并溢出涵洞内挡水墙后流入汀江，泄漏含铜酸性废水9176m³，造成下游水体污染和养殖鱼类大量死亡的重大环境污染事故，该矿业公司所在县城区部分自来水厂停止供水1天。2010年7月16日，用于抢险的3号应急中转污水池又发生泄漏，泄漏含铜酸性废水500m³，再次对汀江水质造成污染。致使汀江河局部水域受到铜、锌、铁、镉、铅、砷等的污染，造成养殖鱼类死亡达370.1万斤，经鉴定鱼类损失价值人民币2220.6万元；同时，为了网箱养殖鱼类的安全，当地政府部门采取破网措施，放生鱼类3084.44万斤。

（2）裁判结果　该矿业公司所在省所在市区人民法院一审判决、所在市中级人民法院二审裁定认为：被告单位某金铜矿违反国家规定，未采取有效措施解决存在的环保隐患，继而发生了危险废物泄漏至汀江，致使汀江河水域水质受到污染，后果特别严重。被告人陈某某（2006年9月至2009年12月任该金铜矿矿长）、黄某某（该金铜矿环保安全处处长）是应对该事故直接负责的主管人员，被告人林某某（该金铜矿湿法厂厂长）、王某（该金铜矿湿法厂分管环保的副厂长）、刘某某（该金铜矿湿法厂环保车间主任）是该事故的直接责任人员，对该事故均负有直接责任，其行为均已构成重大环境污染事故罪。据此，综合考虑被告单位自首、积极赔偿受害渔民损失等情节，以重大环境污染事故罪判处被告单位某金铜矿罚金人民币3000万元；被告人林某某有期徒刑3年，并处罚金人民币30万元；被告人王某有期徒刑3年，并处罚金人民币30万元；被告人刘某某有期徒刑3年6个月，并处罚金人民币30万元。对被告人陈某某、黄某某宣告缓刑。

7.5.2.2　云南某工贸有限责任公司重大环境污染事故案

（1）基本案情　2005年至2008年间，云南某工贸有限责任公司（以下简称"某工贸公司"）在生产经营过程中，长期将含砷生产废水通过明沟、暗管直接排放到厂区最低凹处没有经过防渗处理的天然水池内，并抽取该池内的含砷废水进行洗矿作业；将含砷固体废物磷石膏倾倒于厂区外未采取防渗漏、防流失措施的堆场露天堆放；雨季降水量大时直接将天然水池内的含砷废水抽排至厂外东北侧邻近阳宗海的磷石膏渣场放任自流。致使含砷废水通过地表径流和渗透随地下水进入阳宗海，造成阳宗海水体受砷污染，水质从Ⅱ类下降到劣Ⅴ类，饮用、水产品养殖等功能丧失，县级以上城镇水源地取水中断，公私财产遭受百万元以上损失的特别严重后果。

（2）裁判结果　该工贸公司所在省所在县人民法院一审判决、该工贸公司所在市中级人民法院二审裁定认为：被告单位某工贸公司未建设完善配套的环保设施，经多次行政处罚仍未整改，致使生产区内外环境中大量富含砷的生产废水通过地下渗透随地下水以及地表径流进入阳宗海，导致该重要湖泊被砷污染，构成重大环境污染事故罪，且应当认定为"后果特别严重"。被告人李某某（甲）作为该工贸公司的董事长，被告人李某某（乙）作为该工贸公司的总经理（负责公司的全面工作），二人未按规范要求采取防渗措施，最终导致阳宗海被砷污染的危害后果，应当作为单位犯罪的主管人员承担相应刑事责任。被告人金某某作为该工贸公司生产部部长，具体负责安全生产、环境保护和生产调度等工作，安排他人抽排含砷废水到厂区外，应作为单位犯罪的直接责任人承担相应刑事责任。案发后，该工贸公司及被告人积极配合相关部门截污治污，可对其酌情从轻处罚。据此，以重大环境污染事故罪判处被告单位某工贸有限责任公司罚金人民币1600万元；被告人李某某（甲）有期徒刑4年，并处罚金人民币30万元；被告人李某某（乙）有期徒刑3年，并处罚金人民币15万元；被告人金某某有期徒刑3年，并处罚金人民币15万元。

7.5.2.3 广西某地镉污染事件

（1）**基本案情** 广西某矿业股份有限公司违反国家规定，非法排放有毒物质重金属镉。该公司冶化厂违法将含镉量超标的生产污水排放入岩洞流入龙江河，严重污染环境，后果特别严重。

2009年8月22日，广西某矿业股份有限公司曾宜租用某市某区某材料厂后，采用湿法提铟生产工艺非法生产铟、碳酸锌等产品。经认定：广西某市某区某材料厂无任何污染防治设施，私设暗管、私建偷排竖井，并利用暗管将高浓度含镉废水偷排入厂区内私建的竖井，是造成龙江河镉污染的污染来源之一。

2012年1月15日，镉浓度超标80倍，使沿江居民和下游某市百万居民的饮水受到威胁。

（2）**裁判结果** 该公司所在市某区法院、该公司所在县法院7月16日对上述年初发生在广西某市境内的龙江河镉污染事件11名责任人做出一审判决。

判广西某矿业股份有限公司犯污染环境罪，判处罚金人民币100万元。判其原副总经理兼该公司冶化厂厂长覃某某犯污染环境罪，判处有期徒刑3年并处罚金8万元；判其原董事长、总经理余某某犯污染环境罪，判处有期徒刑3年，缓刑4年，并处罚金人民币5万元；判其生产安环管理部原经理罗某某犯污染环境罪，判处有期徒刑3年，缓刑3年6个月，并处罚金人民币3万元。

法院认为，该矿业股份有限公司违反国家规定，非法排放有毒物质重金属镉，严重污染环境，严重威胁沿河民众的饮水安全和身体健康，后果特别严重，其行为已触犯刑律，构成污染环境罪。相关人员未严格贯彻执行国家对企业污染镉排放的新标准，造成该公司冶化厂违法将含镉量超标的生产污水排放入岩洞流入龙江河，严重污染环境，后果特别严重，构成污染环境罪。

对该公司所在市某区某材料厂相关负责人共7人判处3年至5年不等的有期徒刑。

法院认为，被告人曾某某、李某某、毛某某、高某某、潘某某、杨某某、覃某某违反国家规定，非法将含镉量严重超标的生产污水排放入龙江河，严重污染环境，其行为已触犯我国刑律，均构成污染环境罪。法院审理认为，被告人曾某某身为负有环保监管职责的国家机关工作人员，对辖区内重点污染源企业长期疏于监管，严重不负责任，导致发生特大环境污染事故，致使公共财物遭受重大损失，其行为构成环境监管失职罪；曾某某还利用担任该公司所在市环保局副局长的职务便利，非法收受辖区内被监管企业财物共计45000元，为他人谋取利益，构成受贿罪。

该公司所在市所在县法院对该市环保局分管环境监察等工作的原副局长曾某某做出一审判决。曾某某因犯环境监管失职罪和受贿罪，判处有期徒刑4年6个月。

7.5.3 尾矿库环境风险及应急管理

7.5.3.1 尾矿库常见环境风险类型

尾矿库环境风险主要包括输送系统泄漏、排水设施堵塞或损坏、渗漏、管涌、裂缝、滑坡、溃坝、洪水漫顶、初期坝的漏砂、坝坡渗水、排洪设施破坏、库内滑坡等。

7.5.3.2 尾矿库企业的应急环境管理

（1）**日常应急环境管理** 尾矿库企业在尾矿库日常环境风险管理中，要全面排查污染隐患，落实各种应急保障措施，加强应急培训与演练。

① 开展污染隐患排查。要通过经常性的污染隐患排查（隐患排查表见表7-3），确定排

查和防范的重点部位，明确尾矿库下游的环境敏感保护目标，全面分析可能造成的次生灾害和衍生灾害，制订相应的切断污染源、消除和减轻污染的应急处置措施。对查出的污染隐患制订切实可行的整改方案，进行治理整改，并建立相关工作档案。

② 落实应急保障措施。要落实各种应急保障措施，特别是掌握本企业应急物资与装备的种类、数量、存放位置及使用方法，同时要掌握周边地区应急物资与装备的企事业单位的联系方式、储备等相关情况。

③ 加强应急培训与演练。要通过应急培训与演练，使全体企业职工掌握尾矿中污染物的危害和防护措施，按照应急预案组织进行经常性的演练，并按照国家的要求和本企业应急资源的变化情况及时对预案进行更新和完善。

（2）应急处置　尾矿库企业作为应对尾矿库突发环境事件的责任主体，在发生尾矿库坍塌、泄漏等引发的突发环境事件时，要立即启动本单位应急响应，实施先期处置。必须全力切断污染源，努力开展应急监测，采取行之有效的措施消除和减轻污染，尽最大可能防止突发环境事件扩大、升级，最大限度地降低对环境的损害。

尾矿库企业要将事件的真实情况第一时间向当地政府和环保等职能部门报告，为政府正确判断形势、科学决策提供依据，为尽快得到政府和社会支援争取时间。

（3）尾矿库环境应急管理体系　尾矿库的环境应急管理是一个全过程的管理。具体包括日常预防和预警、环境应急准备、环境应急响应与处置、突发环境事件应急终止后的环境管理等四个方面的内容。

① 日常预防和预警　包括尾矿库建设项目环境风险隐患管理、建立尾矿库动态数据库、尾矿库环境风险隐患评估、建立预警体系、建立联动机制等内容。

② 环境应急准备　包括应急预案体系、三级防控体系、应急保障体系等内容。

③ 环境应急响应与处置　包括应急协调指挥、应急监测、应急处理等内容。

④ 突发环境事件应急终止后的环境管理　包括环境恢复、中长期环境影响预测与评价、跟踪监测等内容。

（4）处置措施　对尾矿库突发环境事件的应急处置，按照相关应急预案的规定执行。

① 尾矿库企业现场应急处置一般方法。尾矿库突发环境事件发生后，尾矿库企业应立即启动本单位应急响应，执行应急预案，实施先期处置。救援队伍到达现场后立即了解情况，确定警戒区和事故控制具体方案，布置救援任务，在救援过程中要佩戴好个人防护用品，并设定警示标志。处置方法如下。

a. 抢险。应急救援队伍到达现场后，在企业应急指挥部的统一领导下，应急技术组迅速查明事故性质、原因、影响范围等基本情况，判断事故后果和可能发展的趋势，拿出抢险和救援处置方案。事故救援组负责在紧急状态下的现场抢险作业，及时控制危险区，防止事故扩大。现场监测组迅速制订监测方案，开展监测。后勤保障组负责事故现场物资、设备、工具的保障供给工作。

b. 疏散。在尾矿库发生险情、有溃坝危险时，企业应急指挥部应立即上报当地政府和相关部门，并由安全保卫组负责下游居民的疏散和两侧的警戒工作，严禁车辆和行人通过，维护事故现场秩序和社会治安。

c. 转移。在事故救援中，尾矿库有溃坝危险或有人员伤亡、财产损失时，由安全保卫组、医疗救护组将受伤人员、居民财产向安全区域转移。转移过程中救援队伍应与现场应急指挥部保持联系。如果溃坝事故严重，对周边环境的污染形势扩大，现场环境应急指挥部应采取果断措施，停止生产，调动铲车、挖掘机等对污染物进行封堵、拦截，并采取污染控制的有效措施，同时请求地方政府增援。

表 7-3　尾矿库环境风险隐患检查表

检查人员：　　　　　　　　　　　　　　日期

类别		内容	判断依据	检查情况	整改情况
尾矿库"三防"措施		防渗漏、防扬散、防流失措施是否到位			
环评和"三同时"制度合规性		环评审批	环评审批手续符合规定；环评等级符合规定；生产规模、地点、采（选）矿方法与环评批复一致		
		"三同时"制度执行	尾矿库企业污染防治必须与主体工程同时设计、同时施工、同时使用		
污染治理设施	废水	废水处理设施运行情况	建有污水处理设施；污水处理设施正常运行且稳定达标排放或综合利用		
	粉尘	粉尘处理设施运行情况	粉尘处理设施正常运行且稳定达标排放		
	废弃矿渣	废弃矿渣储存场所	采取防渗漏、防扬散、防流失措施		
环境应急情况		是否建立环境应急机构			
		是否配备环境应急人员			
		是否储备环境应急物资			
		是否建设环境应急设施			
		是否编制环境应急预案			
		是否定期开展环境应急演练			
排放口和自动监控合规性		排放口规范化情况	符合排污口规范化建设要求		
		污染源自动监控装置安装	安装 COD、悬浮物等主要污染物的自动监控装置		
环境管理制度合规性		排污申报执行情况	依法进行排污申报登记		
		排污许可证办理情况	依法办理排污许可证；按照排污许可证的规定排放污染物		
		缴纳环保税费	依法、及时、足额		
		企业环境管理机构和人员设置	有环保机构；有专业环保管理人员；建立比较健全的环境管理责任体系		
		企业环境管理制度情况	有比较完善的内部环境管理制度；环境管理制度上墙		
		环保设施运行管理情况	有运行台账记录		

备注：检查情况一栏应对照判断依据填写，符合判断依据则填写"合规"，不符合判断依据应实填写违规情况。

　　d. 结束。救援工作结束后，各应急专业队伍必须经企业指挥部同意后，方可撤离现场，同时成立事故调查组，对事故进行分析处理，及时总结经验教训，并整理事故档案，修订应急预案。

　　② 典型尾矿库突发环境事件涉及的特征污染物处置方法。尾矿污染类型可以分为有机污染和无机污染两类，有机污染主要是有机选矿药剂造成的污染，无机污染主要是尾矿中的金属离子和选矿中使用的酸、碱药剂造成的污染。总体来讲，有机污染采取投加粉末活性炭吸附的应急处置方法，无机污染采取絮凝沉淀的应急处置方法，药剂的投加量应根据监测数

据确定。典型尾矿库常见污染物处理办法参考表 7-4。

表 7-4　典型尾矿库常见特征污染物处置方法一览表

典型尾矿库	常见特征污染物	处 理 办 法
金、银矿	砷	一般利用絮凝沉淀-吸附法或者离子变换吸附法,还可利用高铁酸盐的氧化絮凝双重水处理功能取代氧化铁盐法
	铬(六价)	硫酸亚铁絮凝沉淀分离铬
	镉	投加硫化钠生成硫化镉沉淀去除
	汞	投加硫化钠生成硫化汞沉淀去除
	氰化钠	加入过量 NaClO 或漂白粉分解氰化物
铅、锌矿	铅	投加硫化钠生成硫化铅沉淀去除
	锌	投加硫化钠生成硫化锌沉淀去除
	铜	投加硫化钠生成硫化铜沉淀去除
	汞	投加硫化钠生成硫化汞沉淀去除
	丁基黄药	投加活性炭粉末吸附
	铅	投加硫化钠生成硫化铅沉淀去除
	锌	投加硫化钠生成硫化锌沉淀去除
	2#油	投加活性炭粉末吸附
	煤油	投加活性炭粉末吸附
铜矿	铜	投加硫化钠生成硫化铜沉淀去除
	锌	投加硫化钠生成硫化锌沉淀去除
	硫离子	加石灰处理
	2#油	投加活性炭粉末吸附
	丁基黄药	投加活性炭粉末吸附
铝矿	铝	加絮凝剂和石灰等沉淀去除
	氟化物	加石灰生成氟化钙沉淀去除
	盐酸	用石灰、碎石灰石或碳酸钠中和
	硝酸	用石灰、碎石灰石或碳酸钠中和

注:摘自《尾矿库环境应急管理工作指南(试行)》。

7.5.4　矿山地质灾害及预防

7.5.4.1　矿山地质灾害的主要类型

矿山地质灾害按照事故发生的时间影响因素可分为突然性地质灾害(如地震、塌方等)和缓变型地质灾害(如地面下沉、土地沙漠化等)。

(1)滑坡、崩塌、泥石流灾害　在矿山资源的开采过程中,地下地质力学结构发生改变,容易产生滑坡、崩塌及泥石流灾害。地面塌陷主要发生在地下以井巷开采的矿山,通常是因为矿柱力学能力不足或回填不及时造成,并可能诱发震源浅、震级低的地震。

(2)矿坑突水涌水　常因对矿坑涌水量估计不足,采掘过程中打穿老窿,贯穿透水断层,骤遇蓄水溶洞或暗河,导致地下水或地面水大量涌入,造成井巷被淹、人员伤亡灾难。矿坑突水涌水还常伴随有坑内溃沙涌泥。

(3)瓦斯爆炸和矿坑火灾　这种灾害最常见于煤矿。由于通风不良,使瓦斯积聚发生爆炸,导致井下作业人员伤亡、矿井被毁;矿坑火灾除见于煤矿外,也见于一些硫化矿床。因硫化物氧化生热,在热量聚积到一定程度时则发生自燃,引发矿山火灾。矿山火灾严重损耗地下矿产资源,而且使当地气候发生改变,农作物和树木大量死亡,田地荒芜,环境严重恶化。

(4)其他灾害　采矿还会造成水土流失、土地砂化、土地盐渍化、地下水断流、土地污染等灾害。

7.5.4.2 预防矿山地质灾害的有效途径

（1）回填采空区　对于地面塌陷和崩塌主要采用回填方式进行防治。充填采矿技术，就是将尾矿回填到煤矿、铁矿等地下采空区，以减轻地表沉陷，减少尾矿地面排放对环境的污染与破坏，进一步解放压覆矿产资源。

（2）加大植被覆盖率　采矿区植被稀少，风速较大，水土流失比较严重，容易造成土壤沙化和滑坡，通过植树造林来防止水土流失和滑坡发生。要根据当地的地理位置、气候条件、土壤类型以及原有自然植被状况等因素，选择适宜的先锋树种。在此基础上，根据所选择植物种类的植物学特征、生物学特性和矿区的地貌特点及水土保持要求，对植物群落结构进行设计，并按照未来植物群落层次结构各层优势度大小由上层到下层依次确定最初植物种群组合。同时，水平设计要便于管理，能有效预防和控制病虫害的发生和蔓延。因此，植被营造时要尽量缩小纯林的面积，采用网格式规划种植，形成林果结合、乔灌结合、乔草结合、灌草结合、牧草覆盖等模式，实行"草木结合""高矮搭配""长短结合""常绿落叶搭配"，对植物群落结构进行合理配置和优化布局。

（3）采用工程治理　许多地质灾害在采矿期间就伴随着发生，最快的防治措施就是工程治理，包括支砌挡墙、排水沟、抗滑桩、灌浆加固、消坡等措施进行治理。矿区采场台阶、边坡以及公路等附属工程的边坡，均应规划护坡工程，以防止出现滑坡、崩塌。同时，矿区下游河道的河坝、河堤等也要进行加固、加高。并且及时清理河床淤积的泥沙石，以防洪水冲毁堤坝、农田、交通公路、桥梁、房屋等。

（4）加强矿山企业的管理　成立组织机构、责任分工明确，加强安全生产、安全管理等法规教育以及灾害预防知识的宣传培训，提高对地质灾害后果的认识以及防治灾害的自觉性和能力。

（5）严厉打击非法开采行为　深刻认识非法开采行为具有严重违法、危害安全、扰乱秩序、破坏生态、侵占资源、逃避税费等社会危害，各部门要根据职能分工和责任的要求认真履职、分工负责、齐抓共管、形成合力，严厉打击私自采矿、无证开采、越界开采等行为，并要求恢复地类原貌。同时，积极引导资源萎缩型、技术装备老化型矿企转型升级。

思考题

1. 试分析环境政策和环境管理制度的相关关系。
2. 论述我国环境法律体系的构成。
3. 试比较《中华人民共和国环境保护法》的 1989 年版与 2015 年版的内容变化，并分析我国环保法律的发展趋势。
4. 结合案例谈谈企业如何规避环境法律风险。
5. 矿业环境管理与其他行业环境管理的主要区别是什么？

附　录

附录 1　尾矿库安全管理规程

1　尾矿库维护管理

第 1 条　在尾矿库运行过程中，必须严格按设计和有关技术规定认真做好放矿、筑坝及坝面的维护管理工作。

第 2 条　尾矿坝滩顶高程，在满足生产的同时，必须满足防汛、冬季冰下放矿和回水所需的库容，并确保足够的安全超高。

第 3 条　尾矿坝正常运行所需的沉积滩长度、沉积滩坡度、下游坝面坡度与回水所需的澄清距离，必须按设计控制，如不满足，应限期纠正，并记入技术档案。

第 4 条　在库区严禁爆破、采石、挖土、滥挖尾矿和炸鱼等危害尾矿库安全的活动。在企业需要回采或综合利用库区尾矿时，必须做开发工程设计并经上级主管部门批准后方可进行。

第 5 条　在已建尾矿库的下游，不宜再建住宅和其他设施。

第 6 条　未经论证和主管部门批准，下述涉及尾矿坝安全的事宜不得变更。

a. 最终坝轴线的位置、坝高、坝外坡的平均坡比。

b. 放矿流量、浓度和筑坝方式。

c. 排水、反滤层等重要措施。

d. 非尾矿废料或废水进库与尾矿回采利用等。

第 7 条　为防止坝外坡受雨水冲刷和尾矿粉尘飞扬的污染，要做好坝体外坡维护工作。

a. 根据雨水冲刷和地表径流情况，坝面应修筑人字沟或网格状排水沟，坝肩应修筑截水沟。

b. 在坝坡面宜植草或植灌木类植物，不得种植乔木和农作物。

c. 宜采用碎石、废石或山坡土覆盖坝坡。

d. 下游坝面上，不得建立设计文件中没有的任何设施。

第 8 条　尾矿坝滩面及下游坡面上，不得有积水坑存在。

第 9 条　必须建立健全巡坝护坝制度。

第 10 条　尾矿库排水构筑物的善后封堵，必须严格按设计要求施工，并确保施工质量。井（塔）应在基础顶部或支隧洞的出口处封堵。由于坝下排水管道工作条件极其复杂，应综合考虑各种因素后确定封堵方案，并依照设计施工。

2　尾矿排放与筑坝

第1条　尾矿排放与筑坝，包括岸坡清理、尾矿排放、坝体堆筑和质量检验等环节，必须严格按设计要求和作业计划及操作技术规定精心施工。

第2条　每一期堆积坝充填作业之前必须进行岸坡处理，将树木、草皮、树根废石、坟墓及其他有害构筑物全部清除。若遇有泉眼、水井、地道或洞穴等，应做妥善处理。清除物料不得就地堆积，应运到库外，在沉积滩内不得埋有块石、废管件、支架及混凝土管墩等杂物。

第3条　尾矿堆积体与岩石岸坡联结应符合设计要求。

第4条　岸坡清理应做隐蔽工程记录，经主管技术人员检验合格后方可充填筑坝。

第5条　上游式尾矿筑坝法，应于坝前分散均匀放矿，不得任意在库后或一侧岸放矿（修子坝或移放矿管时除外）。应做到以下几点：

a. 粗粒沉积于坝前，细颗粒排至库内，在沉积滩范围内不允许有大面积矿泥沉积。

b. 沉积滩面应均匀平整。

c. 沉积滩长度及其坡度等，应符合本规程要求。

d. 严禁矿浆沿子坝内坡趾流动冲刷坝体。

e. 放矿管所排放浆，不得冲刷初期坝坡和子坝。

f. 放矿时应有专人管理、不得离岗。

第6条　坝体较长时就采用分段交替排矿作业，使坝体均匀上升。应避免滩面出现侧坡、扇形坡或细粒尾矿大量集中沉积于某端或某侧。

第7条　分散放矿支管的间距、位置、每次开放的管数与时间和水力旋流器使用的台数、移动周期与距离应按设计要求或作业计划调整。

第8条　分散放矿支管、导流槽出口各集中放矿管伸入库内的长度和距滩面的高度应该符合本规程第5条第四、五款的要求。

第9条　若同一尾矿库内，建有一座或几座尾矿堆积的坝体时、不得将细粒尾矿排至尾矿堆积坝前，以免影响尾矿堆积坝体的稳定性。

第10条　冰冻期、事故期或由某种原因确需长期集中放矿时，不得出现影响后续堆积坝体稳定的不利因素。

第11条　岩溶发育地区的尾矿库，可采用周边放矿，借以形成防渗垫层，减少渗漏和落水洞事故。

第12条　每期子坝堆筑完毕，应进行质量检验。检验记录与报告需经主管技术人员签字后存档备查。检验内容和要求如下：

a. 子坝剖面尺寸、长度、轴线位置及坡比。

b. 新筑子坝的坝顶及内坡趾滩面高程、库内水面高程。

c. 滩内代表性试样的密度、含水量、比重和颗粒组成等。试验方法可参照《土工试验规范》。

d. 尾矿堆筑过程及堆筑质量的简要说明。

e. 绘制尾矿坝及库区的平面图和剖面图。

3　尾矿库水位控制与渡汛

第1条　必须严格控制尾矿库内水位，并按下列要求执行。

a. 水边线应符合本规程要求控制在远离坝顶的安全位置，不得逼近坝前，也不得偏于坝端一侧。

b. 水边线应与坝轴线保持基本平等，与坝顶距离不宜变化太大。

c. 在满足水质和回水量的要求下，尽量降低库内水位。

d. 当回水与坝体安全对滩长的要求相互矛盾时，应确保坝体安全。

e. 凡尾矿库实际情况与设计要求不符时，应在汛前进行调洪演算，以指导防洪工作。

第 2 条　汛前应按下列要求制订度汛方案。

a. 对泄洪系统及坝体必须进行详细检查和可靠的维护，根据坝高等实际条件，确定泄洪口底坎高程，将泄洪口底坎以上 1.5 倍调洪高度内的堵板全部打开，确保排洪设施畅通。

b. 库内应经常设置醒目、清晰和牢固的水位观测标尺，标明正常运行水位和度汛警戒水位。

c. 应疏浚库内截洪沟、坝面排水沟及下游泄洪河（渠）道。

d. 应准备好必要的抢险、交通、通信、供电及照明器材或设施，维护整个上坝道路，并确保安全畅通。

e. 应加强值班和巡逻，设警报信号和组织抢险队伍，根据当地具体情况与地方政府一起制订下游居民撤离险区方案及实施办法。

f. 应了解掌握汛期水情和气象预报。

第 3 条　泄空库内蓄水或大幅度降低水位时，应注意控制流量，非危急情况不宜快速排泄。骤降前应通知下游有关部门。

第 4 条　岩溶或裂隙发育地区的尾矿库，应控制库内水深，以减少落水洞事故。

第 5 条　不得在尾矿滩面或坝肩设置泄洪口。未经技术论证和上级主管技术部门的批准，子坝严禁用于抗洪挡水。

第 6 条　洪水过后应对坝体各排洪构筑物进行全面认真的检查与清理。若发现问题应及时修复，同时采取措施降低库内水位，以防暴雨接踵而来。

第 7 条　有地形条件的尾矿库可设置非常泄洪口。

4　排渗设施管理与渗流控制

第 1 条　尾矿坝的排渗设施包括排渗棱体（含滤水初期坝）、排渗褥垫、排渗盲沟、贴坡反滤和各种排渗井（管井、虹吸式排渗井、轻型井点、垂直水平联合排渗体）等。尾矿坝在运行过程中若需增高或更新上述某个设施，应按本规程的要求进行。

第 2 条　排渗设施为隐蔽工程。施工时必须按设计要求精心选料、精心施工，仔细填写隐蔽工程施工验收记录，并编制竣工图，排渗设施的施工，可参照《碾压式土石坝施工技术规范》第十章第二节或其他专门规范的规定。

第 3 条　为了保护初期坝的反滤层免受尾矿水冲刷，必须按规程规定，并采用多管小流量放矿方式，以利尽快形成滩面。在初期坝顶标高以下，不得淘涮反滤层，以免造成漏矿。当大量渗漏浑水时，应采取措施，避免造成反滤体淤塞或破坏。

第 4 条　应防止坝肩、盲沟等异性材料接触处发生集中渗流，以免造成渗透破坏。

第 5 条　当发现坝面局部隆起、坍陷、流土、管涌、渗水量增大或透水浑浊等异常情况时，应立即采取处理措施，同时加强观察并报告有关部门。

第 6 条　在运行期间应注意坝体浸润线分布状态，严格按设计要求控制。若不满足要求时应与有关单位研究解决。

第 7 条　排渗设施在运行中必须按设计要求制订管理、维护和运行细则，以确保设施完好，充分发挥其功能。

5　检查与观测

第 1 条　尾矿库检查与观测工作的目的如下。

a. 掌握各种设施的工作状态及其变化规律，为正确管理、处理事故、维修等提供依据。

b. 及时发现不正常的迹象，分析原因，采取措施，防止事故发生。

c. 对原设计的计算假定、结论和参数进行验证。

d. 了解尾矿库对环境的影响。

第 2 条　尾矿库的检查工作可分为经常检查、定期检查、特别检查和安全鉴定。

a. 经常检查由车间、工段级基层管理机构组织进行，检查项目可根据各矿具体情况自行决定。

b. 定期检查由上级管理机构组织进行，每年汛前、汛后以及北方的冻融期，应对尾矿库进行全面检查。

c. 特别检查：当发生特大洪水、暴雨强烈地震及重大事故等非常情况后，基层管理单位应及时组织检查，必要时报上级有关单位会同检查。

d. 安全鉴定：生产经营单位或者尾矿库管理单位未按规定每三年至少进行一次安全现状评价，对大、中型及位于高烈度区的尾矿坝，当堆积至总高度的 1/2～2/3 时，根据具体情况按现行规范进行 1～2 次以抗洪、稳定为重点的安全鉴定，以指导后期筑坝管理工作。

第 3 条　各种构筑物的检查内容及基本要求应符合下列规定。

a. 当尾矿设施遇到特殊运行情况或遭受严重外界影响时，例如放矿初期，暴风雨、温度骤变或地震等，对工程的薄弱部位和重要部位应特别仔细地检查，发现威胁工程安全的严重问题，必须昼夜连续监视，并采取有效措施。

b. 对尾矿坝和其他土工构筑物的检查应注意它们有无裂缝、塌陷、隆起、流土、管涌、涌裂或滑落等现象，坝顶高程是否一致，滩面是否平整，滩长、坡比是否符合设计要求，坝坡有无冲刷，渗水是否出逸，排渗设施是否完善等。

c. 对于混凝土和砖石构筑物应针对不同工程特点，注意检查结构有无裂缝，表面有否剥蚀、脱落，有无冲刷、渗漏。对排水管道应特别注意检查伸缩缝，止水有无损坏，填充物是否流失。对于井、塔应着重检查是否倾斜，联结部位有无异常等。

d. 对于金属构筑物应重点检查结构的变形、裂缝、锈蚀，焊疑是否开裂，铆钉、螺帽是否松动，管道是否磨损等。

第 4 条　尾矿库工程观测应满足下列基本要求。

a. 尾矿库工程观测必须按设计或管理规定的内容和时间进行全面、系统、连续的观测，相关联的观测项目应配合进行。

b. 必须保证观测结果准确。

c. 专业技术人员应对观测成果及时进行整编分析、绘制图表。如有异常现象时应进行复测，并根据复测结果提出处理意见。

第 5 条　尾矿设施观测项目应根据运行要求、结构物特点、工程规模和技术水平等实际情况按下列要求确定。

a. 对尾矿坝必须进行浸润线位置观测。渗漏严重的坝应定期观测渗水量，并对渗水挟沙量及水质进行分析。

b. 必须对坝体表面进行移动观测。对深层位移和孔隙水压力等的观测应按设计要求进行。

c. 对排洪、回水等构筑物应根据设计和研究的需要，进行结构应力、变形和裂缝等结构观测以及流量、流态等水力特性观测。

第 6 条　测定浸润线位置的同时，应测定滩顶高程、滩长、库水位，记录泄水建筑物堵板或塞子等开启状态。

第 7 条　检查观测都应详细记录，交专业技术人员审阅分析后存档。

第 8 条　定期检查、特别检查和安全鉴定的技术文件，观测结果的分析意见和主要参数，都应做出书面报告，除本单位存档外，同时报上级主管部门和监督站。

6 抗震

第1条 抗震工作应贯彻预防为主的方针。当接到震情预报时,应根据实际情况做出防震、抗震计划和安排,其内容应包括以下几点。

a. 按照设计文件的要求进行尾矿库抗震检查,根据检查结果采取预防措施。

b. 做好人员组织、物资、交通、通信、照明、报警、抢险和救护等各项抗震准备工作。

c. 组织动员尾矿坝下游居民做好防震准备,以便发生险情时及时疏散,撤离险区。

d. 加强震前值班、巡坝工作。

第2条 对于早期建设的尾矿库工程(包括闭库工程),如果目前抗震标准高于原设计标准时,可参照《水利工程抗震规范》进行复核。必要时进行加固工作。

第3条 严格控制库水位,确保抗震设计要求的安全滩长,满足地震条件下坝体稳定的要求。

第4条 震前应注意库区内岸坡的稳定性,防止滑坡破坏尾矿设施。

第5条 对于上游建有尾矿库、排土场或水库等工程设施的尾矿库,应了解上游所建工程的稳定情况,必要时应采取防范措施,避免造成更大损失。

7 尾矿库规划与闭库

第1条 应根据建设周期提前制订扩建或新建尾矿库的规划设计等工作,确保新、老库的生产衔接。在尾矿库使用到最终设计高程前三年,应做出闭库处理设计和安全维护方案,报上级主管部门审批实施。

第2条 闭库后的尾矿库,不经改造不得储水蓄洪,且仍需做好防尘、防冲刷、防破坏的工作。

第3条 闭库后,应做好环保、复垦等工作。

第4条 闭库后的尾矿库,无设计论证不得重新启用或改作他用。

第5条 闭库后,库内尾矿若作为资源回收利用,应提出开发工程设计,经主管部门批准后方可实施。严禁滥挖、乱采,以免发生溃坝或泥石流等事故。

第6条 闭库后的尾矿库,应仍由原负责单位管理。如需更换管理单位,必须经企业主管部门批准和履行法律手续。

附录2 尾矿库企业环境应急预案的编制内容

(引自《尾矿库环境应急管理工作指南(试行)》)

1 总则

1.1 编制目的

明确预案编制的目的、要达到的目标和作用等。

1.2 编制依据

明确预案编制所依据的国家法律法规、规章制度,部门文件有关行业技术规范标准,以及企业关于应急工作的有关制度和管理办法等。

1.3 适用范围

规定应急预案适用的对象、范围,以及环境污染事件的类型、级别等。

1.4 事件分级

参照《国家突发环境事件应急预案》。

1.5 工作原则

明确应急工作应遵循预防为主、减少危害,统一领导、分级负责,企业自救、属地管理,整合资源、联动处置等原则。

1.6 应急预案关系说明

明确应急预案与内部企业应急预案和外部其他应急预案的关系，并附相应的关系图，表述预案之间的横向关联及上下衔接关系。

2 尾矿库概况

2.1 基本情况

应明确尾矿库名称、建设地点、经纬度、尾矿库等级和类别、上游汇水面积、最大降雨量、尾矿库周边环境敏感点分布等。

2.2 工程概况

明确尾矿库设计和施工单位、尾矿库设计库容、坝高、坝址抗震烈度、防洪等级、服务年限等，还应包括：尾矿坝及坝体排渗设施、排洪系统、回水系统、尾矿输送系统、尾矿水净化系统、沉积干滩与安全超高、周边环境状况及环境保护目标基本情况等。

3 尾矿库运行过程中存在的危险因素和易发生的事故种类

3.1 尾矿库产污环节及污染物种类

明确尾矿库渗漏水量及固废种类（浸出试验）。

3.2 危险因素和易发事故种类

尾矿库在一般情况下容易出现的主要事故有：垮坝、洪水漫顶、初期坝的漏砂、坝坡渗水、排洪设施破坏、库内滑坡等。另外，在尾矿库日常管理过程中还可能发生车辆伤害、溺水事故、粉尘危害等。

应明确尾矿库运行期间可能存在的危险因素、事故发生后的影响范围和后果等。

4 组织机构和职责

4.1 组织机构

明确应急组织机构的构成。一般由应急领导小组、应急指挥中心、办事机构和工作机构、应急工作主要部门、应急工作支持部门、信息组、专家组、现场应急指挥部等构成，并尽可能以结构图的形式表述。

4.2 职责

规定应急组织体系中各部门的应急工作职责、协调管理范畴、负责解决的主要问题和具体操作步骤等。

5 预防与预警

5.1 危险源监控

明确对区域内容易引发重大突发环境事件的危险源进行调查、登记、风险评估，组织进行检查、监控，并采取安全防范措施，对突发环境事件进行预防。

应急指挥机构确认可能导致突发环境事件的信息后，要及时研究确定应对方案，通知有关部门、单位采取相应措施预防事件发生。

5.2 预防与应急准备

明确应急组织机构成员根据自己的职责需开展的预防和应急准备工作，如完善应急预案、应急培训、演练、相关知识培训、应急平台建设等。

5.3 监测与预警

（1）应按照早发现、早报告、早处置的原则，对尾矿库下游监测井进行例行监测。

（2）根据企业应急能力情况及可能发生的突发环境事件级别，有针对性地开展应急监测工作。

6 应急响应

6.1 响应流程

根据所编制预案的类型和特点，明确应急响应的流程和步骤，并以流程图表示。

6.2 分级响应

根据事件紧急和危害程度，对应急响应进行分级。

6.3 启动条件

明确不同级别预案的启动条件。

6.4 信息报告与处置

（1）明确 24 小时应急值守电话、内部信息报告的形式和要求，以及事件信息的通报流程。

（2）明确事件信息上报的部门、方式、内容和时限等内容。

（3）明确事件发生后向可能遭受事件影响的单位，以及向请求援助单位发出有关信息的方式、方法。

6.5 应急准备

明确应急行动开展之前的准备工作，包括下达启动预案命令、召开应急会议、各应急组织成员的联席会议等。

6.6 应急监测

（1）明确紧急情况下企业应按事发地人民政府环境保护行政部门要求，配合开展工作。

（2）明确应急监测方案，包括事故现场、实验室应急监测方法、仪器、药剂。

（3）突发环境事件发生时企业环境监测机构要立即开展应急监测，在政府部门到达后，则配合政府部门相关机构进行监测。

6.7 现场处置

（1）尾矿输送系统泄漏处理

（2）排水设施堵塞或损坏处理

（3）渗漏处理

（4）管涌处理

（5）裂缝处理

（6）尾矿坝的抢险

（7）滑坡处理

（8）溃坝处理

（9）污染物控制措施

7 安全防护

7.1 应急人员的安全防护

明确事件现场的保护措施。

7.2 受灾群众的安全防护

制订群众安全防护措施、疏散措施及患者医疗救护方案等。

8 次生灾害防范

制订次生灾害防范措施、现场监测方案、现场人员撤离方案，防止人员受伤或引发次生环境事件。

9 应急状态解除

9.1 明确应急终止的条件

9.2 明确应急终止的程序

9.3 明确应急状态终止后，继续进行跟踪环境监测和评估的方案

10 善后处置

10.1 明确受灾人员的安置及损失赔偿方案

10.2 配合有关部门对环境污染事件中的长期环境影响进行评估

10.3 明确开展环境恢复与重建工作的内容和程序

11 应急保障

11.1 应急保障计划

制定应急资源建设及储备目标，落实责任主体，明确应急专项经费来源，确定外部依托机构，针对应急能力评估中发现的不足制定措施。

11.2 应急资源

应急保障责任主体依据既有应急保障计划，落实应急专家、应急队伍、应急资金、应急物资配备、调用标准及措施。

11.3 应急物资和装备保障

企业依据重特大事件应急处置的需求，建立健全以应急物资储备为主、社会救援物资为辅的物资保障体系，建立应急物资动态管理制度。

11.4 应急通信

明确与应急工作相关的单位和人员联系方式及方法，并提供备用方案。建立健全应急通信系统与配套设施，确保应急状态下信息通畅。

11.5 应急技术

阐述应急处置技术手段、技术机构等内容。

11.6 其他保障

根据应急工作需求，确定其他相关保障措施（交通运输、治安、医疗、后勤、体制机制、对外信息发布保障等）。

12 预案管理

12.1 预案培训

说明对本企业开展的应急培训计划、方式和要求。如果预案涉及相关方，应明确宣传、告知等工作。

12.2 预案演练

说明应急演练的方式、频次等内容，制订企业预案演练的具体计划，并组织策划和实施，演练结束后做好总结，适时组织有关企业和专家对部分应急演练进行观摩和交流。

12.3 预案修订

说明应急预案修订、变更、改进的基本要求及时限，以及采取的方式等，以实现可持续改进。

12.4 预案备案

说明预案备案的方式、审核要求、报备部门等内容。

13 附则

13.1 预案的签署和解释

明确预案签署人，预案解释部门。

13.2 预案的实施

明确预案实施时间。

14 附件

（1）环境风险评价文件。

（2）应急内部联系方式。

（3）应急外部（政府有关部门、救援单位、专家、环境保护目标等）联系方式。

（4）应急响应程序。

（5）单位所处位置图、区域位置及周围环境保护目标分布、位置关系图、本单位及周边区域人员撤离路线。

（6）应急设施（备）布置图。

（7）企业所在区域地下水流向图、饮用水水源保护区规划图。

（8）尾矿库所在区域水系分布图。

（9）其他。

附录3　企业突发环境事件隐患排查和治理工作指南（试行）

（环境保护部办公厅 2016 年 12 月 12 日印发）

1　适用范围

本指南适用于企业为防范火灾、爆炸、泄漏等生产安全事故直接导致或次生突发环境事件而自行组织的突发环境事件隐患（以下简称"隐患"）排查和治理。本指南未做规定事宜，应符合有关国家和行业标准的要求或规定。

2　依据

2.1　法律法规规章及规范性文件

《中华人民共和国突发事件应对法》；

《中华人民共和国环境保护法》；

《中华人民共和国大气污染防治法》；

《中华人民共和国水污染防治法》；

《中华人民共和国固体废物污染环境防治法》；

《国家危险废物名录》（环境保护部 国家发展和改革委 公安部令第 39 号）；

《突发环境事件调查处理办法》（环境保护部令第 32 号）；

《突发环境事件应急管理办法》（环境保护部令第 34 号）；

《企业事业单位突发环境事件应急预案备案管理办法（试行）》（环发〔2015〕4 号）。

2.2　标准、技术规范、文件

本指南引用了下列文件中的条款。凡是不注日期的引用文件，其有效版本适用于本指南。

《危险废物贮存污染控制标准》（GB 18597）；

《石油化工企业设计防火规范》（GB 50160）；

《化工建设项目环境保护设计规范》（GB 50483）；

《石油储备库设计规范》（GB 50737）；

《石油化工污水处理设计规范》（GB 50747）；

《石油化工企业给水排水系统设计规范》（SH 3015）；

《石油化工企业环境保护设计规范》（SH 3024）；

《企业突发环境事件风险评估指南（试行）》（环办〔2014〕34 号）；

《建设项目环境风险评价技术导则》（HJ/T 169）。

3　隐患排查内容

从环境应急管理和突发环境事件风险防控措施两大方面排查可能直接导致或次生突发环境事件的隐患。

3.1　企业突发环境事件应急管理

（1）按规定开展突发环境事件风险评估，确定风险等级情况。

（2）按规定制定突发环境事件应急预案并备案情况。

（3）按规定建立健全隐患排查治理制度，开展隐患排查治理工作和建立档案情况。

（4）按规定开展突发环境事件应急培训，如实记录培训情况。

（5）按规定储备必要的环境应急装备和物资情况。

（6）按规定公开突发环境事件应急预案及演练情况。

可参考附表企业突发环境事件应急管理隐患排查表，就上述(1)～(6)内容开展相关隐患排查。

3.2　企业突发环境事件风险防控措施

3.2.1　突发水环境事件风险防控措施

从以下几方面排查突发水环境事件风险防范措施。

(1)是否设置中间事故缓冲设施、事故应急水池或事故存液池等各类应急池；应急池容积是否满足环评文件及批复等相关文件要求；应急池位置是否合理，是否能确保所有受污染的雨水、消防水和泄漏物等通过排水系统接入应急池或全部收集；是否通过厂区内部管线或协议单位，将所收集的废（污）水送至污水处理设施处理。

(2)正常情况下厂区内涉危险化学品或其他有毒有害物质的各个生产装置、罐区、装卸区、作业场所和危险废物储存设施（场所）的排水管道（如围堰、防火堤、装卸区污水收集池）接入雨水或清净下水系统的阀（闸）是否关闭，通向应急池或废水处理系统的阀（闸）是否打开；受污染的冷却水和上述场所的墙壁、地面冲洗水和受污染的雨水（初期雨水）、消防水等是否都能排入生产废水处理系统或独立的处理系统；有排洪沟（排洪涵洞）或河道穿过厂区时，排洪沟（排洪涵洞）是否与渗漏观察井、生产废水、清净下水排放管道连通。

(3)雨水系统、清净下水系统、生产废（污）水系统的总排放口是否设置监视及关闭闸（阀），是否设专人负责在紧急情况下关闭总排口，确保受污染的雨水、消防水和泄漏物等全部收集。

3.2.2　突发大气环境事件风险防控措施

从以下几方面排查突发大气环境事件风险防控措施。

(1)企业与周边重要环境风险受体的各类防护距离是否符合环境影响评价文件及批复的要求。

(2)涉有毒有害大气污染物名录的企业是否在厂界建设针对有毒有害特征污染物的环境风险预警体系。

(3)涉有毒有害大气污染物名录的企业是否定期监测或委托监测有毒有害大气特征污染物。

(4)突发环境事件信息通报机制建立情况，是否能在突发环境事件发生后及时通报可能受到污染危害的单位和居民。

可参考附录4企业突发环境事件风险防控措施隐患排查表，结合自身实际制订本企业突发环境事件风险防控措施隐患排查清单。

4　隐患分级

4.1　分级原则

根据可能造成的危害程度、治理难度及企业突发环境事件风险等级，隐患分为重大突发环境事件隐患（以下简称"重大隐患"）和一般突发环境事件隐患（以下简称"一般隐患"）。

具有以下特征之一的可认定为重大隐患，除此之外的隐患可认定为一般隐患。

(1)情况复杂，短期内难以完成治理并可能造成环境危害的隐患。

(2)可能产生较大环境危害的隐患，如可能造成有毒有害物质进入大气、水、土壤等环境介质次生较大以上突发环境事件的隐患。

4.2　企业自行制定分级标准

企业应根据前述关于重大隐患和一般隐患的分级原则、自身突发环境事件风险等级等实际情况，制定本企业的隐患分级标准。可以立即完成治理的隐患一般可不判定为重大隐患。

5　企业隐患排查治理的基本要求

5.1 建立完善隐患排查治理管理机构

企业应当建立并完善隐患排查管理机构，配备相应的管理和技术人员。

5.2 建立隐患排查治理制度

企业应当按照下列要求建立健全隐患排查治理制度。

（1）建立隐患排查治理责任制。企业应当建立健全从主要负责人到每位作业人员，覆盖各部门、各单位、各岗位的隐患排查治理责任体系；明确主要负责人对本企业隐患排查治理工作全面负责，统一组织、领导和协调本单位隐患排查治理工作，及时掌握、监督重大隐患治理情况；明确分管隐患排查治理工作的组织机构、责任人和责任分工，按照生产区、储运区或车间、工段等划分排查区域，明确每个区域的责任人，逐级建立并落实隐患排查治理岗位责任制。

（2）制定突发环境事件风险防控设施的操作规程和检查、运行、维修与维护等规定，保证资金投入，确保各设施处于正常完好状态。

（3）建立自查、自报、自改、自验的隐患排查治理组织实施制度。

（4）如实记录隐患排查治理情况，形成档案文件并做好存档。

（5）及时修订企业突发环境事件应急预案、完善相关突发环境事件风险防控措施。

（6）定期对员工进行隐患排查治理相关知识的宣传和培训。

（7）有条件的企业应当建立与企业相关信息化管理系统联网的突发环境事件隐患排查治理信息系统。

5.3 明确隐患排查方式和频次

（1）企业应当综合考虑企业自身突发环境事件风险等级、生产工况等因素合理制订年度工作计划，明确排查频次、排查规模、排查项目等内容。

（2）根据排查频次、排查规模、排查项目不同，排查可分为综合排查、日常排查、专项排查及抽查等方式。企业应建立以日常排查为主的隐患排查工作机制，及时发现并治理隐患。

综合排查是指企业以厂区为单位开展全面排查，一年应不少于一次。

日常排查是指以班组、工段、车间为单位，组织的对单个或几个项目采取日常的、巡视性的排查工作，其频次根据具体排查项目确定，一个月应不少于一次。

专项排查是在特定时间或对特定区域、设备、措施进行的专门性排查，其频次根据实际需要确定。

企业可根据自身管理流程，采取抽查方式排查隐患。

（3）在完成年度计划的基础上，当出现下列情况时，应当及时组织隐患排查。

① 出现不符合新颁布、修订的相关法律、法规、标准、产业政策等情况的。

② 企业有新建、改建、扩建项目的。

③ 企业突发环境事件风险物质发生重大变化导致突发环境事件风险等级发生变化的。

④ 企业管理组织应急指挥体系机构、人员与职责发生重大变化的。

⑤ 企业生产废水系统、雨水系统、清净下水系统、事故排水系统发生变化的。

⑥ 企业废水总排口、雨水排口、清净下水排口与水环境风险受体连接通道发生变化的。

⑦ 企业周边大气和水环境风险受体发生变化的。

⑧ 季节转换或发布气象灾害预警、地质地震灾害预报的。

⑨ 敏感时期、重大节假日或重大活动前。

⑩ 突发环境事件发生后或本地区其他同类企业发生突发环境事件的。

⑪ 发生生产安全事故或自然灾害的。

⑫ 企业停产后恢复生产前。

5.4 隐患排查治理的组织实施

（1）自查 企业根据自身实际制订隐患排查表，包括所有突发环境事件风险防控设施及其具体位置、排查时间、现场排查负责人（签字）、排查项目现状、是否为隐患、可能导致的危害、隐患级别、完成时间等内容。

（2）自报 企业的非管理人员发现隐患应当立即向现场管理人员或者本单位有关负责人报告；管理人员在检查中发现隐患应当向本单位有关负责人报告。接到报告的人员应当及时予以处理。

在日常交接班过程中，做好隐患治理情况交接工作；隐患治理过程中，明确每一工作节点的责任人。

（3）自改 一般隐患必须确定责任人，立即组织治理并确定完成时限，治理完成情况要由企业相关负责人签字确认，予以销号。

重大隐患要制订治理方案，治理方案应包括治理目标、完成时间和达标要求、治理方法和措施、资金和物资、负责治理的机构和人员责任、治理过程中的风险防控和应急措施或应急预案。重大隐患治理方案应报企业相关负责人签发，抄送企业相关部门落实治理。

企业负责人要及时掌握重大隐患治理进度，可指定专门负责人对治理进度进行跟踪监控，对不能按期完成治理的重大隐患，及时发出督办通知，加大治理力度。

（4）自验 重大隐患治理结束后企业应组织技术人员和专家对治理效果进行评估和验收，编制重大隐患治理验收报告，由企业相关负责人签字确认，予以销号。

5.5 加强宣传培训和演练

企业应当定期就企业突发环境事件应急管理制度、突发环境事件风险防控措施的操作要求、隐患排查治理案例等开展宣传和培训，并通过演练检验各项突发环境事件风险防控措施的可操作性，提高从业人员隐患排查治理能力和风险防范水平。如实记录培训、演练的时间、内容、参加人员以及考核结果等情况，并将培训情况备案存档。

5.6 建立档案

及时建立隐患排查治理档案。隐患排查治理档案包括企业隐患分级标准、隐患排查治理制度、年度隐患排查治理计划、隐患排查表、隐患报告单、重大隐患治理方案、重大隐患治理验收报告、培训和演练记录以及相关会议纪要、书面报告等隐患排查治理过程中形成的各种书面材料。隐患排查治理档案应至少留存五年，以备环境保护主管部门抽查。

附录4 企业突发环境事件应急管理隐患排查表

（企业可参考本表制订符合本企业实际情况的自查用表）

排查时间： 年 月 日 现场排查负责人（签字）：

排查内容	具体排查内容	排查结果		
		是，证明材料	否，具体问题	其他情况
1. 是否按规定开展突发环境事件风险评估，确定风险等级	(1)是否编制突发环境事件风险评估报告，并与预案一起备案			
	(2)企业现有突发环境事件风险物质种类和风险评估报告相比是否发生变化			
	(3)企业现有突发环境事件风险物质数量和风险评估报告相比是否发生变化			
	(4)企业突发环境事件风险物质种类、数量变化是否影响风险等级			
	(5)突发环境事件风险等级确定是否正确合理			
	(6)突发环境事件风险评估是否通过评审			

排查内容	具体排查内容	排查结果		
		是,证明材料	否,具体问题	其他情况
2. 是否按规定制订突发环境事件应急预案并备案	(7)是否按要求对预案进行评审,评审意见是否及时落实			
	(8)是否将预案进行了备案,是否每三年进行回顾性评估			
	(9)出现下列情况预案是否进行了及时修订: ① 面临的突发环境事件风险发生重大变化,需要重新进行风险评估。 ② 应急管理组织指挥体系与职责发生重大变化。 ③ 环境应急监测预警机制发生重大变化,报告联络信息及机制发生重大变化。 ④ 环境应急应对流程体系和措施发生重大变化。 ⑤ 环境应急保障措施及保障体系发生重大变化。 ⑥ 重要应急资源发生重大变化。 ⑦ 在突发环境事件实际应对和应急演练中发现问题,需要对环境应急预案作出重大调整的			
3. 是否按规定建立健全隐患排查治理制度,开展隐患排查治理工作和建立档案	(10)是否建立隐患排查治理责任制			
	(11)是否制订本单位的隐患分级规定			
	(12)是否有隐患排查治理年度计划			
	(13)是否建立隐患记录报告制度,是否制定隐患排查表			
	(14)重大隐患是否制订治理方案			
	(15)是否建立重大隐患督办制度			
	(16)是否建立隐患排查治理档案			
4. 是否按规定开展突发环境事件应急培训,如实记录培训情况	(17)是否将应急培训纳入单位工作计划			
	(18)是否开展应急知识和技能培训			
	(19)是否健全培训档案,如实记录培训时间、内容、人员等情况			
5. 是否按规定储备必要的环境应急装备和物资	(20)是否按规定配备足以应对预设事件情景的环境应急装备和物资			
	(21)是否已设置专职或兼职人员组成的应急救援队伍			
	(22)是否与其他组织或单位签订应急救援协议或互救协议			
	(23)是否对现有物资进行定期检查,对已消耗或耗损的物资装备进行及时补充			
6. 是否按规定公开突发环境事件应急预案及演练情况	(24)是否按规定公开突发环境事件应急预案及演练情况			

附录 5　企业突发环境事件风险防控措施隐患排查表

企业可参考本表制订符合本企业实际情况的自查用表。一般企业有多个风险单元,应针对每个单元制订相应的隐患排查表。

排查时间:　　年　　月　　日　　　　现场排查负责人(签字)

排查项目	现状	可能导致的危害 (是隐患的填写)	隐患级别	治理期限	备注
一、中间事故缓冲设施、事故应急水池或事故存液池(以下统称应急池)					
1. 是否设置应急池					
2. 应急池容积是否满足环评文件及批复等相关文件要求					

排查项目	现状	可能导致的危害 (是隐患的填写)	隐患 级别	治理 期限	备注
一、中间事故缓冲设施、事故应急水池或事故存液池(以下统称应急池)					
3. 应急池在非事故状态下需占用时,是否符合相关要求,并设有在事故时可以紧急排空的技术措施					
4. 应急池位置是否合理,消防水和泄漏物是否能自流进入应急池。如消防水和泄漏物不能自流进入应急池,是否配备有足够能力的排水管和泵,确保泄漏物和消防水能够全部收集					
5. 接纳消防水的排水系统是否具有接纳最大消防水量的能力,是否设有防止消防水和泄漏物排出厂外的措施					
6. 是否通过厂区内部管线或协议单位,将所收集的废(污)水送至污水处理设施处理					
二、厂内排水系统					
7. 装置区围堰、罐区防火堤外是否设置排水切换阀,正常情况下通向雨水系统的阀门是否关闭,通向应急池或污水处理系统的阀门是否打开					
8. 所有生产装置、罐区、油品及化学原料装卸台、作业场所和危险废物储存设施(场所)的墙壁、地面冲洗水和受污染的雨水(初期雨水)、消防水,是否都能排入生产废水系统或独立的处理系统					
9. 是否有防止受污染的冷却水、雨水进入雨水系统的措施,受污染的冷却水是否都能排入生产废水系统或独立的处理系统					
10. 各种装卸区(包括厂区码头、铁路、公路)产生的事故液、作业面污水是否设置污水和事故液收集系统,是否有防止事故液、作业面污水进入雨水系统或水域的措施					
11. 有排洪沟(排洪涵洞)或河道穿过厂区时,排洪沟(排洪涵洞)是否与渗漏观察井、生产废水、清净下水排放管道连通					
三、雨水、清净下水和污(废)水的总排口					
12. 雨水、清净下水、排洪沟的厂区总排口是否设置监视及关闭闸(阀),是否设专人负责在紧急情况下关闭总排口,确保受污染的雨水、消防水和泄漏物等排出厂界					
13. 污(废)水的排水总出口是否设置监视及关闭闸(阀),是否设专人负责关闭总排口,确保不合格废水、受污染的消防水和泄漏物等不会排出厂界					
四、突发大气环境事件风险防控措施					
14. 企业与周边重要环境风险受体的各种防护距离是否符合环境影响评价文件及批复的要求					
15. 涉及有毒有害大气污染物名录的企业是否在厂界建设针对有毒有害污染物的环境风险预警体系					
16. 涉及有毒有害大气污染物名录的企业是否定期监测或委托监测有毒有害大气特征污染物					
17. 突发环境事件信息通报机制建立情况,是否能在突发环境事件发生后及时通报可能受到污染危害的单位和居民					

参 考 文 献

[1] 陈敏敏，万婷婷，王军霞，等．"十三五"期间我国污染源监测发展思路 [J]．中国环保产业，2016 (1)：19-21.

[2] 周维志．宝山西部铅锌银矿选矿工艺流程研究 [J]．广东有色金属学报，1995，5 (1)：20-26.

[3] 晋民杰，李自贵．采选设备的工作环境分析 [J]．山西机械，1997 (3)：4-6，11.

[4] S·布登巴赫，魏明安．传统的回收金的方法与环保及小型采金企业应注意的问题 [J]．国外金属矿选矿，1997 (9)：15-22.

[5] 李小虎．大型金属矿山环境污染及防治研究——以甘肃金川和白银为例 [D]．兰州：兰州大学，2007.

[6] 李富平，杨福海，张文华．地方矿山生态可持续发展模式研究——以迁安包官营铁矿为例 [J]．化工矿物与加工，2001 (9)：17-20.

[7] K.R. 萨蒂尔，杜岩．第18届国际选矿会议综述 [J]．国外金属矿山，1993 (11)：90-97.

[8] 韩张雄，倪天阳，武俊杰，等．典型金属矿山选矿药剂与重金属污染综述 [J]．应用化工，2017 (5)：1-7.

[9] 廖国礼．典型有色金属矿山重金属迁移规律与污染评价研究 [D]．长沙：中南大学，2005.

[10] 许从寿．堆浸法提金的环境问题——矿山回访调查 [J]．云南地质，1997，16 (2)：207-209.

[11] 庄故章，张文彬．对电选污染的认识 [J]．国外金属矿选矿，1998 (7)：33-34，38.

[12] 范凯．对新建黄金矿山废水污染源强度的确定 [J]．中国矿业，2004，13 (4)：41-43.

[13] 刘敏婕．对选矿废水综合利用的探讨 [J]．中国钼业，1995，19 (3)：43-46.

[14] 栾和林，陈彩霞，田野，等．复合污染与尾矿区重金属释放和迁移 [J]．有色金属，2006，58 (4)：124-127.

[15] 宋伟龙．复配改性絮凝剂的制备及其处理尾砂选冶废水应用研究 [D]．长沙：湘潭大学，2014.

[16] 陈雯，张立刚．复杂难选铁矿石选矿技术现状及发展趋势 [J]．有色金属：选矿部分，2013 (S1)：19-23.

[17] 禚方霞，张天宇．高强度磁选机在红矿选别流程中的应用实践 [J]．本钢技术，2015 (2)：1-4.

[18] 祝玉学．关于尾矿库工程中几个问题的讨论 [J]．金属矿山，1998 (10)：7-10.

[19] 孙伟，孙晨．国内选矿厂尘源分析和除尘设备概述 [J]．中国矿山工程，2015，44 (6)：60-65.

[20] 董知晓．国外钼选矿厂的环境保护 [J]．钼业经济技术，1990 (2)：62.

[21] 勾树山，石云良，陈正学．黑山钛铁矿工艺特性与选矿工艺流程试验研究 [J]．金属矿山，2001 (9)：34-36.

[22] 张馨文．化学选矿技术在工业上的应用 [J]．黑龙江冶金，2015，35 (3)：52-53.

[23] 方欣．环境污染源分类现状分析 [J]．河南预防医学杂志，2006，17 (4)：238-240.

[24] 汪晴珠，许宏林．黄金选厂尾矿治理问题的探讨 [J]．国外金属矿选矿，1996 (3)：31-33.

[25] 盛源．加拿大的矿业 [J]．化工矿山技术，1995，24 (3)：61-63.

[26] 王维德，胡爱华．建立地下采选综合体的地球生态问题 [J]．世界采矿快报，1996 (8)：17-19.

[27] 罗熙钊．贱金属与环境 [J]．国外金属矿山，1992 (6)：95-96.

[28] 程忠．胶磷矿浮选药剂对水环境的污染及其防治对策 [J]．环境科学与技术，1990 (2)：35-38.

[29] 张保义，石国伟，吕宪俊．金属矿山尾矿充填采空区技术的发展概述 [J]．金属矿山，2009 (s1)：272-275.

[30] 李勤．金属矿山尾矿在建材工业中的应用现状及展望 [J]．铜业工程，2009 (4)：25-28.

[31] 罗仙平，谢明辉．金属矿山选矿废水净化与资源化利用现状与研究发展方向 [J]．中国矿业，2006，15 (10)：51-56.

[32] 李章大，张金青，郭民．金尾矿的综合利用及微晶玻璃新材料技术 [J]．矿山环保，2003，47 (4)：3-6.

[33] 田茂兵，唐能斌．康家湾矿选矿厂技术改造生产实践 [J]．有色金属：选矿部分，2015 (5)：52-55.

[34] 马凤钟，蔡人勤，刘萍．矿产资源开发利用中生态环境保护研究 [J]．矿产资源，1999 (7)：41-44.

[35] 王娉娉．矿山环境二次污染及深层次问题探究 [D]．北京：北京交通大学，2009.

[36] 李晓明，刘敬勇，梁德沛，等．矿山选矿有机化学药剂的环境污染与防治研究 [J]．安徽农业科学，2009，37 (11)：5086-5087.

[37] 陈隆玉，陈顺妹．矿物山矿协作环境论实例研究 [J]．世界采矿快报，1992 (17)：19-21.

[38] 邹艳福．矿业发达国家矿山复垦对我国的启示 [J]．西部资源，2015 (1)：189-191.

[39] 姚敬劭．矿业纳入循环经济的几种模式 [J]．中国矿业，2004，13 (6)：27-30.

[40] 夏荣华，朱申红，李秋义，等．矿业尾矿在建材中的应用前景 [J]．青岛理工大学学报，2007，28 (3)：76-80.

[41] 陈瑞文，林星泵，池至铣，等．利用黄金尾矿生产窑变色釉陶瓷 [J]．陶瓷科学与艺术，2007 (4)：1-4.

[42] 管宗甫，陈益民，郭随华，等．磷矿石、磷渣、磷尾矿在烧成高强度水泥熟料中的作用 [J]．硅酸盐通报，2005 (3)：81-84.

[43] 胡天喜，文书明．硫铁矿选矿现状与发展 [J]．化工矿物与加工，2007 (8)：1-4.

[44] 张忠，吕秀莲．论有色金属选矿发展现状及展望 [J]．科技资讯，2013 (35)：67-68.

[55] 严红.马钢南山选矿厂生产性粉尘的预防和控制 [J].现代矿业,2014,30 (6):194,197.

[56] 李富平,夏冬,李廷忠.马兰庄铁矿排土场生态重建技术研究 [J].金属矿山,2010 (2):152-154.

[57] 王晖,邓国春,张大超.某金矿选矿厂粉尘回收的环境经济效益分析 [J].工业安全与环保,2014,40 (11):62-63.

[58] 张锋,张力.某矿山企业职业病危害因素分析 [J].江苏预防医学,2015,26 (2):120-122.

[59] 陈斌,余劲松,刘志奎.某选矿车间环境质量评价 [J].化工矿物与加工,2006 (12):20,36.

[60] 李琳,吕宪俊,栗鹏.钼矿选矿工艺发展现状 [J].中国矿业,2012,21 (2):99-103.

[61] W.W.弗雷,孟庆仁.纳缪湖采选工程的环境管理(二)[J].国外金属矿山,1992 (6):97-100.

[62] W.W.弗雷,孟庆仁.纳缪湖采选工程的环境管理(一)[J].国外金属矿山,1992 (3):70-73.

[63] 张美钦.南方重金属矿区的重金属污染现状及治理 [J].亚热带农业研究,2006,2 (3):212-215.

[64] 缪建成,王方汉,胡继华.南京铅锌银矿废水零排放的研究与实践 [J].金属矿山,2003 (8):56-58.

[65] 张海波,宋卫东.评述国内外充填采矿技术发展现状 [J].中国矿业,2009,18 (12):59-62.

[66] 韦金莲,徐文彬,韩兆元,等.铅锌矿选矿过程的重金属元素平衡及其环境效应 [J].环境污染与防治,2013,35 (11):10-13.

[67] 铅锌硫化矿选矿废水循环利用法 [J].化工环保,2005,25 (4):266.

[68] 林伟.铅锌尾矿渣用于立窑生产 [J].中国水泥,2004 (3):56.

[69] 张美钦.铅锌选矿厂的污染与防治 [J].科技信息,2006 (7):19-20.

[70] 俞秀云.浅谈我国铁矿石选矿新工艺发展综述 [J].科教导刊:电子版,2013 (7):126.

[71] 张发军.浅谈锡铁山选矿厂存在的问题及解决措施 [J].矿业工程,2015,13 (4):32-34.

[72] 王永龙,李宁钧.浅谈选矿和环境保护的关系 [J].大众科技,2014,16 (9):89-90.

[73] 段希祥,曹亦俊.浅议我国矿产资源的开发利用 [J].科学,2004,56 (2):35-37.

[74] 尤六亿,杜建法.强化脱水作业管理减少选厂环境污染 [J].梅山科技,1995 (3):15-19.

[75] A.E.格里齐娜,H.И.戈利亚尔丘克,吴益维.生态环境的要求对克里沃罗格矿区采选生产工艺的影响 [J].国外金属矿山,1992 (4):59-62.

[76] 安太平,黄瑛彩.生物纳膜抑尘技术在南山选矿厂的应用 [J].现代矿业,2014,30 (3):180,191.

[67] 李晨.试论选矿废水的回用技术 [J].科技与企业,2015 (16):105-106.

[68] 张建勋.试论选矿厂皮带运输机的粉尘控制对策 [J].科技创新与应用,2014 (25):132-133.

[69] 卜新曲.寿王坟铜矿选矿废水实现零排放的实践 [J].矿山环保,2003 (1):25-26.

[70] 陈永亮,张一敏,陈铁军.铁尾矿建材资源化研究进展 [J].金属矿山,2009 (1):162-165.

[71] 李继芳,刘向阳.铁尾矿在新型干法水泥生产线上的应用 [J].新世纪水泥导报,2005 (4):7-9.

[72] 魏民,姚永慧.推广无废工艺 发展绿色矿业 [J].中国地质,1999 (1):27-29.

[73] 王海军,刘秋晓,徐鹏.尾矿规模化利用经济分析与实例 [J].金属矿山,2014 (9):147-151.

[74] 张驰,刘晓茜,沈滟.尾矿库闭库复垦及生态重建 [J].云南地理环境研究,2011,23 (3):103-106.

[75] 王宝,董兴玲,葛碧洲.尾矿库酸性矿山废水的源头控制方法 [J].中国矿业,2015,24 (10):88-93.

[76] 陈松.尾矿库重金属的污染机理及其数值模拟研究 [D].湖南:长沙,中南大学,2011.

[77] 刘丽华.尾矿综合回收与利用的效益 [J].南方金属,2009 (3):29-31.

[78] 傅圣勇,秦至刚.尾矿烧水泥——高效利废、节能环保 [J].中国水泥,2006 (11):59-62.

[79] 邱媛媛,赵由才.尾矿在建材工业中的应用 [J].有色冶金设计与研究,2008,29 (1):35-37.

[80] 余永富,张汉泉.我国钢铁发展对铁矿石选矿科技发展的影响 [J].武汉理工大学学报,2007,29 (1):1-7.

[81] 邱小平,雒昆利.我国金矿生产中的氰化物与环境保护 [J].西安矿业学院学报,1997,17 (4):48-51.

[82] 韩跃新,袁致涛,李艳军,等.我国金属矿山选矿技术进展及发展方向 [J].金属矿山,2006 (1):34-40.

[83] 郑奎,李林.我国铅锌矿区的重金属污染现状及治理 [J].安徽农业科学,2009,37 (30):14837-14838.

[84] 许新启,杨焕文,杨小聪.我国全尾砂高浓度(膏体)胶结充填简述 [J].矿冶工程,1998,18 (2):3-6.

[85] 余永富.我国铁矿山发展动向、选矿技术发展现状及存在的问题 [J].矿冶工程,2006,26 (1):21-25.

[86] 郭建文,王建华,杨国华.我国铁尾矿资源现状及综合利用 [J].现代矿业,2009,25 (10):23-25.

[87] 刘世伟.我国铁尾矿资源综合利用的现状及发展前景 [J].金属矿山,1989 (8):33-34.

[88] 丁其光,杨强,汪镜亮.我国尾矿利用的某些成果及方向 [J].矿产综合利用,1994 (6):28-34.

[89] 车丽萍,余永富.我国稀土矿选矿生产现状及选矿技术发展 [J].稀土,2006,27 (1):95-102.

[90] 王儒,张锦瑞,代淑娟.我国有色金属尾矿的利用现状与发展方向 [J].现代矿业,2010,26 (6):6-9.

[91] 陈阳.钨精矿干燥包装工序粉尘立体化治理研究 [J].湖南有色金属,2014,30 (4):61-67.

[92] 苏达根,林少敏.钨尾矿在水泥工业中的应用 [J].矿产综合利用,2003 (5):50-52.

[93] 徐建平.物理选矿法的延伸与扩展 [J].选煤技术,1999 (4):42-43.

[94] 王周谭. 西北地区堆浸法提金的环境保护 [J]. 矿产保护与利用, 1997 (2)：47-50.

[95] 刘月, 林海, 董颖博, 等. 锡选矿过程重金属污染源分析 [J]. 有色金属工程, 2014, 4 (1)：60-63.

[96] 晋怀霞, 沈玉泉, 张淑霞. 新城金矿选矿厂技术改造实践 [J]. 金属矿山, 2008 (6)：150-151.

[97] 钱修琳. 选矿厂粗破碎卸矿处除尘的实践 [J]. 本钢技术, 1998 (8)：10-13.

[98] 王海宁. 选矿厂破碎系统高效旋涡湿式除尘器的应用 [J]. 中国钨业, 2005, 20 (3)：39-41.

[99] 吴天一. 选矿厂尾矿库环境保护问题的思考 [J]. 环境保护与循环经济, 2013, 33 (4)：60-61.

[100] 付海涛. 选矿厂尾矿库环境保护问题研究 [J]. 科技与企业, 2015 (23)：120, 123.

[101] 陶银河, 贾乃文, 庞锦娟. 选矿废水中醚胺的某些环境化学特性研究 [J]. 环境科学, 1993, 14 (5)：72-75.

[102] 杨林. 选矿工业水的污染、危害及防治 [J]. 勘察科学技术, 1984 (3)：44-46.

[103] 夏文斌. 选矿尾砂重金属污染化学修复技术研究 [D]. 长沙：湖南大学, 2011.

[104] 谢武明, 刘敬勇. 选矿药剂对矿区水体 COD 的影响研究 [J]. 安徽农学通报 (下半月刊), 2009, 15 (16)：73-75.

[105] 杨金元. 选矿在减少英国康沃尔采矿作业中的环境污染中的作用 [J]. 国外选矿快报, 1995 (11)：15-19.

[106] 景广军, 李松仁, 陈松乔. 选矿专家系统环境的总体结构 [J]. 有色金属, 2001, 53 (3)：70-73.

[107] 牟全君. 循环经济与我国矿业的可持续发展 [J]. 中国矿业, 2003 (6)：22-25.

[108] S. T. Hall, 李怀先, 周以瑛. 一九九一年选矿年评 [J]. 有色矿山, 1992 (1)：55-65.

[109] 张旭, 玉忠桓, 褚会方. 一座不排尾矿选矿厂的设计与建设回顾 [J]. 有色矿山, 1995 (5)：42-46.

[110] 权志高. 铀采矿和选矿场的环境影响评价：巴西 Pocos de Caldas 铀采矿和选矿场的研究实例 [J]. 国外铀金地质, 1997, 14 (2)：158-165.

[111] 孙燕, 刘和峰, 刘建明, 等. 有色金属尾矿的问题及处理现状 [J]. 金属矿山, 2009 (5)：6-10.

[112] 赵武, 霍成立, 刘明珠, 等. 有色金属尾矿综合利用的研究进展 [J]. 中国资源综合利用, 2011, 29 (3)：24-28.

[113] 刘月, 董颖博, 林海, 等. 云南某典型锡矿选矿厂重金属污染特征 [J]. 中国有色金属学报, 2014, 24 (4)：1084-1090.

[114] 唐廷宇, 陈福民. 张家湾铁矿地下采选联合开采新思路 [J]. 矿业工程, 2015, 13 (5)：11-12.

[115] 曾安, 周源, 余新阳, 等. 重力选矿的研究现状与思考 [J]. 中国钨业, 2015, 30 (4)：42-47.

[116] 黄福根. 重力选矿在现代选矿厂的作用 [J]. 矿业快报, 2000 (5)：3-4.

[117] 邱廷省, 卢继美. 重选工艺在有色金属伴生金回收中的应用 [J]. 南方冶金学院学报, 1995, 16 (1)：31-36.

[118] 宋广君. 重选在脉金矿山的应用 [J]. 黄金学报, 2000, 2 (4)：288-290.

[119] 刘承军. 自己动手创建优美的矿区环境 [J]. 国土绿化, 1998 (6)：24.

[120] 曾安, 周源, 余新阳, 等. 重力选矿的研究现状与思考 [J]. 中国钨业, 2015, 30 (4)：42-47.

[121] 赵琳. 煤矿企业清洁生产实例研究 [J]. 北方环境, 2013, 29 (5)：109-112.

[122] 高翔, 魏立安, 邵谱生. 清洁生产理念在铅锌矿选矿中的应用 [J]. 江西化工, 2014, 9 (3)：1-3.

[123] 刘艾瑛. 矿山劲吹绿色风——我国绿色矿山建设巡礼 [N]. 中国矿业报, 2016-04-21.

[124] 刘尧. 我国金属矿山绿色发展指标研究 [D]. 北京：中国地质大学, 2012.

[125] 叶文虎, 张勇. 环境管理学 [M]. 第 2 版. 北京：高等教育出版社, 2006, 12.

[126] 王毅. 实施绿色发展, 转变经济发展方式 [J]. 绿色经济与创新, 2010, 25 (2)：123.

[127] 钟永光, 贾晓菁, 李旭, 等. 系统动力学 [M]. 北京：科学出版社, 2010, 10-11.

[128] 张丽君. 可持续发展指标体系建设的国际进展 [J]. 国土资源情报, 2004 (4)：7-15.

[129] 安翠娟, 薛全全, 刘晓, 等. 我国绿色矿业发展对策及规划编制研究 [J]. 矿产保护与利用, 2014, 10, (5)：8-11.

[130] 林强. 凝聚绿色发展共识推进绿色矿山建设 [J]. 中国国土资源经济, 2015 (7)：15-17.

[131] 乌力雅苏, 严良, 张龙. 资源型县域绿色矿业评价研究 [J]. 科技管理研究, 2015 (4)：238-243.

[132] 刘丽萍, 侯华丽, 刘建芬. 对我国绿色矿山建设与发展的思考 [J]. 中国国土资源经济, 2015, (7)：18-22.

[133] 于洪奇. 《赤峰市矿山尾矿综合利用与绿色管理》项目通过验收 [N]. 国土资源部门户网站, 2016-07-11.

[134] 蒋文利, 李卫平. 首钢水厂选矿厂环境治理成效显著 [J]. 矿山环保, 2002, (6)：33-34.

[135] 王博, 李传营, 张伟. 清洁化、高效化、资源化选矿循环经济发展实践 [J]. 矿山机械, 2008, 36 (20)：38-40.

[136] 崔斌, 李赋屏, 王琴, 等. 矿业循环经济模式 [J]. 资源产业, 2005, 7 (6)：42.

[137] 张维, 吴德华. 基于生态学理论的湖南矿业循环经济生态工业园设计与构建 [J]. 科技信息, 2013, (11)：426-427.

[138] 王巍巍. 发展矿业循环经济途径分析 [J]. 中国矿业, 2011, 4 (20), ZK：114-116.

[139] 姚敬劬.矿业纳入循环经济的几种模式 [J].中国矿业,2004,13 (6):25-27.

[140] 刘颐华.磷肥工业发展循环经济之路 [J].化学工业,2010,28 (8):11-13.

[141] 王博,李传营,张伟.清洁化、高效化、资源化选矿循环经济发展实践 [J].矿山机械,2008,36 (20):38-40.

[142] 黄克洪.创建绿色矿山 打造金坛新名片 [N].人民日报,2012-02-27.

[143] 张敬东.环境科学与大学生环境素质 [M].北京:清华大学出版社,2015,213.

[144] 夏青,鲁杰,李仲学.矿业开发区域的环境管理与规划研究 [J].技术经济,2004,(7):33.

[145] 吴春明,周进生,蒋闯,等.绿色矿山建设视角下矿业企业社会责任分析 [J].中国国土资源经济,2015,(6):53-56.

[146] 最高人民法院今日通报四起环境污染的典型案例 [N].中国新闻网,2013-06-18.

[147] 李斌,夏军.广西河池镉污染事件 [N].中央人民政府网,2013-07-16.

[148] 郭弘,孙国策.关于矿山地质灾害的预防 [J].能源科技,2012,(12):218.

[149] 刘利,潘伟斌,李雅.环境规划与管理 [M].北京:化学工业出版社,2016.

[150] 张天柱,石磊,贾小平.清洁生产导论 [M].北京:高等教育出版社,2006.

[151] 赵玉明.清洁生产 [M].北京:中国环境科学出版社,2005.